本书由塔里木大学学术著作出版基金资助出版

新疆塔里木盆地特有和珍稀维管植物

李志军　张　玲　邱爱军 等　著

科 学 出 版 社

北　京

内 容 简 介

本书是作者近十年来在对塔里木盆地野生植物资源多次调查研究、标本采集和物种分类学鉴定的基础上，结合已有资料编撰而成的。全书共收录新疆塔里木盆地及其周边分布的特有和珍稀维管植物 41 科 307 种（含亚种、变种）。其中，《中国植物红皮书》稀有种 1 种、濒危种 1 种、渐危种 4 种，中国珍稀种 1 种，塔里木盆地珍稀种 1 种，新疆稀有种 1 种，中国特有种 6 种，塔里木盆地特有种 110 种，国家Ⅱ级、新疆Ⅰ级、新疆Ⅱ级重点保护植物共 35 种，中国仅产于塔里木盆地的稀有种 149 种，新种 1 种。本书对每个物种的中文名、拉丁名、分类学地位、生境、地理分布、形态特征和保护价值进行了详细介绍，还专门为每种植物配了其在塔里木盆地的地理分布示意图，并在书后附有物种拉丁名索引、中文名索引及主要参考文献。

本书可供从事植物分类学、植物地理学、资源植物学等领域理论研究与实践的科技工作者参考，也可作为新疆塔里木盆地野生植物多样性保护、资源可持续开发利用及荒漠生态系统保护管理的重要依据。

图书在版编目（CIP）数据

新疆塔里木盆地特有和珍稀维管植物 / 李志军等著. —北京：科学出版社，2015.2

ISBN 978-7-03-043137-0

Ⅰ.①新… Ⅱ.①李… Ⅲ.①塔里木盆地–维管植物–介绍 Ⅳ.①Q949.408

中国版本图书馆 CIP 数据核字（2015）第 017723 号

责任编辑：王 静 付 聪 / 责任校对：朱光兰

责任印制：徐晓晨 / 封面设计：北京铭轩堂广告设计有限公司

科学出版社 出版

北京东黄城根北街 16 号

邮政编码：100717

http://www.sciencep.com

北京凌奇印刷有限责任公司 印刷

科学出版社发行 各地新华书店经销

*

2015 年 2 月第 一 版 开本：787 × 1092 1/16

2015 年 2 月第一次印刷 印张：12 1/4

字数：285 000

POD定价： 88.00元

（如有印装质量问题，我社负责调换）

《新疆塔里木盆地特有和珍稀维管植物》编委会名单

著　　者：李志军　张　玲　邱爱军　黄文娟　杨赵平

韩占江　焦培培　刘艳萍　王家强

特约审稿：潘伯荣　中国科学院新疆生态与地理研究所　研究员

尹林克　中国科学院新疆生态与地理研究所　研究员

序

塔里木盆地位于新疆天山和昆仑山之间，从西部弧顶喀什地区到弧边罗布泊长达1400千米，南北宽550千米，面积约56万平方千米，约占新疆面积的1/3。盆地中部即是塔克拉玛干沙漠，面积约33.76万平方千米，为世界上第二大流动沙漠。塔里木盆地地处欧亚大陆腹地，由于远离海洋，加之周边高山环绕对湿气流入侵的屏障作用，使其完全被具有极端干燥度的内陆干旱气候所笼罩，降水稀少，蒸发强烈，形成亚洲地区的干旱中心。正是由于塔里木盆地这种特殊的地理和气候条件，使塔里木盆地拥有了很多有顽强生命力或能够巧妙适应恶劣自然条件的特殊物种。

特有、珍稀和濒危野生植物资源在中国乃至世界上有其独特性和重要的生物多样性价值，这些特殊物种对于研究干旱区植物区系的起源、古代植物区系的变迁，以及第三纪、第四纪气候的变化等有着重要的科学价值，是国家生物技术发展和在全球竞争中的根本性物质基础，也是社会经济未来发展过程中的重要战略种质资源。由于现代社会日益加重的人类干扰，或积极或消极地影响着野生植物的生存、繁衍和分布格局。保护新疆的野生植物资源，特别是塔里木盆地这样一个特殊地理单元中的珍稀特有野生植物资源，成为全社会关注的重点，塔里木盆地已经被列入中国和新疆生物多样性优先保护区域。该书的出版为全社会更多的民众了解和认知新疆野生植物资源及其价值提供了宝贵的参考资料，植物学科研工作者期待有更多的民众能够共同参与到植物多样性保护和资源可持续利用的行列中来。

为了完成《新疆塔里木盆地特有和珍稀维管植物》一书，作者历时多年，以严谨的科学态度，深入戈壁沙漠、高山灌丛、荒漠草原、河岸湿地和沼泽草甸，克服常人难以体会的艰辛苦楚，坚持不懈地采集植物标本，分析整理大量的野外调查数据、图片和相关文献资料，为本书的成稿奠定了坚实的基础。该书的出版是新疆植物多样性编目工作的延续和发展，值得称道和高度赞赏。

对此，作为同行的我深感欣慰，乐以为序。

尹林克

2014年6月

前　言

塔里木盆地位于新疆南部，是中国最大的内陆封闭式盆地。盆地中部即为塔克拉玛干沙漠，面积33.76万平方千米，为世界上第二大流动沙漠。盆地边缘是绿洲与戈壁，周边由天山、昆仑山和阿尔金山山麓包围。

2005年以来，本书作者先后10余次环绕塔里木盆地调查了盆地北缘的天山南坡、南缘的昆仑山山脉，以及腹地巴音郭楞蒙古自治州、阿克苏地区、克孜勒苏柯尔克孜自治州、喀什地区及和田地区的41个县市（自治县），共采集鉴定了4065号野生植物标本。参考已有资料和前人研究进展并总结多年的调查研究成果，初步探明了塔里木盆地特有、珍稀和濒危维管植物的物种多样性。

全书共收录新疆塔里木盆地及其周边分布的特有和珍稀野生维管植物41科307种（含亚种、变种）。其中，《中国植物红皮书》稀有种1种、濒危种1种、渐危种4种，中国珍稀种1种，塔里木盆地珍稀种1种，新疆稀有种1种，中国特有种6种，塔里木盆地特有种110种，国家Ⅱ级、新疆Ⅰ级、新疆Ⅱ级重点保护植物共35种，中国仅产于塔里木盆地的稀有种149种，新种1种。本书每种植物均配有在该区域的地理分布示意图。分布示意图中数字的含义详见前言最后附的“新疆各地区分布示意图”。

蕨类植物按秦仁昌系统、裸子植物按郑万钧系统、被子植物各科按恩格勒系统排列。每科内各属植物的排列则按英文字母顺序。

植物中文名和拉丁名均以《中国生物物种名录（2013版）》为准，《中国生物物种名录（2013版）》未收录的物种以《新疆植物志》为准。本书“形态特征”部分的描述引于《中国植物志》和《新疆植物志》，特此说明。

本书的编著受益于中国科学院新疆生态与地理研究所潘伯荣研究员和尹林克研究员的悉心指导；部分野生植物标本的鉴定得到了新疆农业大学杨昌友先生、石河子大学阎平教授的大力支持；中国科学院昆明植物研究所龙春林研究员、中国科学院新疆生态与地理研究所尹林克和张元明研究员分别惠赠了珍贵的文献资料。在此向关心、支持和帮助本书编著出版的各位专家表示衷心的感谢！

本书出版承蒙塔里木大学学术著作出版基金、国家科技支撑计划项目“南疆沙区生态修复与资源开发利用技术与示范”（2014BAC14B04）、新疆生产建设兵团科技攻关计划“南疆特色植物种质资源保存、评价及综合利用技术研究”（2011AB015）、新疆生产建设兵团科技计划“新疆南疆荒漠植物抗逆基因的筛选和评价研究”（2012BB045），以及“塔里木大学校长基金创新群体研究项目”（TDZKCX201302）的资助。

本书由李志军主持编写，其中李志军撰写6科（5万字）、张玲撰写6科（4万字）、邱爱军撰写6科（4万字）、黄文娟撰写5科（3万字）、杨赵平撰写5科（3万字）、韩占江撰写5科（3万字）、焦培培撰写5科（3万字）、刘艳萍撰写3科（1.5万字）、王家强制图（2万字）。同时特别感谢塔里木大学植物科学学院段黄金高级实验师，以及农学、园艺和生物专业的本科生参与野外调查和数据的整理工作。

编写《新疆塔里木盆地特有和珍稀维管植物》是我们心中长期固守的一个愿望，也是我们新疆植物学工作者的责任和义务。我们努力工作，终于结出了可喜的果实。编写出版本书是为服务于新疆塔里木盆地野生植物多样性保护和特色资源的可持续利用，服务于新疆本土战略性野生植物种质资源的安全保障，服务于未来社会经济发展的野生植物资源储备需求。

鉴于著者水平和掌握文献资料有限，疏漏之处在所难免，恳请广大同仁批评指正。

著　者

2014年6月26日于塔里木大学

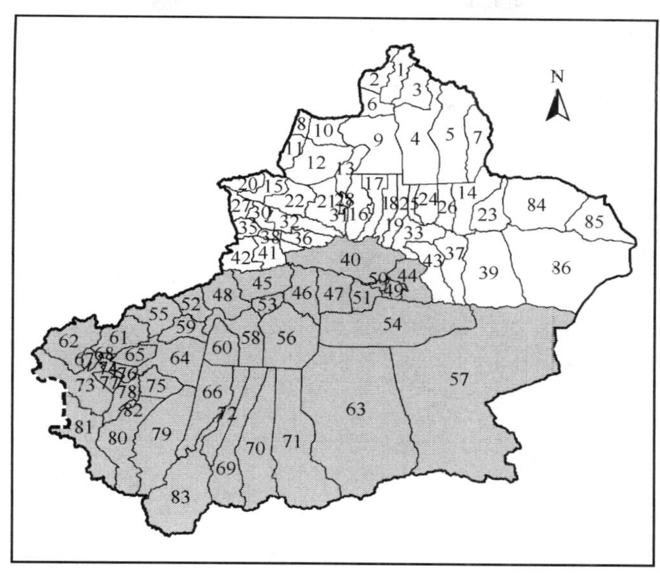

新疆各地区分布示意图

1．布尔津县，2．哈巴河县，3．阿勒泰市，4．福海县，5．富蕴县，6．吉木乃县，7．青河县，8．塔城市，9．和布克赛尔蒙古自治县，10．额敏县，11．裕民县，12．托里县，13．克拉玛依市市辖区，14．奇台县，15．博乐市，16．沙湾县，17．玛纳斯县，18．呼图壁县，19．昌吉市，20．温泉县，21.乌苏市，22．精河县，23．木垒哈萨克自治县，24．阜康市，25．米泉市，26．吉木萨尔县，27．霍城县，28．奎屯市，29．石河子市，30．伊宁县，31．克拉玛依市市辖区，32．尼勒克县，33．乌鲁木齐市，34．伊宁市，35．察布查尔锡伯自治县，36．新源县，37．吐鲁番市，38．巩留县，39．鄯善县，40．和静县，41．特克斯县，42．昭苏县，43．托克逊县，44．和硕县，45．拜城县，46．库车县，47．轮台县，48．温宿县，49．博湖县，50．焉耆回族自治县，51．库尔勒市，52．乌什县，53．新和县，54．尉犁县，55．阿合奇县，56．沙雅县，57．若羌县，58．阿克苏市，59．柯坪县，60．阿瓦提县，61．阿图什市，62．乌恰县，63．且末县，64．巴楚县，65．伽师县，66．墨玉县，67．疏附县，68．喀什市，69．策勒县，70．于田县，71．民丰县，72．洛浦县，73．阿克陶县，74．疏勒县，75．麦盖提县，76．岳普湖县，77．英吉沙县，78．莎车县，79．皮山县，80．叶城县，81．塔什库尔干塔吉克自治县，82．泽普县，83．和田县，84．巴里坤哈萨克自治县，85．伊吾县，86．哈密市。其中，加底色的区域为本研究的调查范围

术 语 说 明

维管植物（vascular plant）

维管植物是有维管系统的植物，是指具有木质部和韧皮部的植物。包括极少部分苔藓植物、蕨类植物、裸子植物和被子植物。

濒危植物（endangered plant，EN）

处在灭绝危险中的植物种类，其植株数量可能已经减少到快要灭绝的临界水平，或者它所要求的生存环境发生了巨大变化或已经退化到不再适宜它的生存繁衍。如果对它的生长和繁殖不利的因素继续发生，它就很难生存下去。

易危植物（vulnerable plant，VU）

自然分布范围逐渐缩小，种群已有走向衰落的迹象。种群年龄结构发育不完整，成熟的植株和幼株缺乏或明显减少。如果不利于这种植物生长和繁殖的因素继续存在，则在可以预见的将来，在它们整个分布区或分布区的重要部分很可能成为濒危的种类。

近危植物（near threatened plant，NT）

可能在不久的将来有濒危或灭绝等危险的植物种类。

稀有植物（rare plant，RA）

中国特有的单型科、单型属或少种属的代表种类，但在它们分布区内只有很少的群体，或是分布区比较狭窄，生态环境比较独特；或者分布范围虽广，但仅有零星个体存在着的种类。虽然目前还没有处于易危或濒危的状态，但是由于分布上的局限，只要分布区域发生对它生长和繁殖不利的因素，就很容易变成易危或濒危的状态，而且比较难于补救。

特有植物（endemic plant）

某一地区或国家所特有的植物资源。这些特有植物资源反映了分布区的明显特色。这些植物在发生学上多数是较古老原始的类群，是植物区系历史或演化的重要指示，是了解和揭示一个地区气候变迁、植物区系特点、起源、进化和发展的重要证据。

目　录

蕨类植物门

Pteridophyta

一、铁角蕨科 Aspleniaceae

1. 天山铁角蕨 *Asplenium tianshanense* Ching

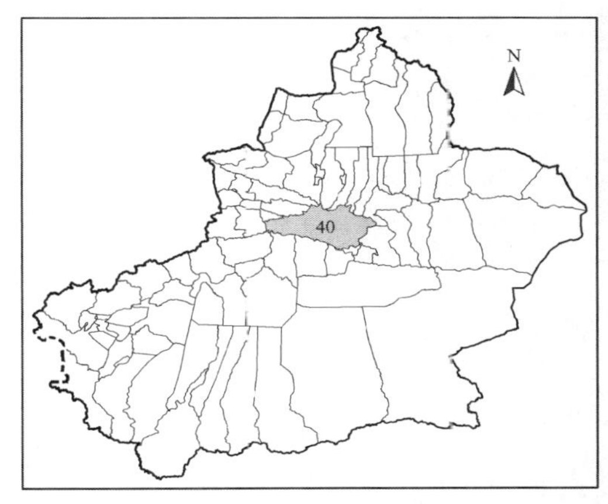

科属： 铁角蕨科 Aspleniaceae 铁角蕨属 *Asplenium* L.

生境： 生于海拔 1800 米的干旱山坡。

地理分布： 产于和静县。

形态特征： 植株高 10～15 厘米。根状茎短而直立或上升，顶端被黑褐色、粗筛孔、披针形的全缘鳞片及线形鳞毛。叶草质，簇生；叶柄淡绿色，连同叶轴被黑褐色、膜质、线状披针形鳞片及鳞毛，下部较密；叶片披针形，向基部收缩，羽片 8～10 对，互生，开展；下部和中部羽片较大，具短柄，三角状卵形或不对称菱形，一回羽状；小羽片 3～4 对，互生，开展，隔开，最下部小羽片具短柄，基部上侧一片最大，倒卵形或不规则菱形，几与叶轴平行，深锐裂，顶端具锐齿，边全缘，基部楔形，其他小羽片较小，顶端锐尖或急尖；叶脉羽状分枝，表面隆起，伸达顶端。孢子囊群长圆形，每小羽片 2～3 枚；囊群盖长圆形，灰白色，膜质，边有缺刻。

保护价值： 塔里木盆地特有种。

2. 新疆铁角蕨 *Asplenium xinjiangense* Ching

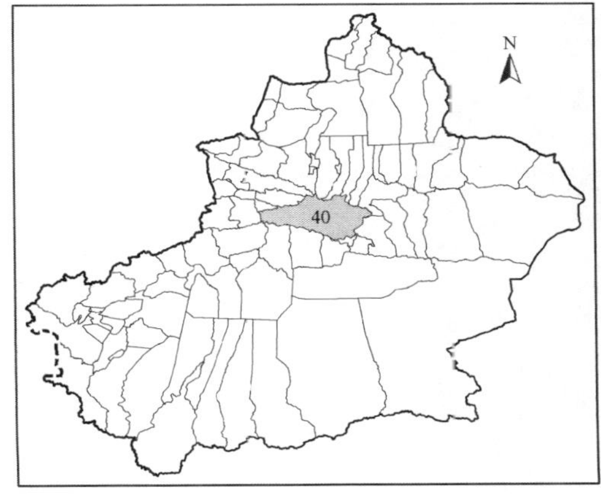

科属： 铁角蕨科 Aspleniaceae 铁角蕨属 *Asplenium* L.

生境： 生于海拔 1500～1800 米的干旱山坡。

地理分布： 产于和静县。

形态特征： 细小草本，高 2～3 厘米。根状茎粗短而直立，被棕色线形鳞片。叶簇生，草质；叶柄绿色，长 1～3 厘米，粗约 0.2 毫米，下部被棕色线形鳞片；叶片长圆形，长 1～1.2 厘米，宽 5～7 毫米，顶端渐尖，基部不收缩，二回羽裂；羽片 3～4 对，对生或斜对生，间距 2～3 毫米，最下部的羽片较大，不规则阔卵形，长约 2 毫米，宽约 3 毫米，具短柄，羽状或三出；小羽片 3，基部近轴一片较大，倒卵形，具短柄，常2～3深裂，具2～4枚舌状裂片，另2枚无柄，具舌状裂片或钝齿；向上羽片渐缩小，同形，近轴小羽片无柄；末端羽片楔形，具柄，深裂或浅裂，顶端具钝圆齿；叶脉近掌状分枝，每裂片具1小脉，不伸达顶端。孢子囊群长圆形，每裂片1～2枚；囊群盖长圆形，灰白色，膜质，全缘，后脱落。

保护价值：塔里木盆地特有种。

裸子植物门

Gymnospermae

二、柏科 Cupressaceae

1. 新疆方枝柏 *Juniperus pseudosabina* Fisch. et C. A. Mey.

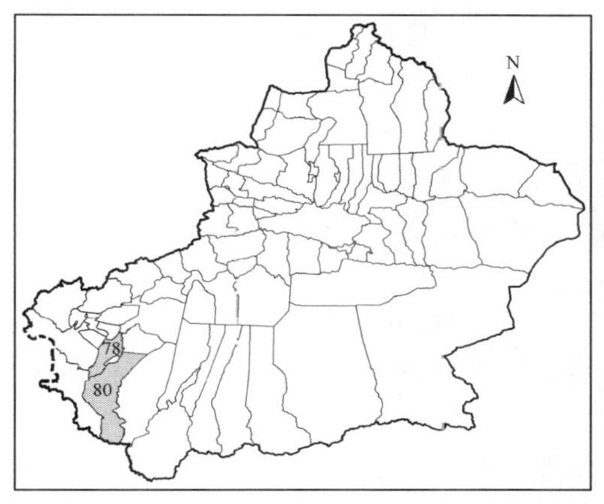

科属：柏科 Cupressaceae 刺柏属 *Juniperus* L.

生境：生于海拔 3000～4000 米的亚高山至高山带阴坡、半阴坡、山脊、山谷及河滩。

地理分布：产于莎车县、叶城县。

形态特征：乔木，高达 12 米。树冠密，灰绿色。枝条灰色，裂成薄片剥落；一年生枝的一回分枝近圆柱形，粗壮，二回分枝开展或近直，四棱形。鳞叶交叉对生，通常排列紧密，背部常有明显的钝脊，腺体通常不明显。球果卵圆形，熟时褐黄色或淡黄褐色。种子稍扁，基部圆。花期 7～9 月，球果第二年成熟。

保护价值：塔里木盆地特有种；新疆 I 级重点保护植物。

2. 昆仑多子柏 *Juniperus semiglobosa* Regel

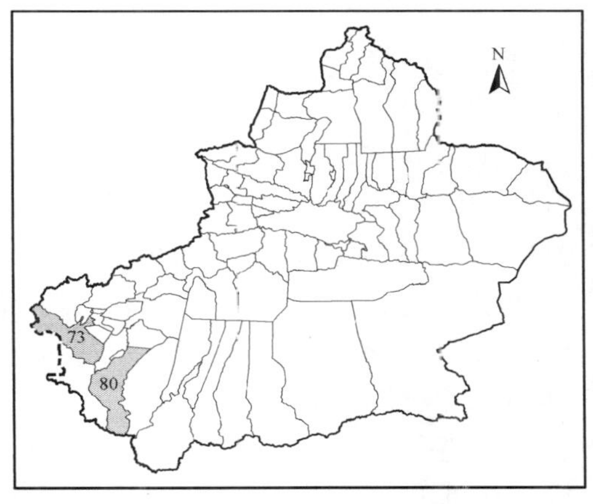

科属：柏科 Cupressaceae 刺柏属 *Juniperus* L.

生境：生于海拔 2500～3300 米的亚高山至高山带下部的阳坡和岩石裸露的半阴坡和碎石河谷、河滩。

地理分布：产于阿克陶县、叶城县。

形态特征：乔木，高 8～10（12）米。树皮灰色或淡灰红色，薄条状脱落。树冠开阔，稀疏；主干枝斜上展，生多数顶端俯垂的小枝；幼苗和幼树下部枝几全为披针形交互对生的刺叶，具长刺尖，鲜绿色或淡黄色，微有灰粉色或白粉色。成年树鳞叶呈卵形或鳞形，边缘半透明。雌雄同株少异株。雌球花着生于短枝顶端。成熟球果干燥，被有灰粉色，或凹处微有白粉色，棕褐色或棕栗色，基部具三角形交互对生鳞片；球果含 2～4 粒种子。种子淡褐色，微弯，具棱，基部具树脂洼。花期 5 月，球果第二年成熟。

保护价值：塔里木盆地特有种；新疆 I 级重点保护植物。

三、麻黄科 Ephedraceae

1. 雌雄麻黄 *Ephedra fedtschenkoae* Paulsen

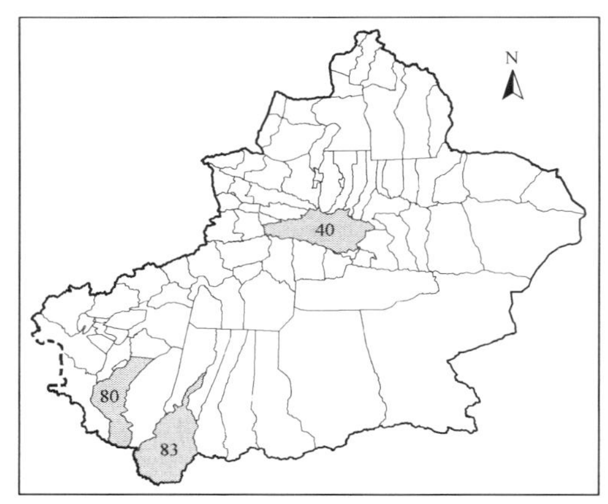

科属：麻黄科 Ephedraceae 麻黄属 *Ephedra* Tourn ex L.

生境：生于海拔 1900～3800 米的山地干旱石质山坡石缝中。

地理分布：产于和静县、叶城县、和田县。

形态特征：草本垫状小灌木，高 3～10 厘米。地下茎发达，多分枝，当年生小枝对生或轮生。叶片 2 枚，对生，联合成鞘。雌雄球花同株，雄球花对生节上，卵形或阔卵形，雌球花含种子 1（2）粒，长圆状卵形；苞片 3 对，交互对生，草质，淡绿色，成熟时红色。种子 1（2）粒，微露，长 4～6 毫米，宽 2～3 毫米，深褐色，两面微凸。花期 6～7 月，种子成熟期 8～9 月。

保护价值：新疆 I 级重点保护植物。

2. 中麻黄 *Ephedra intermedia* Schrenk ex C. A. Mey.

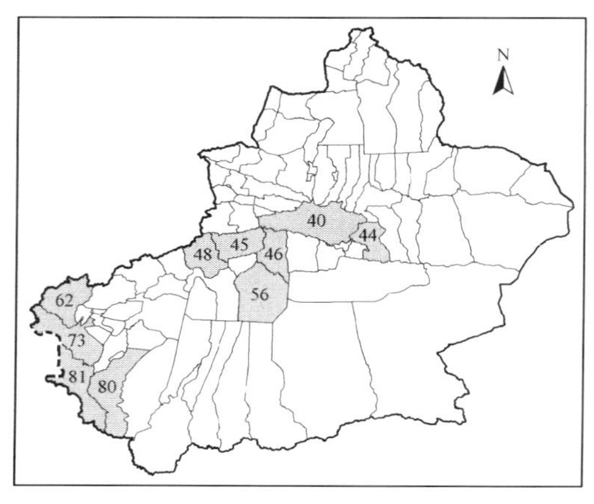

科属：麻黄科 Ephedraceae 麻黄属 *Ephedra* Tourn ex L.

生境：生于山前荒漠砾石阶地，黄土状基质冲积扇、冲积堆，沙地、沙质、砾质和干旱石质山坡，局部地区可形成群落。

地理分布：产于和硕县、和静县、库车县、沙雅县、拜城县、温宿县、阿克陶县、乌恰县、塔什库尔干塔吉克自治县、叶城县。

形态特征：小灌木，高 20～40 厘米，具发达的根状茎。茎粗短，多分枝；主干枝灰色，仅具 2～3 节间，最上部节间被轮生、纤细、每年干枯的嫩枝代替，也常从下部第 1～2 节上发出对生或轮生、具 2～3 节间的木质化小枝，其上部节间同样被代替，从而形成了无明显主干的帚状灌丛；当年生枝单生或少分枝，有细沟纹，淡绿色，沿棱脊有细小瘤点状突起，由 3～5 节间组成，最下部节间每 2～5 小枝成束对生于下部木质枝节上。叶 2，4/5 或 2/3 联合成鞘筒，顶端钝圆；

叶片不显著，略增厚，有两条几平行而不达顶端的线条，下部有细小瘤点形成的斜纹，沿鞘筒基部一圈增厚，棕褐色，有皱纹，叶片基部增厚成三角形，以后鞘筒破裂，仅增厚部分残存节上。雄球花球形或阔卵形，内含3～4对花，无梗或具短梗，常2～3朵密集于节上成团状；苞片3～4对，交互对生，1/3以下联合，内层苞片较长；雄蕊柱稍伸出，全缘或分枝。雌球花卵形，具短梗；苞片3～4对，交互对生，上部2～3对苞片较大，草质，淡绿色，边缘膜质，下部1～2对基部联合而弧状上弯；苞片成熟时肉质，红色，后期微发黑。种子2粒，卵形；种皮栗色，有光泽，背面有皱纹。花期6月，种子成熟期8月。

保护价值：新疆Ⅰ级重点保护植物。

3. 单子麻黄 *Ephedra monosperma* Gemlin ex C. A. Mey.

科属：麻黄科 Ephedraceae 麻黄属 *Ephedra* Tourn ex L.

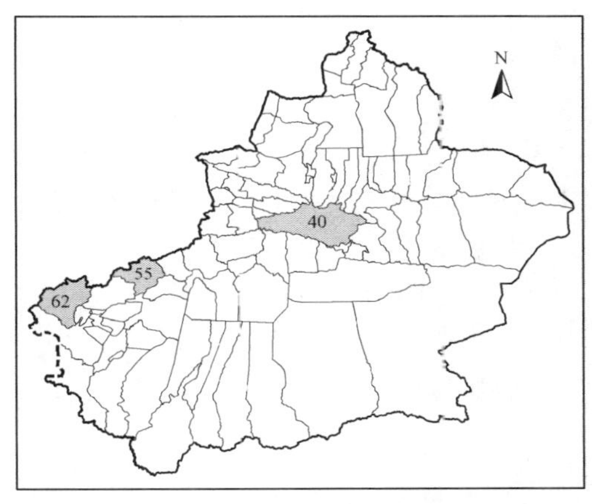

生境：生于海拔1000～4000米的干旱山坡石缝中。

地理分布：产于和静县、阿合奇县、乌恰县。

形态特征：草本状矮小灌木，高3～8厘米。地下茎发达，棕红色；在地表处发顶芽枯死，从节上多次重复发出侧枝；侧枝长出1～2节间后，顶芽又被更替，重复发出侧小枝，以致在地表形成无主茎的稠密垫丛；当年生小枝绿色，开展，带弯，仅具2～3节间，节间光滑、稀、微粗糙，具浅沟纹。叶2，联合成鞘筒，上部裂至1/3；裂片三角形，背面微增厚成狭三角形或狭长圆形，跟联结膜一样，均为淡绿白色；下部叶鞘干枯、破裂，脱落或残存为灰棕色有横纹的三角形鳞片；下部叶鞘淡褐色，干枯、宿存。雄球花具极短梗，生于下部节上，1～3个轮生，阔卵形，具2～3对苞片，每苞片腋部各具1朵花；苞片淡黄绿色，阔卵形，内凹，背部稍厚，边缘膜质，中部以下联合；假花被跟苞片同色，薄膜质，阔卵形；雄蕊柱联合成单体，或有时二裂至中部或下部，伸出。雌球花单生或对生节上，具弯梗；苞片2～3对，下面一对阔卵形，基部联合，边缘狭膜质，最上一对阔椭圆形，中部以下联合；成熟雌球花的苞片肉质，淡红褐色。种子1粒，外露，狭卵形，褐色，光滑，有光泽，两面微凸，基部具纵纹。花期6月，种子成熟期8月。

保护价值：新疆Ⅰ级重点保护植物。

4. 膜果麻黄 *Ephedra przewalskii* Stapf

科属：麻黄科 Ephedraceae 麻黄属 *Ephedra* Tourn ex L.

生境：生于石质荒漠或沙地。

地理分布：产于库尔勒，和硕县、尉犁县、且末县、若羌县、于田县、民丰县、塔什库尔干塔吉克自治县。

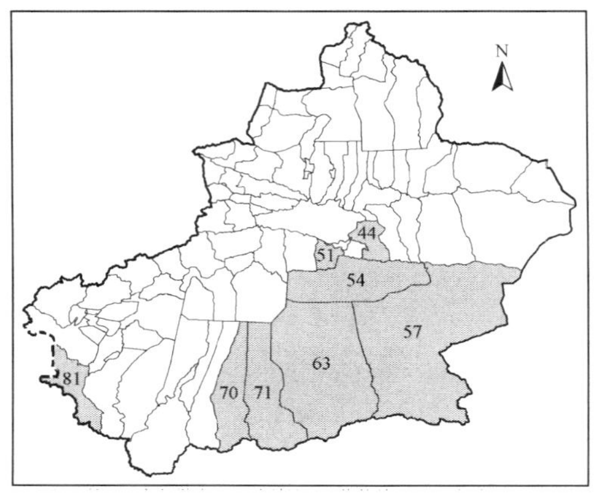

形态特征：灌木，高 20～100 厘米。皮灰白色或淡灰黄色，细纤维状裂，基部多分枝，前年以上的老枝淡灰色或淡灰黄色，枝皮纵条裂，皮破裂后枝呈淡灰棕色或深灰色，密被灰粉质，具多数长圆形横生皮孔，从节上生出上年小枝；上年小枝淡黄绿色，节间具浅沟纹，从节上对生或轮生出多数当年生枝，当年生枝淡绿色，从节上重复对生或轮生短小枝，小枝末端常呈“之”形弯曲或拳卷。叶 3 或 2，下部 1/2～2/3 合生成鞘状，裂片三角形或狭三角形。雄球花无梗，密集成团伞花序，淡褐色或淡黄褐色；苞片 3～4 轮，每轮 3 片，阔倒卵形或圆卵形，中肋草质，绿色，边缘具宽膜质翅；假花被宽而微拱凸似蚌壳状；雄蕊柱仅先端分离，具短梗。雌球花幼时淡绿褐色或淡红褐色，近圆球形；苞片 4～5 轮，每轮 3 片，扁圆形或三角状扁卵形，最上一轮或一对苞片各生一雌花。雌球花成熟时苞片增大，成淡棕色、干燥、半透明的薄膜片。种子常 3 粒，少 2 粒，包于暗褐色、有光泽、革质囊状“花被”中，长卵圆形，顶端缩成喙状。花期 5～6 月，种子成熟期 7～8 月。

保护价值：新疆 I 级重点保护植物。

5. 喀什麻黄 *Ephedra przewalskii* Stapf var. *kaschgarica*（B. Fedtsch. et Bobr.）C. Y. Cheng

科属：麻黄科 Ephedraceae 麻黄属 *Ephedra* Tourn ex L.

生境：生于石质荒漠或沙地。

地理分布：产于库尔勒、阿图什，和静县、库车县、乌恰县、疏附县、叶城县。

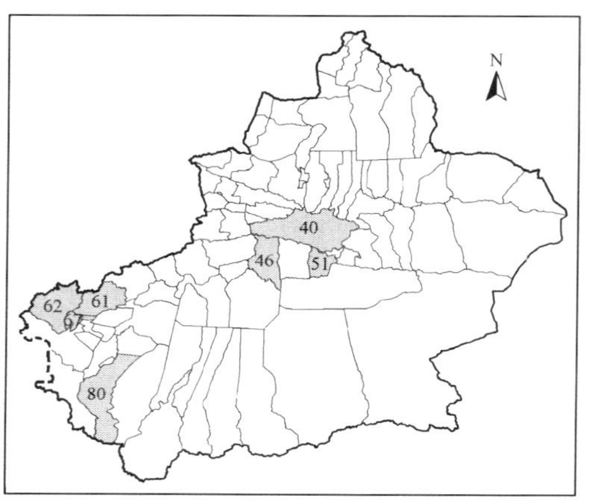

形态特征：与原变种膜果麻黄的主要区别是球花具总梗，苞片对生，种子 2 粒（有时 1 粒不发育），极少为 3 粒。

保护价值：新疆 I 级重点保护植物。

6. 细子麻黄 *Ephedra regeliana* Florin

科属：麻黄科 Ephedraceae 麻黄属 *Ephedra* Tourn ex L.

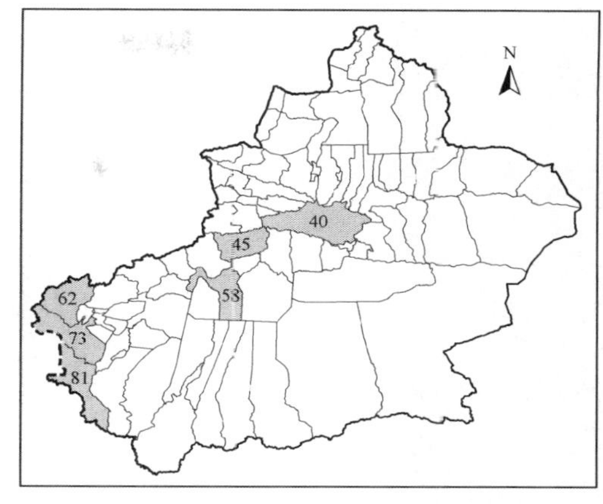

生境：生于海拔 700～3200 米的平原砾石戈壁、干旱低山坡至高山石坡、石缝。

地理分布：产于阿克苏，和静县、拜城县、阿克陶县、乌恰县、塔什库尔干塔吉克自治县。

形态特征：草本状密丛小灌木，高 2～10 厘米，无主茎。地下茎发达，全由叶鞘筒和联结鞘筒的表皮层包被，棕红色；成长的地下茎垂生或斜展，从膨大节上发出纤维状细根，并由顶芽附近的侧芽形成二歧状分枝，平行或斜展向上生长。叶 2，对生，联合成鞘筒；裂片三角形，背部微增厚成狭三角形；枝下部叶鞘破裂，裂片干枯残存或脱落；枝基部叶鞘灰白色，圆筒形，浅裂，宿存。雄球花卵形或椭圆形，单生，少簇生于具有叶鞘筒的短枝顶端，具 4～5 对苞片，每苞片腋部具 1 朵花；苞片背部淡绿色，稍增厚，边缘膜质，下部苞片舟形，上部苞片匙形或风兜形，顶端钝圆；薄膜质假花被近倒卵形；雄蕊柱远伸出。雌球花含 2 粒种子，1～3 簇生于短枝顶端；苞片草质至薄革质，背部绿色，边缘白膜质。成熟雌球花卵形或阔卵形；苞片肉质，红色或橙红色，后期紫黑色，具狭膜质边缘。种子 2 粒，卵形或狭卵形，栗褐色，光滑而有光泽。花期 5～6 月，种子成熟期 7～8 月。

保护价值：新疆Ⅰ级重点保护植物。

被子植物门

Angiospermae

四、泽泻科 Alismataceae

1. 泽泻 *Alisma plantago-aquatica* L.

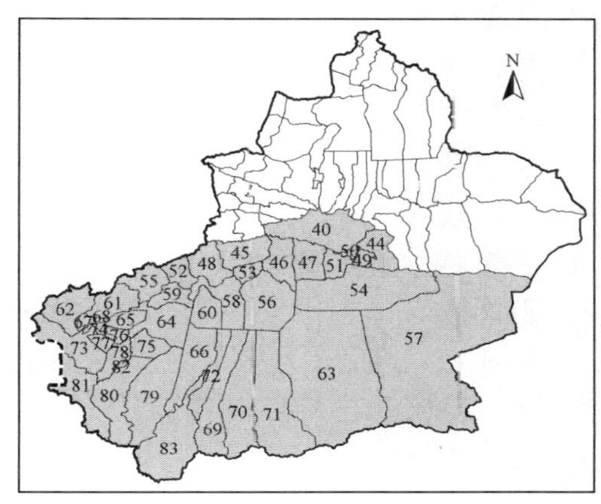

科属：泽泻科 Alismataceae 泽泻属 *Alisma* L.

生境：生于浅水中。

地理分布：产于塔里木盆地各地。

形态特征：多年生水生或沼生草本。具短缩的块根头，直径 1～3.5 厘米或更大。叶基生，通常多数，沉水叶条形或披针形，挺水叶宽披针形、椭圆形至卵形，叶柄基部扩大成鞘，边缘膜质。花葶直立；花序长达 50 厘米，形成圆锥状复伞形花序，伞形花序的梗不等长；苞片披针形；花两性，外轮花被片 3，绿色；内轮花被片 3，红色或白色，远大于外轮。瘦果椭圆形。花期 5～8 月，果期 7～9 月。

保护价值：中国仅产于塔里木盆地，稀有种。

五、禾本科 Poaceae

1. 喜马拉雅看麦娘 *Alopecurus himalaicus* Hook. f.

科属：禾本科 Poaceae 看麦娘属 *Alopecurus* L.

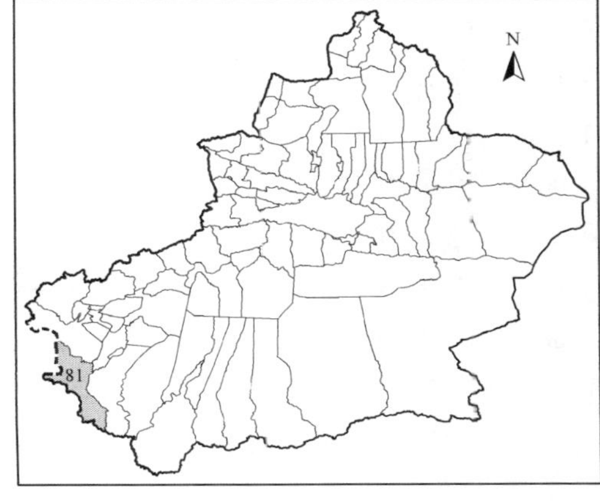

生境：生于海拔 3000～4100 米的河谷沼泽化草甸。

地理分布：产于塔什库尔干塔吉克自治县。

形态特征：多年生草本。秆直立，高 15～40 厘米。叶鞘大多长于节间，叶舌膜质，先端边缘有齿；叶片上面粗糙，下面光滑或被短柔毛。圆锥花序长圆形，灰绿色至灰紫色；小穗卵形，长 4～5 毫米；颖近膜质，下部联合，上部稍叉开；外稃短于颖，先端尖，芒自下部伸出，长 4～8 毫米，劲直。花果期 6～8 月。

保护价值：中国仅产于塔里木盆地。

2. 突厥拂子茅 *Calamagrostis turkestanica* Hack.

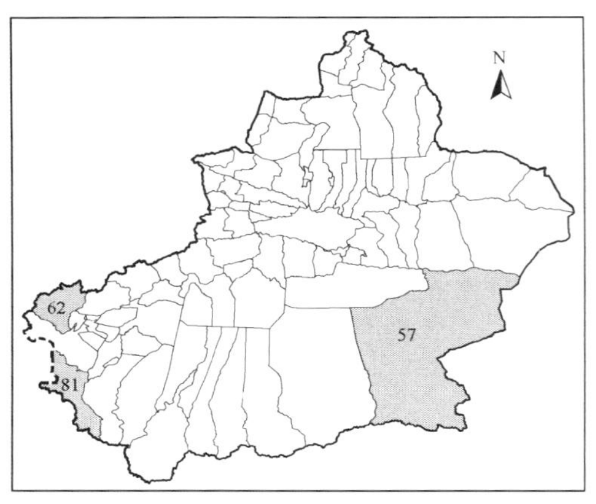

科属：禾本科 Poaceae 拂子茅属 *Calamagrostis* Adans.

生境：生于海拔 3100～3500 米的天山西部南坡和帕米尔高原。

地理分布：产于若羌县、乌恰县、塔什库尔干塔吉克自治县。

形态特征：多年生草本。具根状茎；秆直立，少数丛生或单生，无毛，高 30～60 厘米，基部周围具多数叶鞘。叶片扁平，蓝绿色，两面无毛而粗糙；叶舌膜质，长 3～5 毫米。圆锥花序椭圆形，分枝短，粗糙；小穗淡黄色、淡褐色至淡紫色，长 6～7 毫米；颖窄披针形，具长尖，近等长；外稃披针形，内稃长等于外稃长的 3/4；延伸小穗轴缺。花果期 7～8 月。

保护价值：中国仅产于塔里木盆地。

3. 帕米尔发草 *Deschampsia cespitosa*（L.）P. Beauv. subsp. *pamirica*（Roshev.）Tzvelev

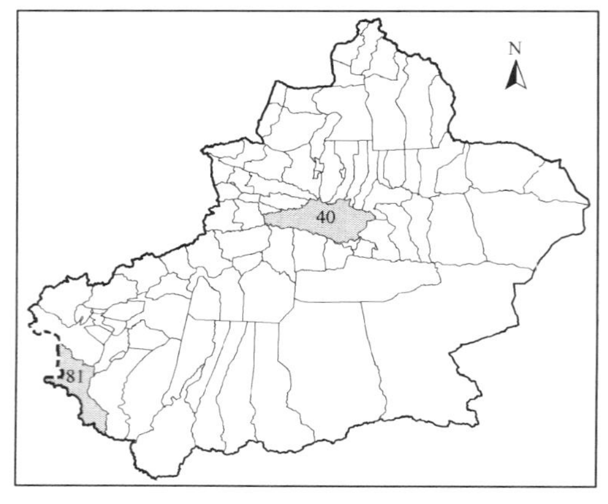

科属：禾本科 Poaceae 发草属 *Deschampsia* Beauv.

生境：生于天山和帕米尔高原海拔 2200～3200 米的高寒沼泽化草甸。

地理分布：产于和静县、塔什库尔干塔吉克自治县。

形态特征：多年生草本。茎秆直立或稍斜倾，高 50～80 厘米，节常紫红色。叶鞘松弛，短于节间，叶舌膜质。圆锥花序紧缩呈长卵形或狭椭圆形，草黄色或灰绿色，有时褐色，上部着生较多个小穗；小穗含 2～3 朵小花，长 4.5～5 毫米；小穗轴长约 1 毫米，被近等长的柔毛：颖短于小穗，第一颖具 1 脉，第二颖具 3 脉；外稃等于或稍短于第 1 颖；内稃稍短于外稃，具 2 脊。花果期 6～8 月。

保护价值：中国仅产于塔里木盆地。

4. 短毛野青茅 *Deyeuxia anthoxanthoides* Munro ex Hook. f.

科属：禾本科 Poaceae 野青茅属 *Deyeuxia* Clarion

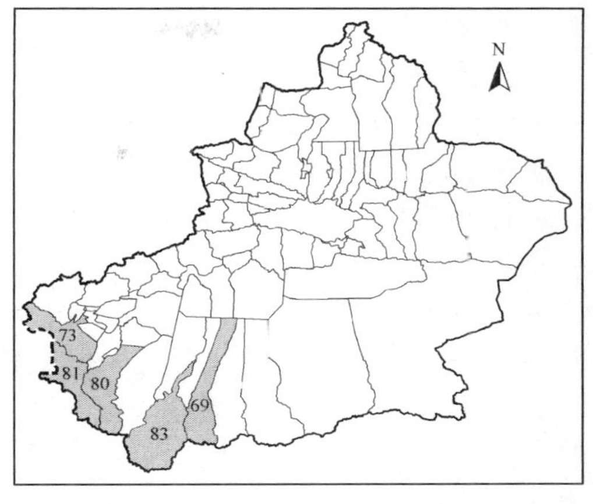

生境：生于帕米尔高原和昆仑山海拔 3200～3700 米的高寒草原带。

地理分布：产于塔什库尔干塔吉克自治县、叶城县、和田县、策勒县、阿克陶县。

形态特征：多年生草本。秆直立，高 10～35 厘米，上部近无叶，基部具多数较长的叶。叶鞘平滑或粗糙，叶舌膜质，长约 7 毫米，叶片扁平，宽约 5 毫米。圆锥花序紧密呈穗状卵形至矩圆形，淡棕紫色，以后变黄色，分枝短；小穗披针形，长 5～7 毫米；两颖近等长，披针形；外稃稍短于小穗，具 4 脉，芒自外稃近基部伸出，近中部膝曲，芒柱扭转，长出外稃 1.5 倍；内稃稍长于外稃。花果期 7～9 月。

保护价值：中国仅产于塔里木盆地。

5. 短芒披碱草 *Elymus breviaristatus* Keng ex P. C. Keng

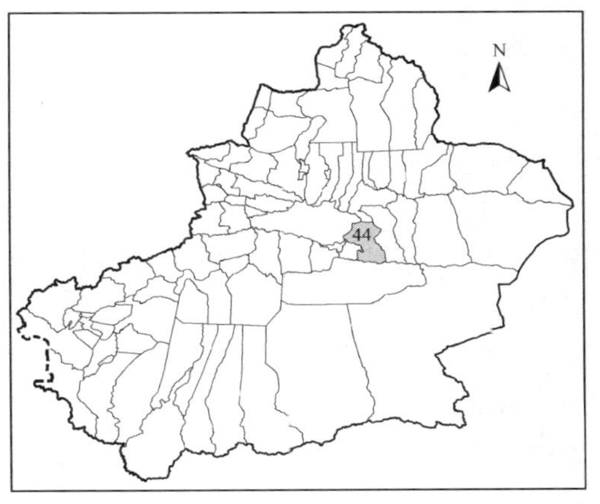

科属：禾本科 Poaceae 披碱草属 *Elymus* L.

生境：生于天山南坡、海拔 2160 米的山谷草甸。

地理分布：产于和硕县。

形态特征：多年生草本。具短而下伸的根状茎；秆疏丛生，直立或基部膝曲，高约 70 厘米，基部常被少量白粉。叶鞘平滑；叶片扁平，粗糙或下面平滑。穗状花序疏松，柔弱而下垂，每节具 2 枚小穗，穗轴边缘粗糙或具小纤毛；小穗灰绿色、稍带紫色，含 4～6 朵花；颖长圆状披针形或卵状披针形，具 1～3 脉，脉上粗糙，先端渐尖或具长仅 1 毫米的短尖头；外稃披针形，上部具明显的 5 脉，全部被短小微毛或有时背部平滑无毛，或边缘两侧被短刺毛，第一外稃长 8～9 毫米，顶端具粗糙的短芒，芒长（1）2～5 毫米；内稃与外稃等长，先端钝圆或微凹陷，脊上具纤毛至下部毛渐不明显，脊间被微毛。

保护价值：国家Ⅱ级重点保护植物。

6. 大丛披碱草 *Elymus magnicaespes* D. F. Cui

科属：禾本科 Poaceae 披碱草属 *Elymus* L.

生境：生于天山南坡海拔 2100 米，山地草甸草原的石质化阳坡。

地理分布：产于库车县。

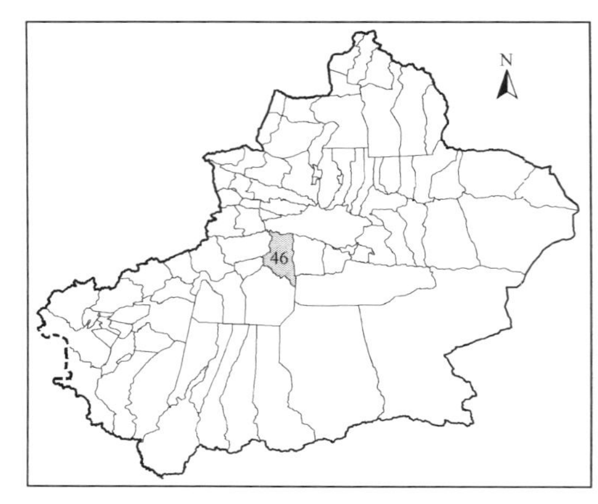

形态特征：多年生草本，呈较大的草丛。秆直立，高 50～70 厘米。叶鞘平滑无毛；叶舌膜质，顶端截平，长约 0.5 毫米；叶片通常内卷成针状。穗状花序细瘦，直立，具贴生小穗 7～12 枚；小穗长 11～18 毫米，含 4～6 朵小花；颖长圆状披针形，具 4～5 脉，边缘膜质，宽约 2 毫米；外稃长圆状披针形，平滑无毛，具 5 条明显的脉，第一外稃长约 10 毫米，基盘平滑无毛；内稃与外稃等长或稍短；花药长约 3 毫米。花果期 7～8 月。

保护价值：塔里木盆地特有种。

7. 光稃披碱草（变种）*Elymus tschimganicus*（Drobow）Tzvelev var. *glabrispiculus* D. F. Cui

科属：禾本科 Poaceae 披碱草属 *Elymus* L.

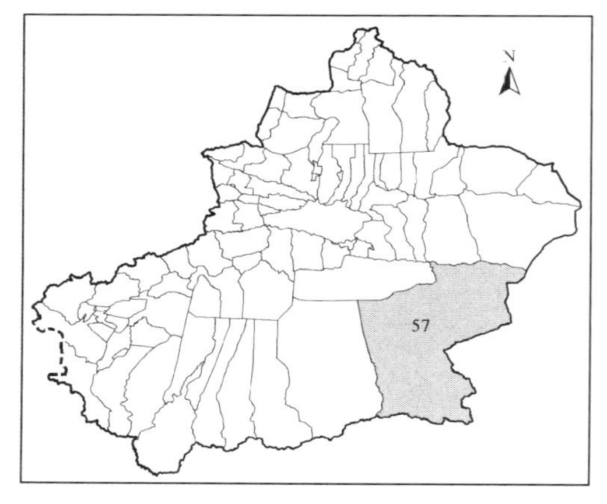

生境：生于阿尔金山海拔 3500 米的山地草原。

地理分布：产于若羌县。

形态特征：多年生草本。秆丛生，高 25～65 厘米，基部微膝曲。叶鞘无毛；叶舌圆钝；叶耳明显；叶片灰绿色。穗状花序弯曲，稍疏松；小穗浅绿色或带紫红色，含 3（5）～7 朵小花；颖窄，很少宽披针形，具 3～5 脉，颖先端具 1～4 毫米长的短芒，第一颖长 5～7 毫米，第二颖长 7～9（10）毫米；外稃披针形，外稃及基盘平滑无毛；花药黑色，长 2.5～3.5 毫米。花果期 6～9 月。

保护价值：塔里木盆地特有种。

8. 皮山蔗茅 *Erianthus ravennae*（L.）P. Beauv.

科属：禾本科 Poaceae 蔗茅属 *Erianthus* Michaux.

生境：生于固定沙丘上。

地理分布：产于皮山县。

形态特征：高大而粗壮的多年生草本。具粗壮的根状茎。秆高 1.5～2 米，丛生如苇。叶鞘圆筒形；叶舌长毛状；叶片扁平。大型圆锥花序顶生，稠密，多分枝，直立；小穗含 1 两性花，孪生；颖革质，第一颖具 2 脊，第二颖具 1 脊；外稃膜质，第一外稃具 2 脊，脊上具纤毛，第二外稃具 1 脉，长约 3 毫米，先端具芒，芒长达 5 毫米，内稃钝，无芒；雄蕊 3，花药黄色；柱头羽毛状。花果期 6～8 月。

保护价值：中国仅产于塔里木盆地。

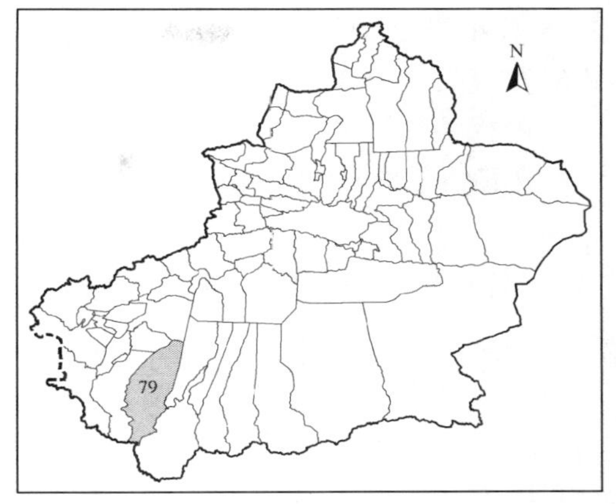

9. 葱岭羊茅 *Festuca amblyodes* V. I. Krecz. et Bobrov

科属：禾本科 Poaceae 羊茅属 *Festuca* L.

生境：生于海拔 3500 米的高山阳坡、带细土质或砾质土壤上。

地理分布：产于阿克陶县、乌恰县。

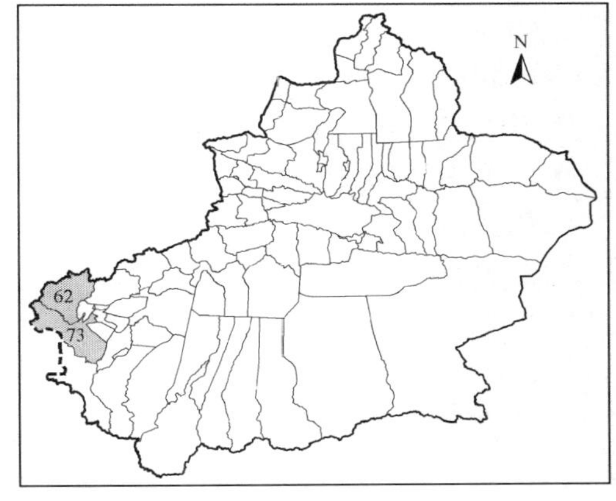

形态特征：多年生草本，草丛直径 5～8 厘米。秆细，高 2～30 厘米，具细的深褐色节。营养枝基部叶鞘薄膜质，具深褐色的横向波纹，边缘具短柔毛；茎生叶短，具深紫色叶鞘，后期变为浅褐色；叶舌短，先端撕裂，边缘具纤毛。圆锥花序疏松；小穗椭圆形至长圆形或卵形，紫色，含 4～6 朵小花；颖窄披针形，紫色，背部绿色，不等长；外稃卵状披针形。花果期 6～8 月。

保护价值：中国仅产于塔里木盆地。

10. 喀什以礼草 *Kengyilia kaschgarica*（D. F. Cui）L. B. Cai

科属：禾本科 Poaceae 仲彬草属 *Kengyilia* Yen et J. L.Yang

生境：生于海拔2800～3800米的高寒草原。

地理分布：产于塔什库尔干塔吉克自治县、阿合奇县、叶城县、阿克陶县。

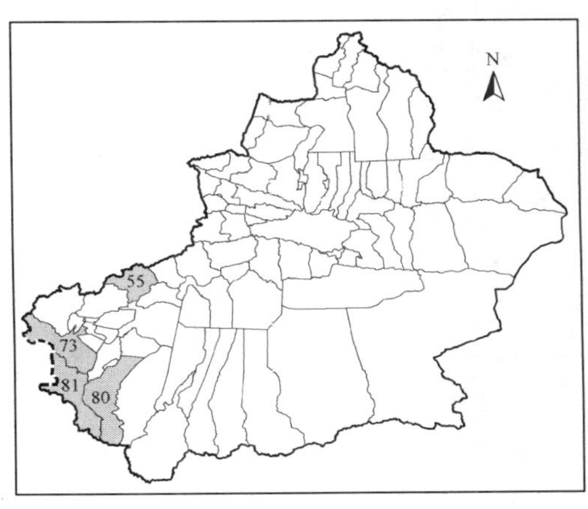

形态特征：多年生草本，密丛生。秆直立，高 25～35 厘米。茎上部叶鞘光滑无毛，下部叶鞘密被倒向柔毛；叶片通常内卷；叶舌膜质，截平，长约 0.5 毫米。穗状花序直立，小穗紧密，覆瓦状排列于穗轴两侧，含

3～5 朵小花；小穗轴节间长 1～1.5 毫米，密被柔毛；颖卵状长圆形，宽 2～2.5 毫米，边缘宽膜质，具 3～5 条粗壮而隆起的脉，脉上常具纤毛；外稃长圆形，全体密被柔毛；内稃稍短于外稃；花药长约 1.5 毫米。花果期 7～9 月。

保护价值：塔里木盆地特有种。

11. 分株赖草（高株赖草）*Leymus altus* D. F. Cui

科属：禾本科 Poaceae 赖草属 *Leymus* Hochst.

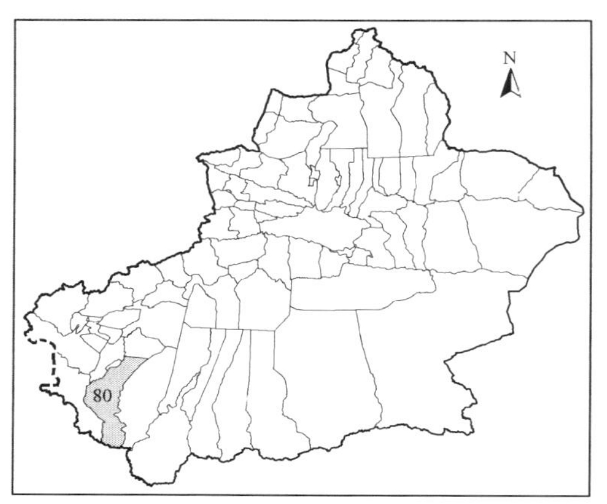

生境：生于海拔 2200 米的山地果园、林下及田边、地埂。

地理分布：产于叶城县。

形态特征：多年生草本，植物体被白霜。具下伸的根茎。秆单生或疏丛生，直立，高 80～150 厘米。叶鞘光滑无毛；叶舌膜质；叶片扁平，宽 4～5 毫米。穗状花序直立；小穗单生或中下部 2～3 个生于穗轴的每节，灰绿色，含 4～6 朵小花，小穗轴节间长 1.5～2 毫米；颖条状披针形，边缘膜质，背部具 3 脉，第一颖稍短于第二颖；外稃披针形，背部具 5 脉，第一外稃长 10～14 毫米；内稃与外稃近等长；花药黄色，长 3～4 毫米。花果期 7～8 月。

保护价值：塔里木盆地特有种。

12. 阿尔金山赖草 *Leymus arjinshanicus* D. F. Cui

科属：禾本科 Poaceae 赖草属 *Leymus* Hochst.

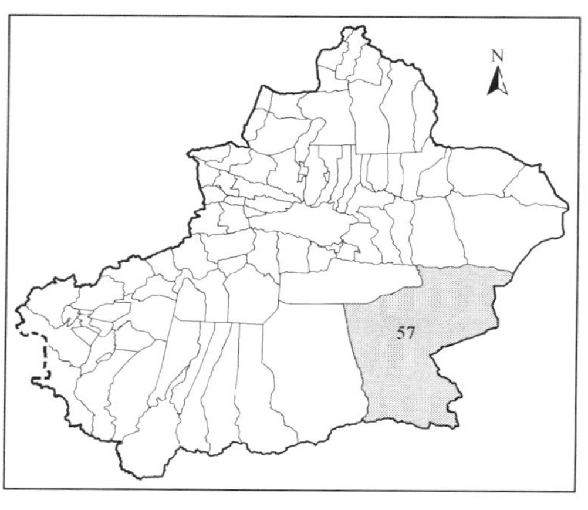

生境：生于阿尔金山海拔 3500 米处山间盆地的盐化低地草甸。

地理分布：产于若羌县。

形态特征：多年生草本。须根具沙套，具下伸的根茎。秆丛生，直立，高 30～70 厘米。叶鞘平滑无毛；叶耳线状披针形；叶舌截平；叶片长 10～20 厘米，宽约 3 毫米。穗状花序直立或稍弯，疏松；小穗单生于穗轴的每节，灰绿色或带紫色；颖线状披针形，质地较硬，具 1 脉；外稃宽披针形，无膜质边，具不明显的 5 脉，基盘被短柔毛，第一外稃长 10～12 毫米（连同短尖头）；内稃与外稃等长；花药黄色，长约 4 毫米。花果期 7～9 月。

保护价值：塔里木盆地特有种。

13. 皮山赖草 *Leymus pishanica* S. L. Lu et Y. H. Wu

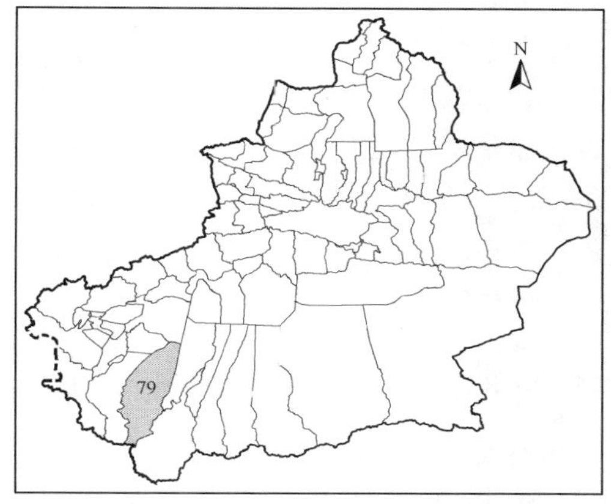

科属：禾本科 Poaceae 赖草属 *Leymus* Hochst.

生境：生于海拔 2600 米左右的田埂、田间、沟谷山坡草地。

地理分布：产于皮山县。

形态特征：多年生草本。具下伸的长根状茎。秆直立，高 50～80 厘米。叶鞘光滑无毛；叶耳镰状；叶片通常扁平或边缘内卷。穗状花序细长，直立，疏松；小穗长 12～17 毫米，含 2～3 朵小花，单生于穗轴的每节；颖披针形，渐尖，平滑无毛，具 3 脉，两颖等长；外稃长圆状披针形，第一外稃长 12～14 毫米；内稃明显短于外稃，长约 9 毫米，两脊具纤毛。

保护价值：塔里木盆地特有种。

14. 若羌赖草 *Leymus ruqiangensis* S. L. Lu et Y. H. Wu

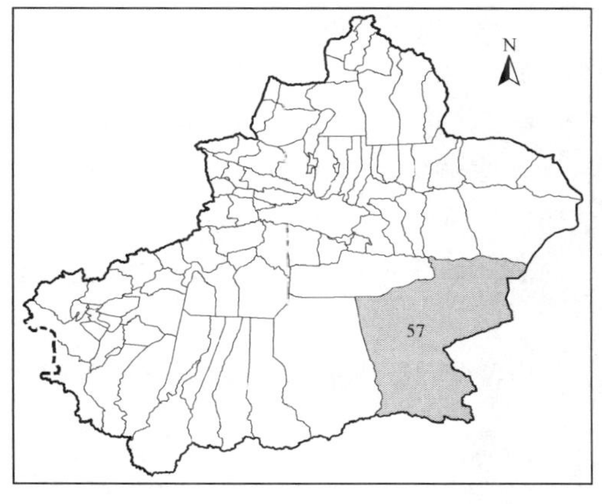

科属：禾本科 Poaceae 赖草属 *Leymus* Hochst.

生境：生于昆仑山和阿尔金山海拔 3100～4100 米山间盆地里的盐化低地草甸。

地理分布：产于若羌县。

形态特征：多年生草本，须根具沙套。具下伸的根茎。秆丛生，直立，高 30～70 厘米。叶鞘平滑无毛；叶耳线状披针形；叶舌截平，长约 0.5 毫米；叶片长 10～20 厘米，宽约 3 毫米。穗状花序直立或稍弯，疏松；小穗单生于穗轴的每节，灰绿色或带紫色，含 3～4 朵小花；颖线状披针形，质地较硬，具 1 脉，第一颖细而短，第二颖粗而长；外稃密被显著的柔毛；内稃与外稃等长；花药黑紫色或黄绿色，长约 4 毫米。花果期 7～9 月。

保护价值：中国特有种。仅产于塔里木盆地和青海，稀有种。

15. 疏穗细叶早熟禾（亚种）*Poa angustifolia* L. subsp. *laxuispicula* D. F. Cui

科属：禾本科 Poaceae 早熟禾属 *Poa* L.

生境：生于天山和昆仑山海拔 2600～4100 米的高山草甸及河谷草甸。

地理分布：产于若羌县、库车县、皮山县、策勒县。

形态特征：多年生草本。具根状茎。秆丛生，基部被多数枯萎叶鞘，植株较小。圆锥花序稀疏，长约 3 厘米；小穗通常含 2 朵小花；外稃中脉及边脉下部 1/3 被长柔毛，基盘具少量绵毛。花果期 6～8 月。

保护价值：塔里木盆地特有种。

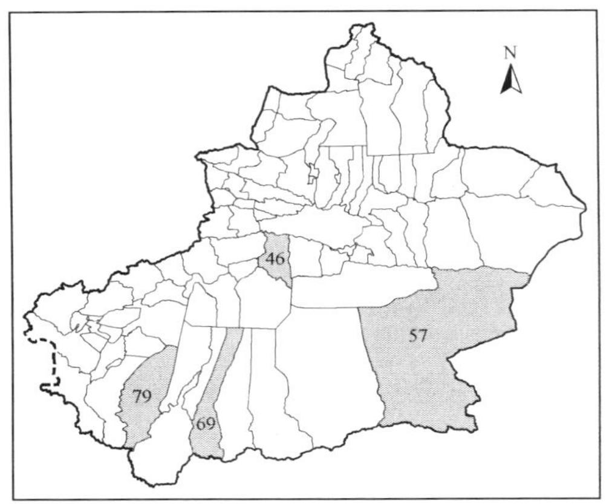

16. 阿尔金山早熟禾 *Poa arjinsanensis* D. F. Cui

科属：禾本科 Poaceae 早熟禾属 *Poa* L.

生境：生于阿尔金山海拔3500米的山地草原。

地理分布：产于若羌县。

形态特征：多年生草本。具短根状茎。秆平滑无毛，高 20～30 厘米。叶鞘平滑无毛；叶舌膜质；叶片条形，先端渐尖，扁平或对折。圆锥花序疏松；小穗卵状披针形，含 2～5 朵小花；颖卵状披针形，先端尖，边缘膜质，第一颖长 3.5～4 毫米，具 3 脉，第二颖 3.5～4.5 毫米，脊上部 1/3 具短刺毛；外稃卵状披针形，先端尖而具膜质边，第一外稃长 3.5～4 毫米；内稃短于外稃，脊上具短纤毛；花药黄色，长约 2 毫米。花果期 7～8 月。

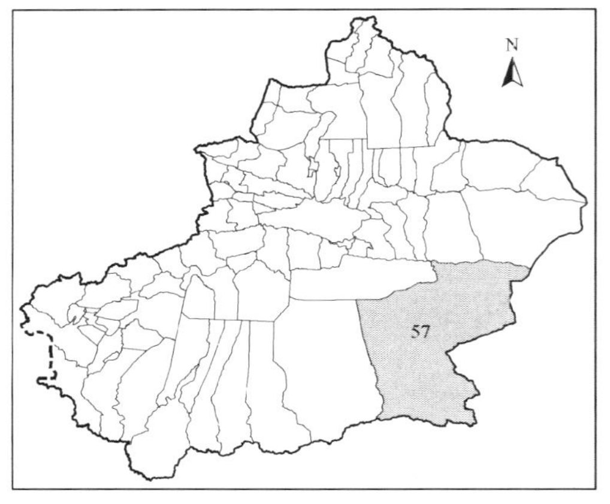

保护价值：中国仅产于塔里木盆地和青海，稀有种。

17. 膜颖早熟禾 *Poa membranigluma* D. F. Cui

科属：禾本科 Poaceae 早熟禾属 *Poa* L.

生境：生于天山南坡海拔 2000～2700 米的荒漠草原至草原带。

地理分布：产于拜城县、温宿县。

形态特征：多年生草本。根具沙套。秆直立，高 16～30 厘米。叶鞘平滑；叶舌甚短，其长不及 0.5 毫米；叶片内卷呈针状，表面平滑。圆锥花序较紧缩，以致仅具 1 个小穗，分枝稍粗糙；小穗披针形，含 2～3 朵小花；

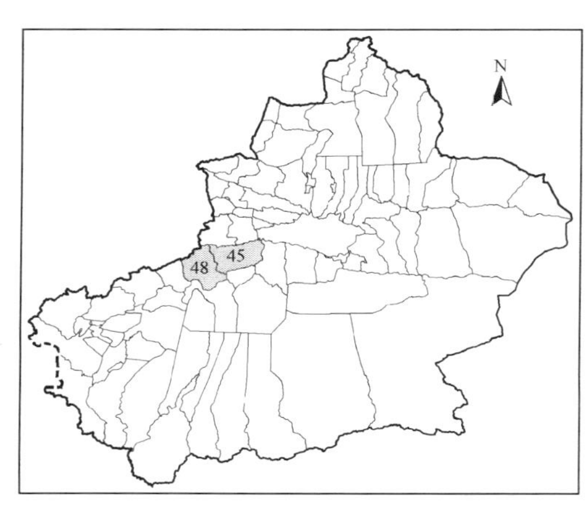

颖片白色膜质，卵形，仅具 1 脉；外稃披针形，全部无毛，基盘亦无毛，第一外稃长 4.5～5 毫米；内稃稍短于外稃，脊上部 3/4 具细小纤毛；花药长约 1 毫米。花果期 6～8 月。

保护价值：塔里木盆地特有种。

18. 羊茅状早熟禾 *Poa parafestuca* L. Liu

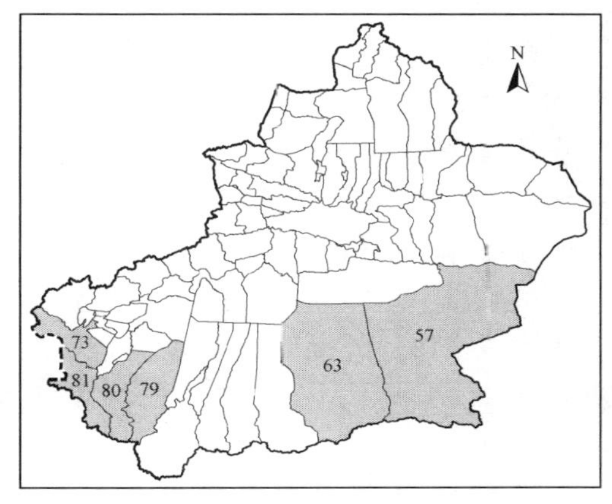

科属：禾本科 Poaceae 早熟禾属 *Poa* L.

生境：生于帕米尔高原海拔 4000～4500 米的高寒草原及缓坡沙砾地。

地理分布：产于塔什库尔干塔吉克自治县、阿克陶县、叶城县、皮山县、且末县、若羌县。

形态特征：多年生草本，形成密丛。秆直立，高 5～10 厘米。叶鞘稍粗糙；秆生叶舌长约 2.5 毫米；叶片通常内卷或对折。圆锥花序紧密呈穗状，长 1.5～2.5 厘米，分枝短、粗糙；小穗披针形，紫褐色，长 3～4 毫米，含 2～3 朵小花；颖具 3 脉，第一颖长约 2.5 毫米，第二颖长约 3 毫米；外稃披针形，边缘窄膜质无毛，第一外稃长 3～3.5 毫米；内稃稍短于外稃；花药黄色，长约 1.5 毫米。花果期 6～8 月。

保护价值：塔里木盆地特有种。

19. 红旗拉甫早熟禾 *Poa poiphagorum* Bor var. *hunczilapensis* Keng ex D. F. Cui

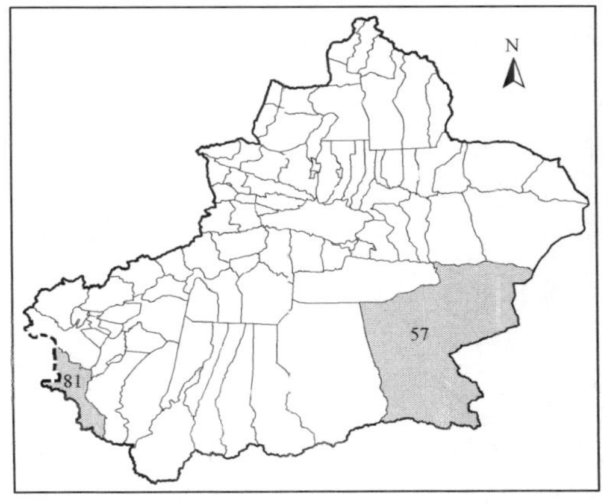

科属：禾本科 Poaceae 早熟禾属 *Poa* L.

生境：生于阿尔金山和帕米尔高原海拔 4000～4400 米的高寒草原。

地理分布：产于若羌县、塔什库尔干塔吉克自治县。

形态特征：多年生草本，形成密丛。秆直立，高 10～15 厘米，基部具灰褐色枯萎叶鞘。叶鞘平滑；秆生叶舌膜质，长 1.5～3 毫米；叶片通常扁平，宽约 1.5 毫米。圆锥花序紧密呈穗状，长 2～3 厘米，分枝短，粗糙；小穗卵形，含（2）3～4（5）朵小花；颖宽披针形，具 3 脉，边缘宽膜质；外稃披针形，绿色，先端具宽的紫红色、黄棕色至白色膜质边，第一外稃长约 4 毫米；内稃稍短于外稃；花药长约 1.8 毫米。花果期 7～8 月。

保护价值：塔里木盆地特有种。

20. 糙茎早熟禾 *Poa scabriculmis* N. R. Cui

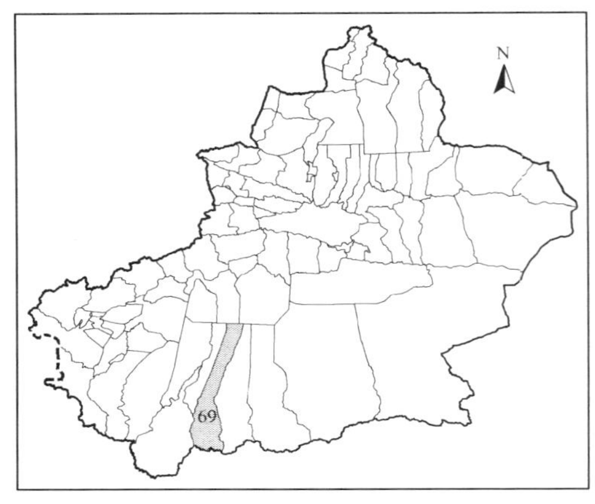

科属：禾本科 Poaceae 早熟禾属 *Poa* L.

生境：生于昆仑山海拔 3500～4000 米的高山草甸。

地理分布：产于策勒县。

形态特征：多年生草本。具短而下伸的根状茎，秆直立，密被糙毛，高 20～25 厘米。叶鞘平滑或稍粗糙；叶舌先端钝圆，长 2～4 毫米；叶片通常内卷。圆锥花序疏展，长 2～3 厘米；小穗披针形，紫褐色或带紫色，长约 4 毫米，含 1～2 朵小花；颖披针形，质厚，具 3 脉；外稃卵状披针形、质厚，中脉上部 1/2 具锯齿；第一外稃长约 4 毫米；内稃稍短于外稃，脊上具细小纤毛；花药黄色或带紫色，长 1～1.3 毫米。花果期 8～9 月。

保护价值：塔里木盆地特有种。

21. 密穗早熟禾 *Poa spiciformis* D. F. Cui

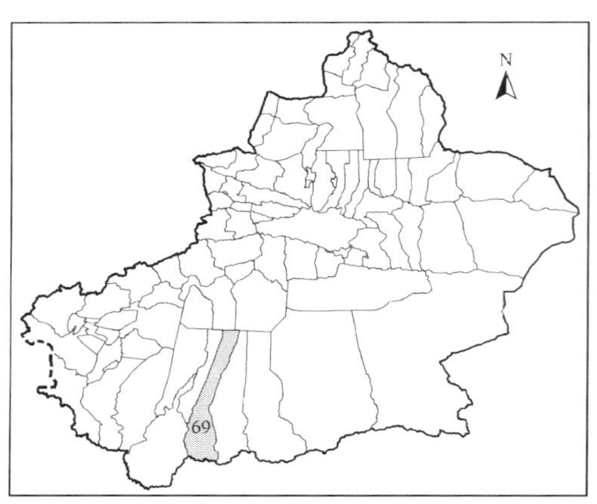

科属：禾本科 Poaceae 早熟禾属 *Poa* L.

生境：生于昆仑山海拔 3500～4000 米的高山河谷草甸及渠边。

地理分布：产于策勒县。

形态特征：多年生草本。具下伸的根状茎，形成疏丛。秆平滑，高 15～25 厘米，节基部为叶鞘所包被。叶鞘平滑；叶舌膜质，长约 3 毫米；叶片扁平或对折，稍粗糙。圆锥花序紧密呈穗状，分枝短、粗糙；小穗卵圆形至宽披针形，紫褐色或带紫色，通常含 2 朵小花，小穗轴被柔毛；颖披针形具 3 脉，两颖近等长；外稃披针形，边缘及先端膜质；内稃稍短于外稃，脊上被柔毛；花药黄色，长约 2 毫米。花果期 8～9 月。

保护价值：塔里木盆地特有种。

22. 伊凡棒头草 *Polypogon ivanovae* Tzvelev

科属：禾本科 Poaceae 棒头草属 *Polypogon* Desf.

生境：生于海拔 850～1700 米农业区的田边、地埂、水渠边等潮湿环境。

地理分布：产于喀什，莎车县。

形态特征：一年生草本，形成小丛。秆基部膝曲上升，高 8～20 厘米。叶鞘无毛；叶舌膜质，边缘具纤毛；叶片疏松的纵卷或扁平。圆锥花序较疏松，分枝较短，粗糙，小穗梗接近基部有关节，易断落；小穗紫红色，含 1 朵小花，颖等长，粗糙，顶端钝，具长 0.5～2.8 毫米的直芒，易脱落；外稃卵形，中脉延伸成芒，易脱落；内稃长约等于外稃的 1/2；花药长 0.5～0.8 毫米。花果期 6～8 月。

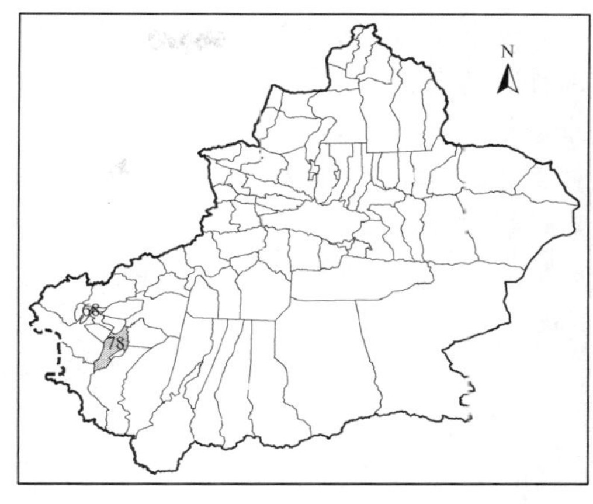

保护价值：中国仅产于塔里木盆地，稀有种。

23. 阿尔金山碱茅 *Puccinellia arjinshanensis* D. F. Cui

科属：禾本科 Poaceae 碱茅属 *Puccinellia* Parl.

生境：生于阿尔金山海拔 3500 米的山谷水边。

地理分布：产于若羌县、且末县、于田县、莎车县。

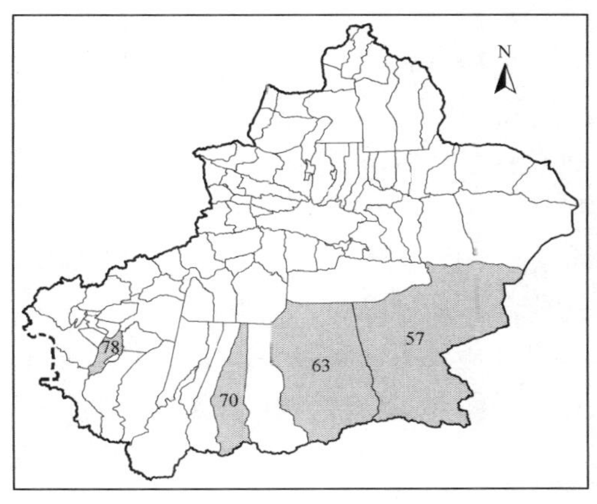

形态特征：多年生草本。秆丛生，直立，高 18～25 厘米。叶鞘平滑无毛，长于节间；叶舌长 2～2.5 毫米；叶片对折或内卷。圆锥花序幼时为叶鞘所包藏，后伸出而展开；小穗黄绿色，长 5～7 毫米，通常含 3 朵小花；穗轴节间长达 1 毫米，平滑无毛；颖披针形，第一颖长 2～2.5 毫米，具 1 脉，第二颖长 2.5～3.5 毫米，具 3 脉；外稃呈不明显的舟状，先端尖，具宽膜质边和不明显的 5 脉，第一外稃长 3.5～4 毫米；内稃等长或稍短于外稃；花药黄色，长约 1 毫米。花果期 7～9 月。

保护价值：塔里木盆地特有种。

24. 矮碱茅 *Puccinellia himilis*（Litv. ex Krecz.）Bor

科属：禾本科 Poaceae 碱茅属 *Puccinellia* Parl.

生境：生于海拔 2850～4200 米的河谷草甸及盐化草甸。

地理分布：产于疏附县、塔什库尔干塔吉克自治县。

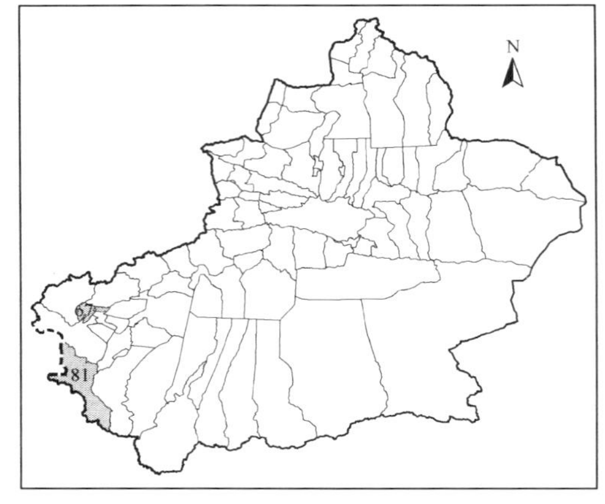

形态特征：多年生草本。秆密丛生，基部膝曲斜升，高 10～35 厘米。叶片紧缩成刚毛状，平滑无毛。圆锥花序椭圆形，长 5～10 厘米，分枝平滑或近于平滑；小穗椭圆状披针形，绿色或带紫色；外稃基部脉上和脉间被多数柔毛；花药黄色或浅紫色，长 0.8～1 毫米。

保护价值：中国仅产于塔里木盆地。

25. 喜马拉雅针茅 ***Stipa himalaica*** **Roshev.**

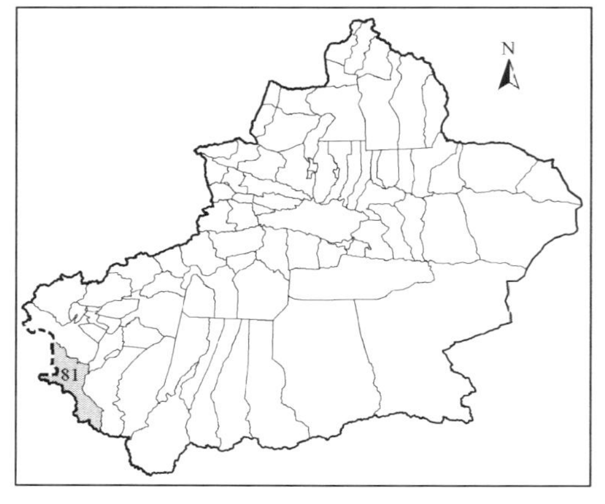

科属：禾本科 Poaceae 针茅属 *Stipa* L.

生境：生于帕米尔高原海拔约 3650 米的荒漠草原。

地理分布：产于塔什库尔干塔吉克自治县。

形态特征：多年生草本，须根坚韧、细长。秆直立、丛生，高 30～40 厘米，具 2～3 节。叶鞘无毛，长于节间，叶舌披针形，叶片纵卷如针状。圆锥花序较疏松，小穗淡绿色，有光泽；颖近等长，窄披针形，具 3 脉；外稃背部生纵行的条状毛，顶端具一圈短毛，芒二回膝曲、扭转，第 2 芒柱长 1.5～1.7 厘米，被长约 1.5 毫米的羽状毛，芒针被羽状毛。花果期 6～8 月。

保护价值：中国仅产于塔里木盆地。

六、莎草科 Cyperaceae

1. 葱岭薹草 ***Carex alajica*** **Litv.**

科属：莎草科 Cyperaceae 薹草属 *Carex* L.

生境：生于海拔 2800～3500 米的河谷草甸。

地理分布：产于疏勒县、塔什库尔干塔吉克自治县。

形态特征：多年生草本。具短根茎和分蘖枝。秆三棱形，高 15～25 厘米。下部叶鞘褐色，基部密被细裂成纤维状的残留叶鞘；叶片质硬而粗糙。苞片具长达 5～8 毫米的鞘，叶片长于小穗约 2 倍；小穗 2～3，上部为雄小穗，雄花鳞片披针形，稍钝，浅锈黄色，边缘膜质；其余为雌小穗；小穗倒卵形，疏松，雌穗上部常有雄花，雌花鳞片卵形，具浅色而明显的脉，边缘膜质；果囊倒卵形，钝三棱状，薄革质，灰绿色至黄色，边缘粗糙，顶部急收缩成二深裂的喙，喙长约 2 毫米。

保护价值：中国仅产于塔里木盆地和青海，稀有种。

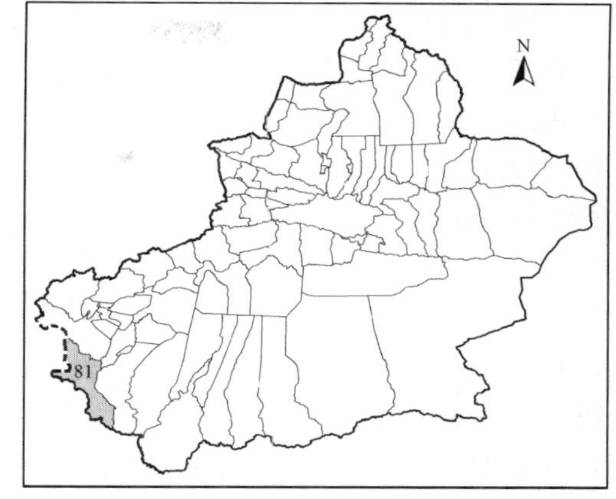

2. 刺苞薹草 *Carex alexeenkoana* Litv.

科属：莎草科 Cyperaceae 薹草属 *Carex* L.

生境：生于海拔 1900～4500 米的天山、帕米尔高原和昆仑山的山地草甸草原及高寒草原。

地理分布：产于库尔勒、喀什，若羌县、且末县、和静县、库车县、温宿县、拜城县、乌恰县、和田县、叶城县、塔什库尔干塔吉克自治县、皮山县、策勒县。

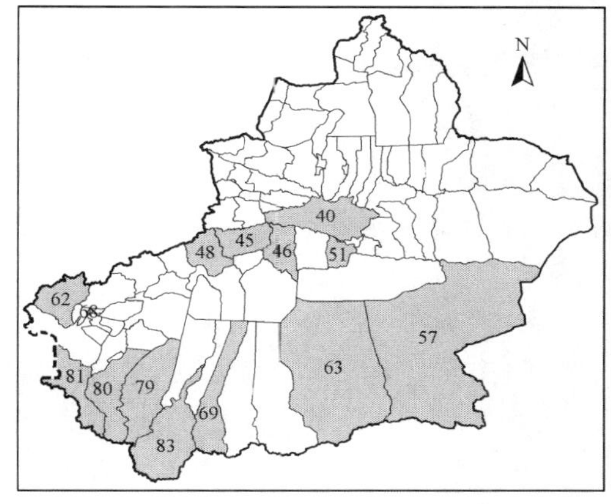

形态特征：多年生草本。具下伸的木质根状茎，形成密丛；秆坚韧，不明显的三棱形，平滑或上部稍粗糙，高 40～50 厘米。秆基部被棕色残存叶鞘；叶片质硬而薄，紧缩，宽达 4 毫米，先端尖，短于秆。下部苞片叶状，具长达 1.5 厘米的鞘，叶片稍短于花序；小穗 3～5，上部 1～3 枚雄小穗彼此接近，窄披针形，长 1～2.5 厘米；其余为雌小穗，倒卵形或长圆形，棒状，较疏松，长 1～3 厘米，上部者近于无柄，下部者具长达 1 厘米的短柄，常隐藏于苞片的鞘内，雌花鳞片宽椭圆形，红褐色，顶端膜质半圆形，中脉隆起呈脊并向外延伸成锥状尖，等长于果囊；果囊长圆形至倒卵形，三棱状，暗绿色，具 5～7 脉，先端和边缘被短柔毛，顶端急缩成微二齿裂的短喙，喙口斜切、白色膜质。花果期 5～8 月。

保护价值：中国仅产于塔里木盆地。

3. 单行薹草 *Carex divisa* Huds.

科属：莎草科 Cyperaceae 薹草属 *Carex* L.

生境：生于昆仑山海拔 2900～3900 米的河谷及湖滨沼泽草甸。

地理分布：产于和田县、若羌县。

形态特征：多年生草本，青绿色。具粗而木质化的匍匐根状茎。秆上部粗糙，高 50～80 厘米。基部具褐色叶鞘，皮膜质；叶片扁平，短于秆。下部苞片无鞘，短于花序；花序由小穗聚成卵形较紧密的穗状花序；小穗 15～25，雄雌顺序，鳞片卵形，顶端具刺状尖，浅锈色，具浅色龙骨状的脊和白色宽膜质边，与果囊近于等长或稍短；果囊厚革质，卵形，平凸状，浅锈色，有光泽，边缘具厚棱；基部近于圆形，顶端急收缩成 2 齿裂、粗糙的短喙；柱头 2。花果期 5～8 月。

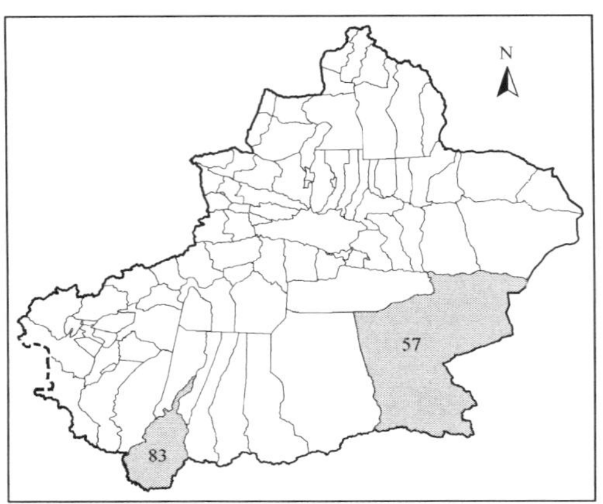

保护价值：中国仅产于塔里木盆地。

4. 昆仑薹草 *Carex kunlunsanensis* N. R. Cui

科属：莎草科 Cyperaceae 薹草属 *Carex* L.

生境：生于东昆仑山海拔 4150～4300 米的沙壤土或沙地上，是高寒草原及草甸草原植被类型的建群种。

地理分布：产于若羌县。

形态特征：多年生草本。具长而横行的根状茎。秆细而直立，高（3）7～16 厘米。叶片对折呈丝状。下部苞片叶状，短于花序；小穗通常 3，少 2～4，稍离生，上部 1 枚为雄小穗，雄花鳞片紫褐色，披针形，具宽膜质边，其余为雌小穗，长圆形，无柄，雌花鳞片卵形，黑紫褐色；果囊披针形，三棱状，长 3.5～4 毫米，上部紫色，下部绿色，无脉，具二齿裂的长喙；花柱 3。花果期 6～8 月。

保护价值：塔里木盆地特有种。

5. 黑花薹草 *Carex melanantha* C. A. Mey.

科属：莎草科 Cyperaceae 薹草属 *Carex* L.

生境：生于海拔 2200～3400 米的天山、阿尔泰山、准噶尔西部山地和帕米尔高原的高山和亚高山沼泽化草甸。

地理分布：产于阿图什，和静县、温宿县、乌恰县、塔什库尔干塔吉克自治县。

形态特征：多年生草本。具根状茎和匍匐枝；秆直立而坚实，高 10～25 厘米，上部稍粗糙。基部被褐色的枯老叶鞘；叶片质硬，扁平，宽 3～6 毫米，等长于或短于秆。

苞片刚毛状，无鞘，小穗 3～6，组成紧密的头状花序，顶生小穗通常为雄性或雌雄顺序，卵形，长 1～2 厘米；其余为雌小穗，卵形至椭圆形，长 1～2 厘米，宽 0.6～1 厘米，无柄或下部者具很短的柄，雌花鳞片矩圆状卵形，尖，紫褐色，具浅色至绿色中肋，边缘狭膜质、白色，约与果囊等长；果囊偏离穗轴，卵形至椭圆形，三棱状，长 3～3.5 毫米，黑紫色，无脉，具小乳头状突起，大都光滑无毛，基部宽楔形至圆形，顶端具急缩成筒状的微小短喙；柱头 3。小坚果倒卵形或倒卵状矩圆形，长约 2 毫米。花果期 5～8 月。

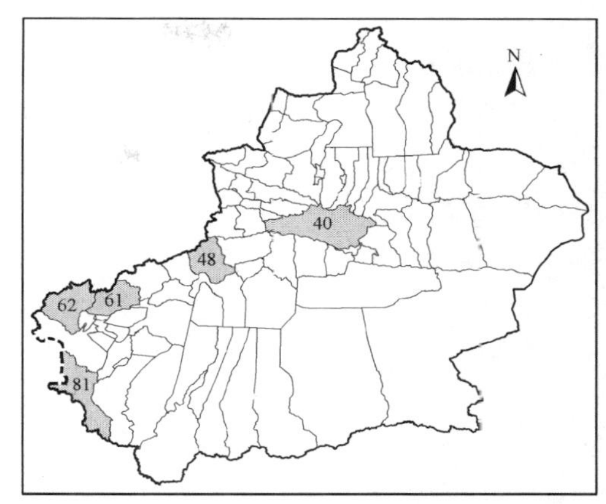

保护价值：中国仅产于塔里木盆地。

6. 密穗薹草 *Carex pycnostachya* Kar. et Kir.

科属：莎草科 Cyperaceae 薹草属 *Carex* L.

生境：生于海拔 1600～3500 米的天山、阿尔泰山、准噶尔西部山地及帕米尔高原的河谷及湖滨沼泽草甸。

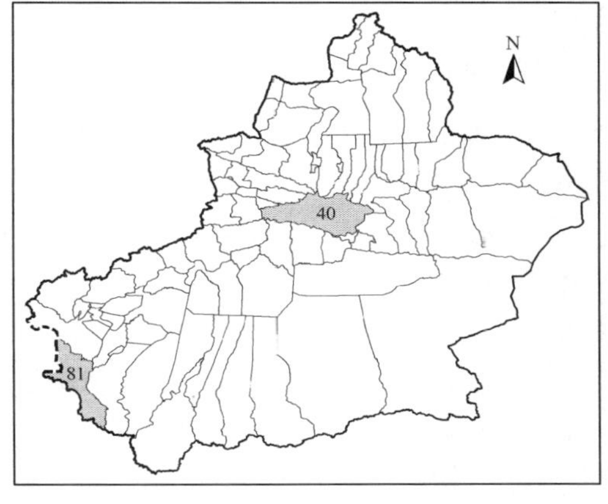

地理分布：产于和静县、塔什库尔干塔吉克自治县。

形态特征：多年生草本，浅绿色。具长的匍匐根状茎；秆粗，不明显的三棱状，光滑无毛，高 10～50 厘米。叶片扁平，渐尖，稍呈镰状弯曲，宽 4～6 毫米。下部苞片鳞片状，具短的芒状尖；小穗雄雌顺序，有时中部几乎全为雄花，6～15 枚，椭圆形，聚集成紧密的穗状花序，花序卵形，长 2～3 厘米；鳞片宽卵形，浅褐色，多少呈龙骨状，顶端钝，边缘白色宽膜质，稍短于果囊；果囊薄革质，卵形，平凸状，长 3～4 毫米，褐色或橄榄绿色至褐色，无光泽，具 5～8 条有色的脉，边缘具带细齿的翅，基部宽楔形至近于圆形，向上逐渐收缩成微二齿裂的短喙；柱头 2。花果期 5～9 月。

保护价值：中国仅产于塔里木盆地。

7. 细果薹草 *Carex stenocarpa* Turcz. ex V. Krecz.

科属：莎草科 Cyperaceae 薹草属 *Carex* L.

生境：生于海拔 1900～4200 米的天山、阿尔泰山和准噶尔西部山地、昆仑山和帕米尔高原的森林草甸及高山和亚高山草甸。

地理分布：产于喀什、阿图什，和硕县、和静县、阿合奇县、拜城县、温宿县、乌恰县、和田县、塔什库尔干塔吉克自治县。

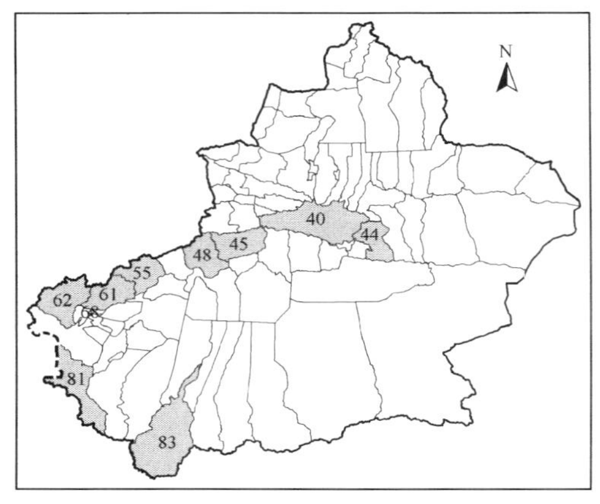

形态特征：多年生草本，浅绿色。具粗而下伸的短根茎，形成密丛；秆细，不明显的三棱形，光滑无毛，高20～50厘米，基部具淡褐色撕裂的叶鞘。叶片质较硬，扁平，宽3～6毫米，稍弯曲，粗糙，尖，2～3倍短于秆。下部苞片具发育的鞘和叶片；小穗3～5，稍离生，上部1～2枚为雄小穗，狭椭圆形，长1～1.5厘米，雄花鳞片宽披针形，锈褐色，膜质；其余为雌小穗，卵形至卵状长圆形，长1.5～2.3厘米，疏松，具细而粗糙的柄，柄长5～6厘米，下垂，雌花鳞片卵形，尖，紫褐色，具1脉，边缘窄膜质，短于果囊；果囊椭圆形至披针形，三棱状，长5～6毫米，紫褐色，无脉，上部边缘具短刺毛，具二齿裂的长喙；柱头3。花果期5～9月。

保护价值：中国仅产于塔里木盆地。

8. 少花荸荠 *Eleocharis quinqueflora*（Hartm.）O. Schwarz

科属：莎草科Cyperaceae荸荠属*Eleocharis* R. Br.

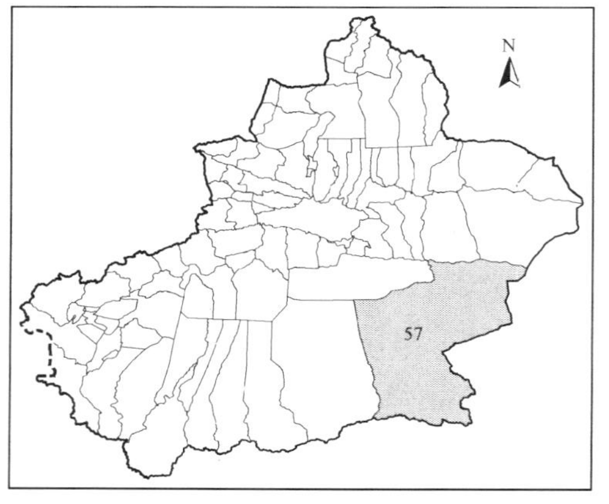

生境：生于东昆仑山海拔约4200米的湖边沼泽草甸。

地理分布：产于若羌县。

形态特征：多年生草本。具细的匍匐根状茎。秆多数密丛生，钝五棱柱状，高3～30厘米。叶缺，只在秆的基部有1～2个叶鞘；叶鞘红褐色或褐色。膜质，管状，高1～4厘米，鞘口平。小穗卵形或球形，淡褐色，有2～7朵小花，小穗基部具无花鳞片1枚，其余皆有花；鳞片背面栗褐色，具宽或狭的膜质边；下位刚毛0～5条，长短不一；柱头3，花柱基细，不膨大。小坚果倒卵形。花果期6～8月。

保护价值：中国仅产于塔里木盆地和青海格尔木，稀有种。

七、百合科 Liliaceae

1. 高山顶冰花 *Gagea jaeschkei* Pascher

科属：百合科Liliaceae顶冰花属*Gagea* Salisb.

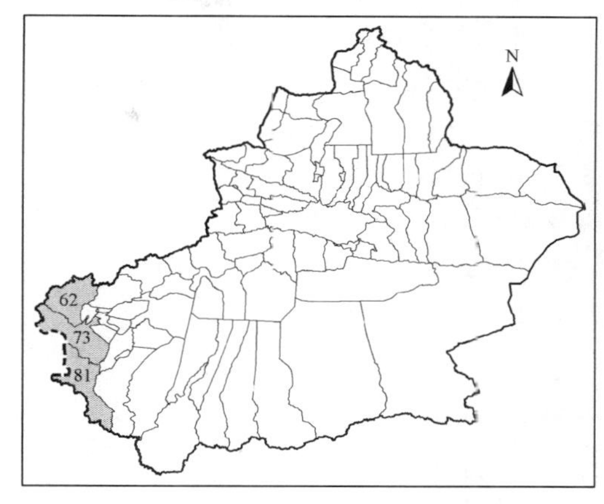

生境：生于海拔 4000～4600 米的高山草原和高山雪线附近。

地理分布：产于乌恰县、塔什库尔干塔吉克自治县、阿克陶县。

形态特征：多年生草本。地下鳞茎窄卵形。茎具短柔毛。基生叶 1，条形，背面有龙骨状脊；茎生叶 5～6，与基生叶相似，叶腋中有时多少有鳞茎。花单生，花梗具短柔毛；花被片卵状披针形或椭圆形，里面黄色，外面暗紫红色；雄蕊长为花被片的 4/5；花药矩圆形，花丝基部扁，与花药近等长；子房矩圆形；花柱与子房近等长，柱头稍 3 裂。蒴果倒卵形。花果期 6～7 月。

保护价值：中国仅产于塔里木盆地。

2. 乌恰顶冰花 *Gagea olgae* Regel

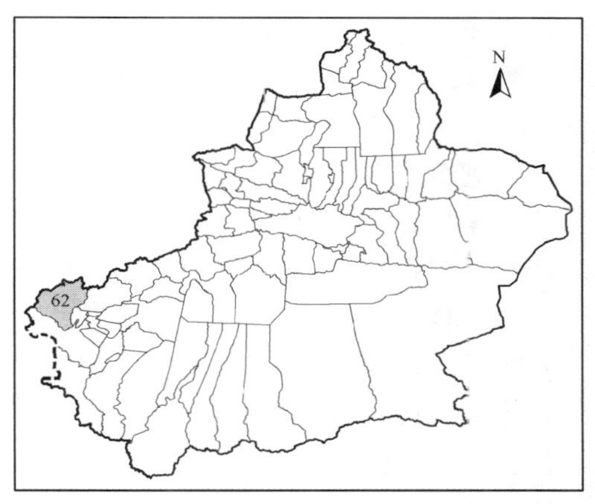

科属：百合科 Liliaceae 顶冰花属 *Gagea* Salisb.

生境：生于海拔 2500～3500 米的高山草原和河谷坡地。

地理分布：产于乌恰县。

形态特征：多年生植物。地下鳞茎卵形，皮棕褐色。茎高 3～6 厘米。基生叶丝状，背面有龙骨状脊，边缘内卷；茎生叶 2～3，边缘具缘毛。花 1～2 朵；花被片条形或狭矩圆形，里面黄色，外面多为暗紫红色；雄蕊长为花被片的 3/4，花药矩圆形，长为花丝的一半；子房矩圆形，花柱稍长于子房；柱头头状，不分裂。蒴果倒卵形。花果期 5 月中旬至 6 月。

保护价值：中国仅产于塔里木盆地，稀有种。

八、鸢尾科 Iridaceae

1. 蓝花卷鞘鸢尾（变种）*Iris potaninii* Maxim. var. *ionantha* Y. T. Zhao

科属：鸢尾科 Iridaceae 鸢尾属 *Iris* L.

生境：无记载。

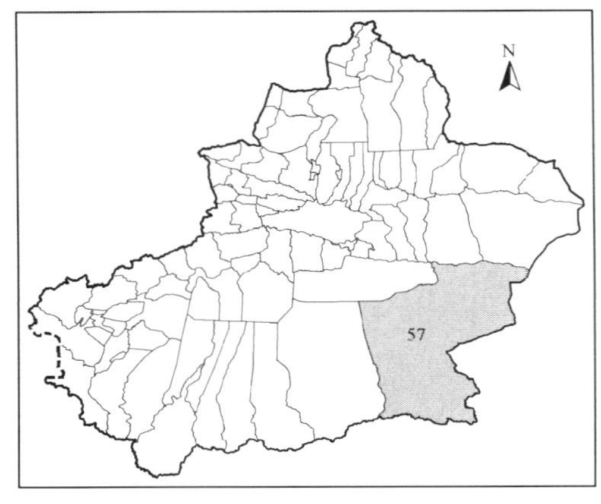

地理分布：产于若羌县。

形态特征：多年生草本，植株基部残留叶鞘的纤维，呈毛发状。根状茎短块状，木质。少分枝。叶条形。花茎短，不伸出地面，基部有叶 1～2，呈鞘状；苞片 2，膜质，内包有 1 朵花；花蓝紫色；花被管下部丝状，外花被裂片中脉密生黄色毛状附属物，内花被与前者近等长；雄蕊长 1.5 厘米，花药紫色；花柱分枝扁平，黄色；子房纺锤形。蒴果椭圆形，顶端具短喙，成熟时室背开裂。种子棕色，表面具皱纹。花期 5～6 月，果期 6～8 月。

保护价值：中国特有种，仅产于塔里木盆地和青海，稀有种。

九、杨柳科 Salicaceae

1. 阿富汗杨（原变种）***Populus afghanica***（Aiton et Hemsl.）C. K. Schneid.

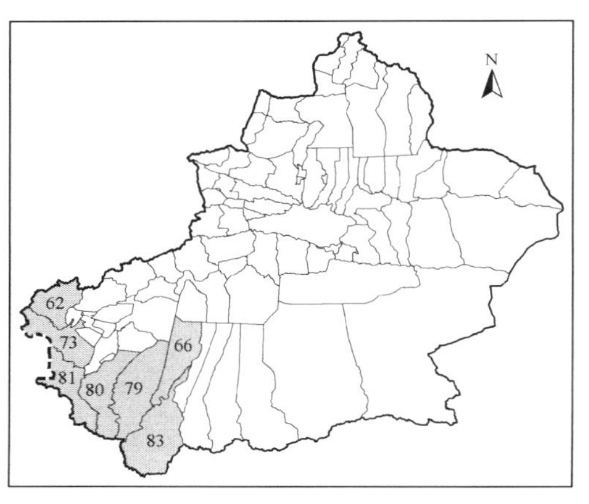

科属：杨柳科 Salicaceae 杨属 *Populus* L.

生境：生于海拔 1400～3000 米的山河岸边。

地理分布：产于阿克陶县、乌恰县、塔什库尔干塔吉克自治县、叶城县、和田县、墨玉县、皮山县。

形态特征：中等乔木。树冠开展；树皮淡灰色，基部较暗。小枝淡灰色，圆筒形；一年生枝色较深，淡棕褐色或淡黄褐色，微有棱，无毛或微有毛；萌枝有细棱，暗色。萌枝叶菱状卵圆形或倒卵形，基部楔形；短枝叶下部者较小，倒卵圆形或卵圆形。基部楔形；中部者长宽近相等，圆状卵阔形；上部叶较大，三角状卵圆形或扁圆形，宽等于或略大于长，先端不具长尾尖，基部阔楔形、圆形或截形，边缘具钝圆锯齿，微半透明，两边无毛；叶柄几圆柱形，无毛或有时微有毛；近等长或稍长于叶片。雄花序长至 4 厘米，轴无毛或有时微有毛；雌花序长 5～6 厘米，果期增长，轴光滑或有时稍有毛；柱头 2。蒴果长 5～6 毫米，花柱短，2 瓣裂。花期 4～5 月，果期 6 月。

保护价值：中国仅产于塔里木盆地，稀有种。

2. 尖叶阿富汗杨（新变种）***Populus afghanica***（Aiton et Hemsl.）C. K. Schneid. var. ***cuneata*** Z. Wang et Ch. Y. Yang

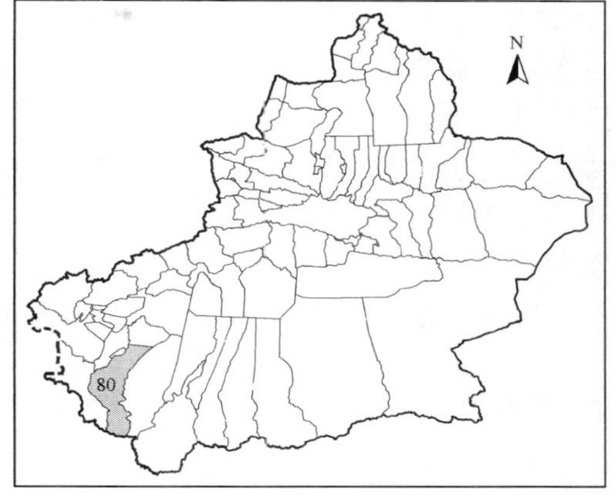

科属：杨柳科 Salicaceae 杨属 *Populus* L.

生境：生于山地河谷。

地理分布：产于叶城县。

形态特征：与原变种阿富汗杨的区别是叶基部窄楔形。

保护价值：塔里木盆地特有种。

3. 喀什阿富汗杨（**毛枝阿富汗杨**）（变种）***Populus afghanica***（Aiton et Hemsl.）C. K. Schneid. var. ***tajikistanica***（Kom.）C. Wang et Ch. Y. Yang

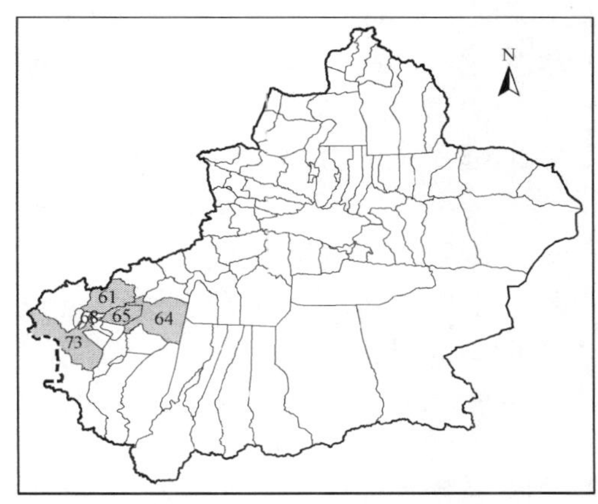

科属：杨柳科 Salicaceae 杨属 *Populus* L.

生境：生于海拔 1400～1800 米的河岸。

地理分布：产于喀什、阿图什，阿克陶县、伽师县、巴楚县。

形态特征：与原变种阿富汗杨的区别是一年生和二年生枝、叶柄及果序轴有绒毛。

保护价值：中国仅产于塔里木盆地，稀有种。

4. 胡杨 ***Populus euphratica*** Oliv.

科属：杨柳科 Salicaceae 杨属 *Populus* L.

生境：生于海拔 800～2400 米的荒漠河流沿岸、排水良好的冲积沙质壤土上。

地理分布：产于阿克苏、库尔勒，阿瓦提县、沙雅县、库车县、温宿县、新和县、拜城县、柯坪县、轮台县、尉犁县、若羌县、且末县、焉耆回族自治县、和硕县、和田县、洛浦县、墨玉县、皮山县、策勒县、于田县、民丰县、巴楚县、麦盖提县、疏勒县、疏附县、岳普湖县、莎车县、伽师县、阿克陶县、英吉沙县、泽普县。

形态特征：乔木，高 10～20 米，稀灌木状。树冠开展；主干多数明显；树皮淡灰褐色，深纵条裂。幼枝淡红色至淡黄色无毛或有绒毛；成年树小枝泥黄色，被短绒毛或无毛。叶形多变化；苗期和萌枝叶披针形或线状披针形，全缘或具疏波状齿；花枝叶宽

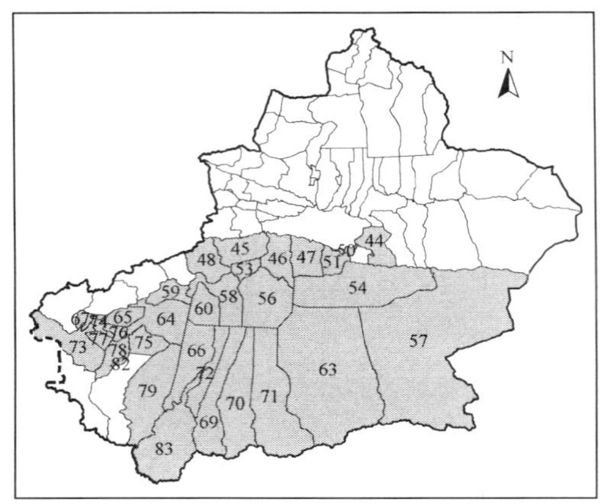

卵圆形，卵圆状披针形，三角状卵圆形或肾圆形，先端有粗齿牙；叶柄具 2 腺点。雄花序细圆柱形，花药紫红色，花盘膜质，碗状，边缘有细齿；苞片略呈菱形；花序轴和花梗密被开展绒毛；雌花序果期变长；子房长卵形，被短绒毛或无毛，柱头 3 或 2 浅裂，鲜红色或淡黄绿色；花盘碗状，边缘有细齿，被绒毛，膜质，早落。蒴果长椭圆形，2 瓣裂。种子细小，淡棕褐色。花期 5 月，果期 7～8 月。

保护价值：《中国植物红皮书》渐危种。

5. 帕米杨（原变种）*Populus pamirica* Kom.

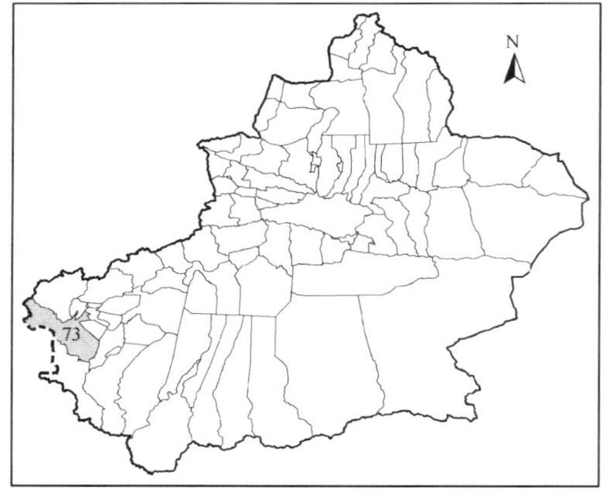

科属：杨柳科 Salicaceae 杨属 *Populus* L.

生境：生于海拔2000米的林缘或山河岸边。

地理分布：产于阿克陶县。

形态特征：乔木，高 10～15 米。树冠宽阔、开展，下部树皮灰色，纵裂。枝淡黄灰色或淡褐色，具棱；小枝具柔毛。萌枝叶长椭圆形，先端短渐尖，基部楔形，无毛，边缘近重锯齿，齿深，先端尖；短枝叶圆形，长宽近等，先端短渐尖，基部心形，边缘波状粗齿，具细缘毛，表面绿色，背面色淡，沿脉微有柔毛；叶柄圆柱形，被柔毛，几等于或长于叶片。果序长 6 厘米，果序轴有毛；蒴果卵圆形，3 瓣裂，无柄。花期 5 月，果期 6 月。

保护价值：中国仅产于塔里木盆地，稀有种；新疆Ⅰ级重点保护植物。

6. 阿合奇杨（新变种）*Populus pamirica* Kom. var. *akqiensis* C. Y. Yang

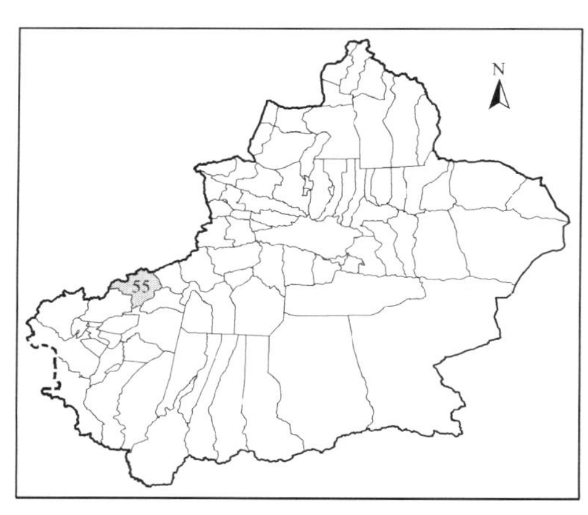

科属：杨柳科 Salicaceae 杨属 *Populus* L.

生境：生于海拔 1950 米的河边。

地理分布：产于阿合奇县。

形态特征：与原变种帕米杨的区别是枝淡褐色，一年生枝密被绒毛；芽鳞被绒毛。叶卵形，长 7～9 厘米，宽 5～6 厘米，中部最宽，基楔形，边缘具粗细不整齐的锯齿；叶柄圆筒形，几等长或长于叶片。果序穗被绒毛；蒴果 3 瓣裂。

保护价值：塔里木盆地特有种。

7. 灰胡杨 ***Populus pruinosa*** Schrenk

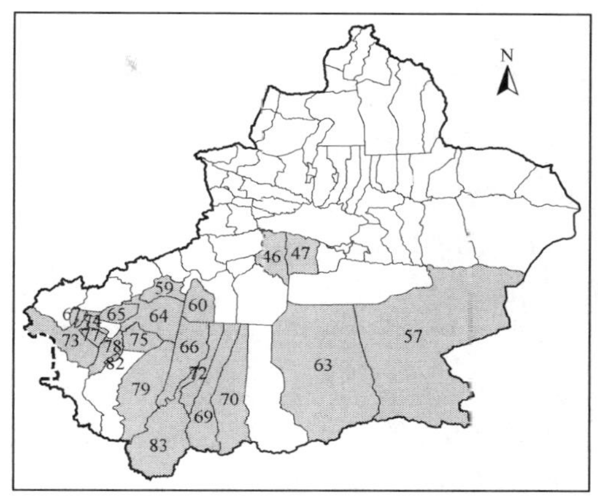

科属：杨柳科 Salicaceae 杨属 *Populus* L.

生境：生于海拔 800～1400 米的荒漠河谷河漫滩或水位较高的沿河地带。

地理分布：产于阿瓦提县、库车县、柯坪县、轮台县、若羌县、且末县、和田县、洛浦县、墨玉县、皮山县、策勒县、于田县、巴楚县、麦盖提县、疏勒县、疏附县、莎车县、伽师县、阿克陶县、英吉沙县、泽普县。

形态特征：小乔木，高至 10（20）米。树冠开展；树皮淡灰黄色，深裂。萌条枝密被灰色短绒毛；小枝有灰色短绒毛。萌枝叶椭圆形，两边被灰绒毛；短枝叶肾脏形，全缘或先端具 2～3 疏齿牙，两面灰蓝色，密被短绒毛。果序着生 20～30 朵花，果序轴、果柄和蒴果均密被短绒毛。蒴果长卵圆形，2～3 瓣裂；花盘深裂有时至基部，膜质，早落。种子小，长圆形，淡黄色至乳黄色。花期 5 月，果期 7～8 月。

保护价值：《中国植物红皮书》渐危种；新疆 I 级重点保护植物。

8. 托木尔峰密叶杨（新变种）***Populus talassica*** Kom. var. ***tomortensis*** C. Y. Yang

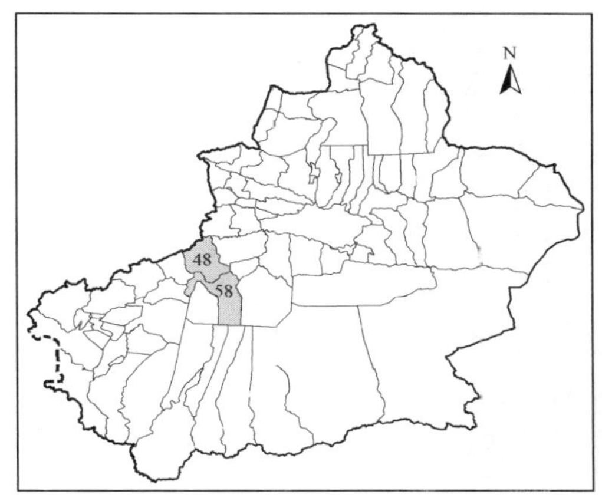

科属：杨柳科 Salicaceae 杨属 *Populus* L.

生境：生于海拔 2300～2400 米的河岸边或云杉林缘。

地理分布：产于阿克苏，温宿县。

形态特征：密叶杨（原变种）（*Populus talassica* Kom. var. *talassica*），乔木，树皮灰绿色，树冠开展。萌条微有棱角，棕褐色或灰色，初有毛，后几无毛；小枝灰色，近圆筒形，无毛；带叶短枝棕色或栗色，叶痕间常有短绒毛。萌枝叶披针形至阔披针形，长 5～10 厘米，宽 1.5～3 厘米，基部楔形或圆形；短枝叶卵圆形或卵圆状椭圆形，长 5～8 厘米，宽 3～5 厘米，先端渐尖，基部楔形，阔楔形或圆形，边缘浅圆齿，表面淡绿色，无毛，背面较淡，常沿脉有疏毛；叶柄圆，长 2～4 厘米，近无毛。雄花序长 3～4 厘米，花序轴无毛，花药紫色；雌花序 5～6 厘米，果期长至 10 厘米，果序轴有疏毛，下部较密。蒴果卵圆形，长 5～8 毫米，3 瓣裂，裂片卵圆形，无毛，多皱纹。花期 5 月，果期 6 月。本种与原变种的区别是：

叶阔卵形，基部圆形或微心形、短枝、叶柄、叶脉及果序轴密被绒毛。

保护价值：塔里木盆地特有种。

9. 菲氏柳 *Salix fedtchenkoi* Goerz

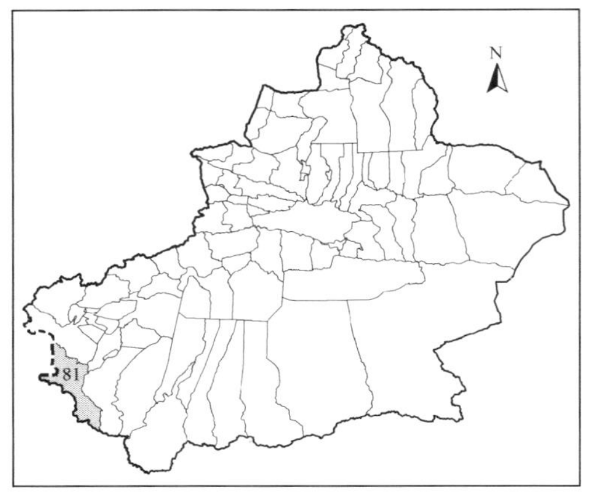

科属：杨柳科 Salicaceae 柳属 *Salix* L.

生境：生于帕米尔高原高山海拔 3200～3300 米的河岸边。

地理分布：产于塔什库尔干塔吉克自治县。

形态特征：灌木，高 1～1.5 米。小枝淡褐色，无毛；芽近圆形，先端钝，无毛。叶椭圆形或长圆状倒卵形，先端短渐尖，常偏斜，基部楔形或圆形，边缘有锯齿，两面近同色，成叶两面无毛；叶柄短，基部扩展，有沟槽，初有短绒毛，后无毛；托叶斜卵形或披针形，边缘有齿，常早落。花与叶同时开放，花序圆柱形；果序伸长，花序梗短（雄花序无梗），具鳞片叶，稀具小叶片；苞片卵圆形，淡褐色，有长毛；雄蕊 2，花丝离生。蒴果圆锥形，无毛，具短柄或几无柄。花期 6 月，果期 7 月。

保护价值：仅分布于帕米尔高原，稀有种。

十、荨麻科 Urticaceae

1. 昆仑荨麻 *Urtica kunlunshanica* C. Y. Yang

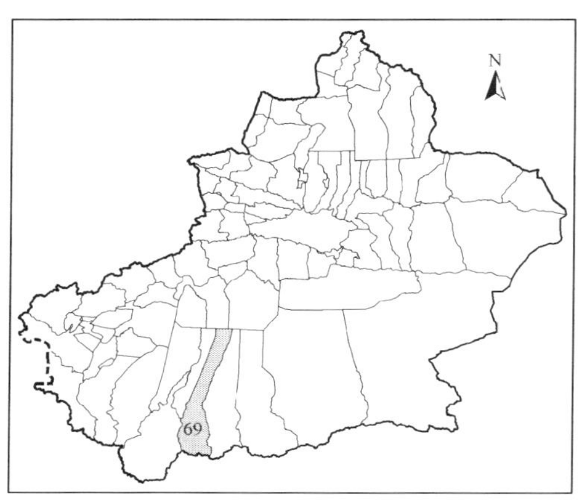

科属：荨麻科 Urticaceae 荨麻属 *Urtica* L.

生境：生于海拔 3500 米的高山草甸岩石缝中。

地理分布：产于策勒县。

形态特征：多年生草本，高 40～50 厘米。茎直立，四棱形，单一或在中下部分枝，被短毛和螫毛。叶对生，卵形，沿缘具锯齿，表面深绿色，有短毛和稀疏的螫毛及小颗粒状的钟乳体，叶脉凹陷，背面沿脉有较密的短毛和稀疏的螫毛，叶脉突起，基出脉 5；叶柄短，被短毛和稀疏的螫毛；托叶小，长卵形或披针形，分离。花单性，雌雄异株，聚伞花序腋生；雌花被片 4，内面 2 片花后增大，膜质，灰白色，肾形，宿存，包被果实，背部无毛。瘦果宽卵形，稍扁，光滑。花期 7～8 月，果期 8～9 月。

保护价值：塔里木盆地特有种。

十一、蓼科 Polygonaceae

1. 库尔勒沙拐枣 *Calligonum korlaense* Z. M. Mao

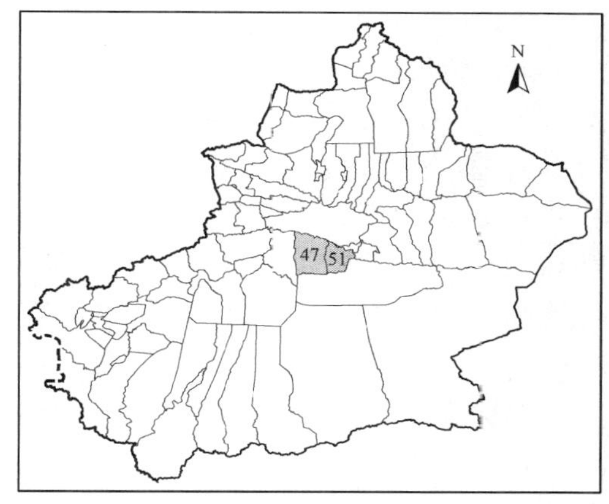

科属：蓼科 Polygonaceae 沙拐枣属 *Calligonum* L.

生境：生于洪积扇下缘荒漠地带。

地理分布：产于库尔勒，轮台县。

形态特征：灌木，高 0.8～1 米。老枝灰白色。花梗红色，关节在中下部；花被片红色，果期反折。果宽卵形，黄褐色；瘦果窄卵形，扭转，肋钝圆，沟槽明显，每肋生刺 1 行；刺稀疏，每肋仅 3～7 个，长于瘦果之宽，基部扁，稍扩大，分离，上部 2～3 次叉状分叉，叉开展交错，末叉短，纤细，质脆易折断。果期 5～6 月。

保护价值：塔里木盆地特有种。

2. 塔里木沙拐枣 *Calligonum roborowskii* Losinsk.

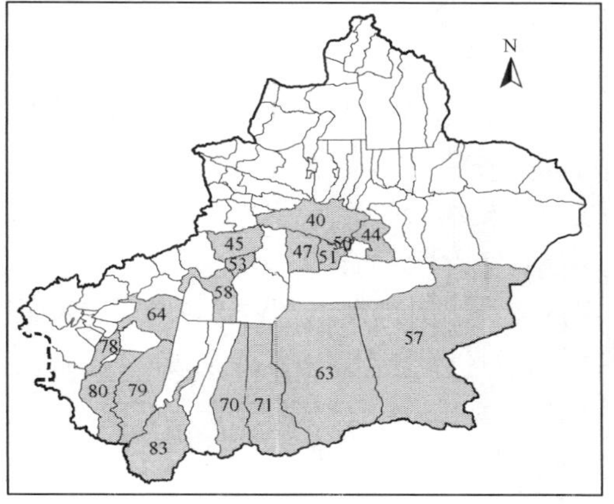

科属：蓼科 Polygonaceae 沙拐枣属 *Calligonum* L.

生境：生于洪积扇沙砾质荒漠、砾质荒漠中的沙堆上及冲积平原和干河谷。

地理分布：产于阿克苏、库尔勒，和硕县、和静县、焉耆回族自治县、若羌县、且末县、轮台县、新和县、拜城县、巴楚县、莎车县、和田县、叶城县、民丰县、于田县、皮山县。

形态特征：灌木，通常高 0.3～1（1.5）米。老枝灰白色或淡灰色。花较疏，1～2 朵生叶腋；花梗基部具关节；花被片淡红色或近白色，果期反折。果实宽卵形或宽椭圆形，长 8～15 毫米，黄色或黄褐色；瘦果长卵形，极扭转，果肋突起，沟槽深；刺每肋 2 行，较密或较疏，粗壮，坚硬，基部扩大，分离或稍联合，中部或中上部 2～3 次 2～3 分叉，末叉短，刺状。花期 5～6 月，果期 6～7 月。

保护价值：中国特有种，仅分布于塔里木盆地和甘肃库姆塔格沙漠；新疆Ⅱ级重点保护植物。

3. 若羌沙拐枣 ***Calligonum ruoqiangense*** Liou f.

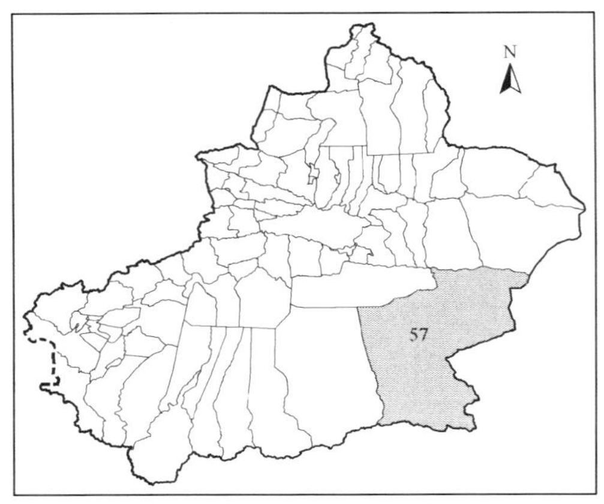

科属：蓼科 Polygonaceae 沙拐枣属 *Calligonum* L.

生境：生于流动沙丘。

地理分布：产于若羌县。

形态特征：小灌木，高约 50 厘米。老枝黄灰色，幼枝绿色，簇生，节间长 2～3 厘米。叶鳞片状。花 2～3 朵生叶腋，花梗关节在中部；花被片淡红色。瘦果卵形，有灰白色短柔毛，肋扭转；刺每肋 1 行，有时有不完整 2 行，很稀疏，顶叉不交织。果期 6 月。

保护价值：塔里木盆地特有种。

4. 英吉沙沙拐枣 ***Calligonum yengisaricum*** Z. M. Mao

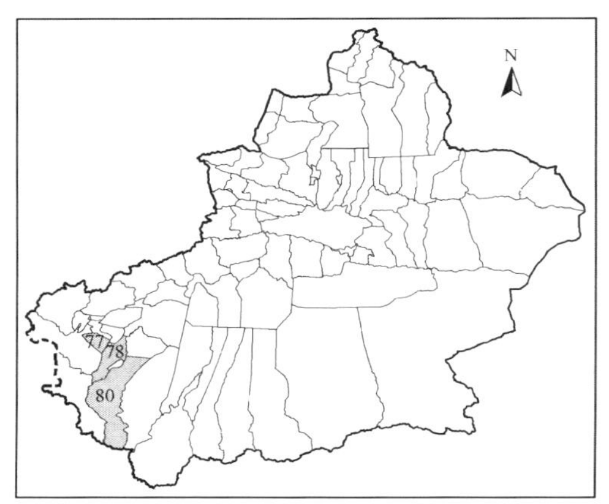

科属：蓼科 Polygonaceae 沙拐枣属 *Calligonum* L.

生境：生于洪积扇砾石荒漠。

地理分布：产于英吉沙县、莎车县、叶城县。

形态特征：小灌木，高 30～50 厘米。老枝淡黄灰色；幼枝节间长 1～2 厘米。鳞片叶极短，长约 1 毫米。花 1～2 朵生叶腋，花梗红色，长约 1 毫米，关节近基部；花被片红色，果期反折。果椭圆形，较小；瘦果窄椭圆形，扭转，果肋突起，沟槽较深而宽；刺每肋 1 行，稀疏，较硬，短于瘦果宽度，基部扁，扩大，分离或稍联合，中部 2～3 次 2 分叉，顶叉短，刺状。花果期 6～7 月。

保护价值：塔里木盆地特有种。

5. 盐生蓼 ***Polygonum corrigioloides*** Jaub. et Spach，Illustr.

科属：蓼科 Polygonaceae 蓼属 *Polygonum* L.

生境：生于盐渍化低地和河、湖岸边的胡杨林下。

地理分布：产于轮台县。

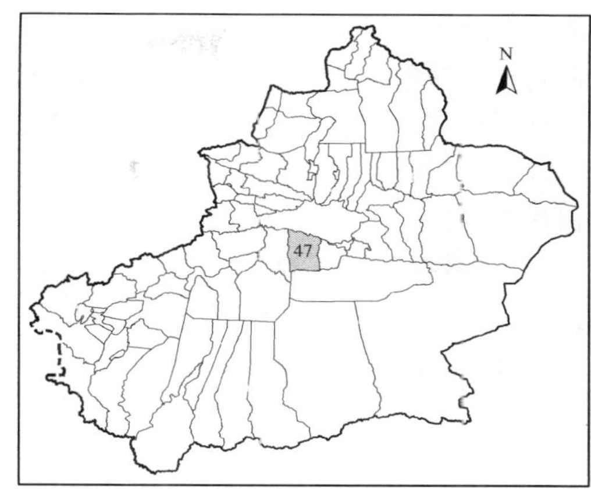

形态特征：一年生草本，高5～15厘米。茎从基部分枝，多数，开始平铺地面，以后斜升，节间长，蓝色或淡紫红色，无毛。叶稍肉质，线状匙形，先端圆钝，基部狭楔形，全缘，背面中脉突起；托叶鞘杯状，膜质，下部红褐色，上部白色，透明，无脉纹，先端具齿或撕裂。花4～6朵簇生叶腋，几遍布全株和聚生在长线状的总状花序中；花梗长，超过花被片近3倍；花被片5深裂，几达基部，粉红色。瘦果卵形，具3棱，近黑色，有光泽。花果期4～6月。

保护价值：中国仅产于塔里木盆地，稀有种。

6. 喀什酸模 *Rumex kaschgaricus* C. Y. Yang

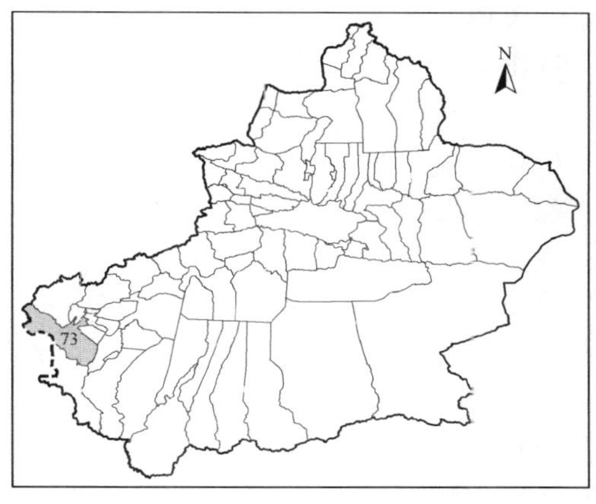

科属：蓼科 Polygonaceae 酸模属 *Rumex* L.

生境：生于海拔2300米的山地河谷。

地理分布：产于阿克陶县。

形态特征：多年生草本，高50～60厘米。茎直立，具浅的棱槽，仅在花序中分枝，无毛。基生叶长圆形，全缘；叶柄腹面有沟槽，被短绒毛；茎上部叶较小，披针形或狭披针形，表面无毛，背面密被绒毛。圆锥花序尖塔形或圆柱形；花两性，多花簇生成轮；花梗细，基部具关节；内轮花被片果期增大，膜质，有网纹，淡褐色，肾圆形，基部心形，边缘有疏钝齿，仅1片具卵形突起的小瘤。瘦果卵形，具3棱，淡褐色，有光泽。果期8月。

保护价值：塔里木盆地特有种。

十二、藜科 Chenopodiaceae

1. 粗糙假木贼 *Anabasis pelliotii* Danguy

科属：藜科 Chenopodiaceae 假木贼属 *Anabasis* L.

生境：生于干旱山坡。

地理分布：产于乌恰县、温宿县、拜城县。

形态特征：草本，株高15厘米左右。木质茎退缩成瘤状肥大的茎基，密生柔毛。当年生枝具关节，自茎基发出，铺散成斜展，分枝，密被乳头状突起，通常具4～8节，节间近四棱形，易脱落。叶条形，半圆柱状，稍向下弧形弯曲，先端稍肥大，具短刺状尖。花小，通常1～3朵生叶腋；花被片宽椭圆形，果时无显著的翅，仅略增大，背面具半月形翅状突起；花盘裂片半圆形；子房卵形或圆锥形，花柱不明显，柱头钻状。花果期8～10月。

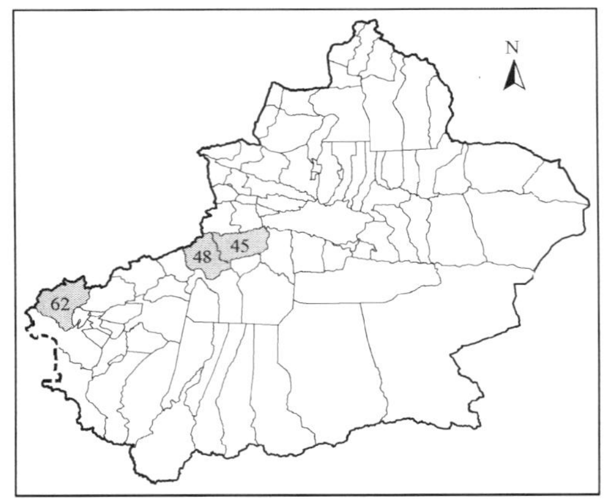

保护价值：中国仅产于塔里木盆地，稀有种。

2. 长枝节节木 *Arthrophytum iliense* Iljin

科属：藜科 Chenopodiaceae 节节木属 *Arthrophytum* Schrenk

生境：生于山地阳坡。

地理分布：产于拜城县。

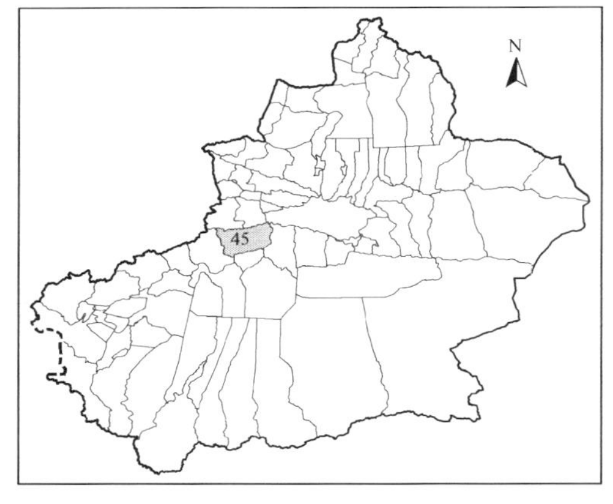

形态特征：半灌木，高30厘米。木质茎较粗壮，多弯曲，外倾或平卧，灰褐色。小枝灰褐色至灰白色，不规则伸展；当年枝长，通常具10～20节间，自小枝的侧面或顶端伸出，不分枝或少数分枝。叶钻状，基部扩展并下延，叶腋具绵毛；上部叶（茎）较短，与花被等长或稍短。小苞片近圆形，与花被近等长；花被片宽椭圆形，果时背面上方生翅，翅向上直立，半圆形或肾形；花盘膜质，杯状，5裂，花盘裂片2裂；花柱极短，柱头3～5。胞果半球形，上面截平。种子横生。花果期7～10月。

保护价值：中国仅产于塔里木盆地，稀有种。

3. 大苞滨藜（变种）*Atriplex centralasiatica* Iljin var. *megalotheca*（Popov ex Iljin）G. L. Chu

科属：藜科 Chenopodiaceae 滨藜属 *Atriplex* L.

生境：生于海拔1100米左右的盐湖边、河岸、荒地及砾石荒漠。

地理分布：产于阿克苏，和硕县、库车县、拜城县、柯坪县。

形态特征：一年生草本，高15～50厘米。茎通常自基部分枝多。枝斜升或伸展，条棱不明显，无色条，有粉或下部近无粉。叶互生具短柄，上部的叶近无柄；叶片卵状三角形至菱状卵形，先端钝，基部宽楔形至近圆形，边缘通常有缺裂状疏锯齿，近基部的一对锯齿较大而呈裂片状，或仅有1对浅裂片而其余全绿，上面无粉或稍有粉，灰绿色，下面有密粉，银灰色。团伞花序生叶腋；雄花花被片5，雄蕊5；雌花具2

苞片；苞片菱形至半圆形，果期长与宽均常5～8 毫米，近基部边缘合生，中心部臌胀并木质化，通常背部密生疣状或肉棘状附属物（少数无），上部边缘草质，有牙齿；苞柄长 1～3 毫米。胞果扁平，宽卵形或圆形。种子直立，红褐色或黄褐色。花期 7～8 月，果期 8～9 月。

保护价值：中国仅产于塔里木盆地，稀有种。

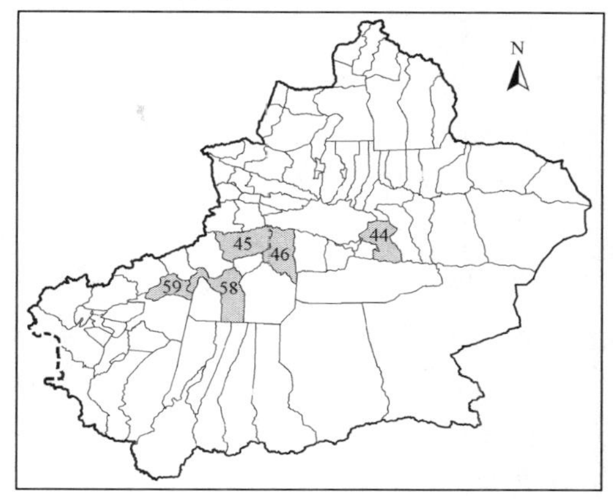

4. 梭梭 *Haloxylon ammodendron*（C. A. Mey.）Bunge

科属：藜科 Chenopodiaceae 梭梭属 *Haloxylon* Bunge

生境：生于海拔 450～1500 米的广大山麓洪积扇和淤积平原、固定沙丘、沙地、砂砾质荒漠、砾质荒漠、轻度盐碱土荒漠。常常在准噶尔盆地、塔里木盆地北缘及哈顺沙漠形成较大面积的梭梭荒漠。

地理分布：产于阿克苏、库尔勒，焉耆回族自治县、若羌县、轮台县、库车县、拜城县。

形态特征：小乔木，高 1～6（9）米，树冠通常近半球形。木材坚而脆，老枝淡黄褐色或灰褐色，通常具环状裂隙；幼枝通常较白梭梭稍粗，往往斜升，具关节，节部长 4～12 毫米，干后通常有皱或小点。叶退化为鳞片状，宽三角形，基部联合，边缘膜质，先端钝或尖，腋间具绵毛。花单生叶腋，排列于当年生短枝上；小苞片舟状，宽卵形；花被片 5，矩圆形，背部生翅状附属物，在翅以上部分稍向内曲并围抱果实；翅膜质，褐色至淡黄褐色，肾形至近圆形，基部心形至楔形，通常平展，少数斜伸。胞果黄褐色。种子黑色；胚陀螺状。花期 6～8 月，果期 8～10 月。

保护价值：新疆 I 级重点保护植物。

5. 天山猪毛菜 *Salsola junatovii* Botschantz.

科属：藜科 Chenopodiaceae 猪毛菜属 *Salsola* L.

生境：生于海拔 1700～2200 米的砾石洪积扇、山间盆地及干旱山坡，以及天山南坡焉耆盆地到喀什之间的山带。

地理分布：产于阿克苏、喀什，和硕县、焉耆回族自治县、库车县、拜城县、温宿县、柯坪县。

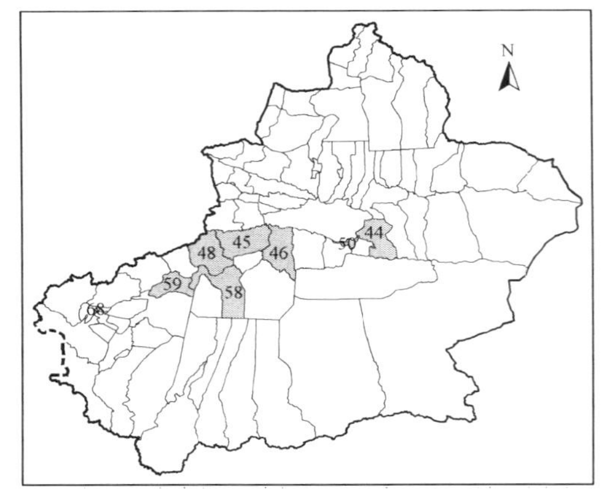

形态特征：半灌木，高 20～70 厘米。木质老枝灰褐色，有纵裂纹；小枝较长，上部绿色、草质，下部近木质，乳白色或淡黄白色。老枝及小枝上的叶全互生，半圆柱形，呈镰状微内弯，顶端稍膨大，基部扩展，微下延，扩展处的上部缢缩成柄状，叶片在此脱落，仅存留叶基残痕于枝上。穗状花序，再形成圆锥状花序；苞片叶状；小苞片宽三角形，淡绿色，边缘膜质；花被 5，长卵形，果时自背面中下部生膜质翅，棕褐色，3 翅较大，半圆形，2 翅较小，矩圆形；翅以上的花被片聚集成较长的圆锥体；柱头钻状。种子横生。花期 8～9 月，果期 8～10 月。

保护价值：塔里木盆地特有种。

6. 小药猪毛菜 *Salsola micranthera* Botschantz.

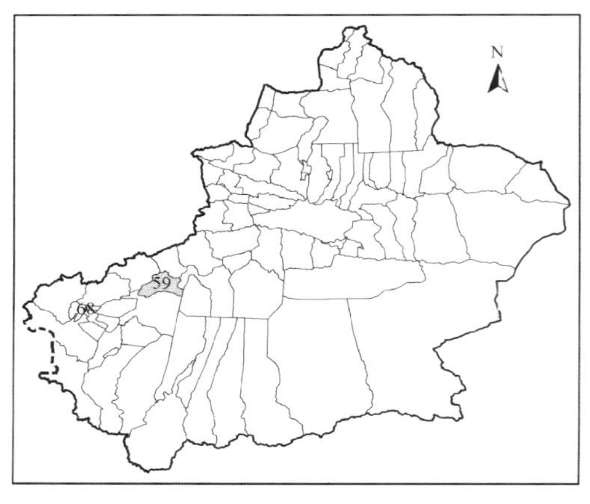

科属：藜科 Chenopodiaceae 猪毛菜属 *Salsola* L.

生境：生于山前平原砾石荒漠和沙地。

地理分布：产于喀什，柯坪县。

形态特征：一年生草本，高 20～70 厘米。茎多分枝，枝斜伸，乳白色或淡黄色，被柔毛。叶半圆柱形，有长柔毛，果时通常脱落。花稠密，排成穗状花序，再构成圆锥花序；苞片小，宽卵形，边缘膜质；小苞片比苞片短或近等长，近圆形，边缘膜质；花被片长卵形，草质，边缘膜质，有稀疏缘毛，果时自背面中上部生翅；翅膜质，黄褐色，有稠密的深褐色脉纹，3 翅较大，肾形，2 翅较小，倒卵形；花被片在翅以上部分，中部肉质，淡绿色或黄绿色，边缘膜质，有缘毛，向中央聚集，紧贴果实；花药小。果较小，直径（包括翅）3～7 毫米，种子横生。花期 7～9 月，果期 9～10 月。

保护价值：中国仅产于塔里木盆地，稀有种。

7. 苏打猪毛菜 *Salsola soda* L.

科属：藜科 Chenopodiaceae 猪毛菜属 *Salsola* L.

生境：生于沙丘、盐碱沙地及盐湖边。

地理分布：产于民丰县。

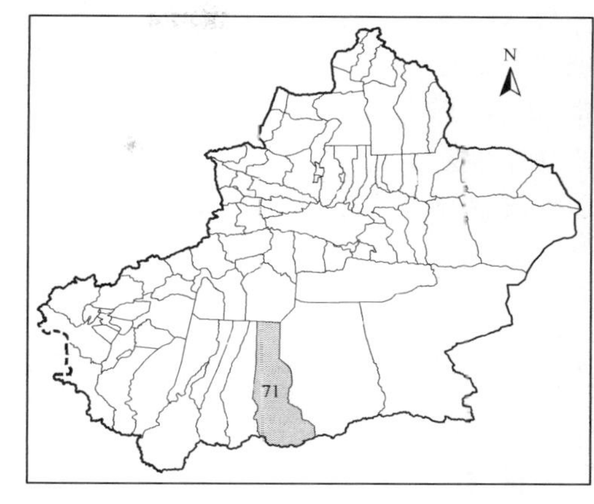

形态特征：一年生草本，高 5～50（70）厘米。茎自基部分枝，下部的对生，伸展，茎和枝均无毛，不具条纹。叶互生，仅下部的对生，半圆柱形无毛，基部边缘膜质，扩展，稍下延。花小，于枝顶排成穗状花序；苞片长于小苞片；小苞片长卵形，顶端尖，基部有膜质边缘；花小，通常单生叶（苞）腋；花被片卵形，膜质，无毛，果时变硬，无翅状附属物，仅在背部中上部有三角状突起；花被片在突起以上部分，向中央折曲，紧贴果实；花药矩圆形；花柱短，柱头丝状，长为花柱的 2～3 倍。种子横生或斜生。花果期 7～9 月。

保护价值：中国仅产于塔里木盆地，稀有种。

8. 五蕊碱蓬 *Suaeda arcuata* Bung

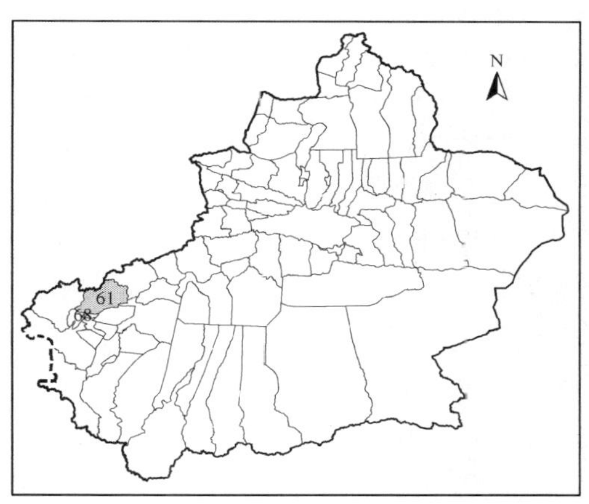

科属：藜科 Chenopodiaceae 碱蓬属 *Suaeda* Forsk. ex Scop.

生境：生于柽柳灌丛下。

地理分布：产于阿图什、喀什。

形态特征：一年生草本，高 10～20 厘米。茎直立，细瘦，有少数分枝。叶条形，略扁平，通常长 0.5～1.5 厘米，宽 0.7～2 毫米。团伞花序腋生，含 3～6 朵花，紧密；膜质小苞片先端多为尾尖，边缘有微齿；花两性兼有雌性；花被片 5，兜状，具 3 脉，边缘膜质；雄蕊 5；子房顶端微凹，柱头 3～5，毛发状。花期 9 月。

保护价值：中国仅产于塔里木盆地，稀有种。

9. 硬枝碱蓬 *Suaeda rigida* H. W. Kung et G. L. Chu

科属：藜科 Chenopodiaceae 碱蓬属 *Suaeda* Forsk ex Scop.

生境：生于塔里木盆地的胡杨（*Populus euphratica* Oliv.）林下。

地理分布：产于阿克苏，巴楚县。

形态特征：亚灌木，植株高大。茎直立，粗壮，木质化，基部直径可达 1.5 厘米，褐色至灰褐色，多分枝；枝硬直，斜伸。叶条形，半圆柱状；团伞花序腋生，具多朵花，密集；花两性兼雌性；花被片狭矩圆形，3 脉，先端兜状，具膜质边缘，果时背面近先端肉质肥厚；子房卵形，柱头 3，有时 4～5，羽状，黑色，通常伸出花被外。种子直立，极凸，红褐色至黑色，表面微具纲纹，有光泽。花果期 7～9 月。

保护价值：塔里木盆地特有种。

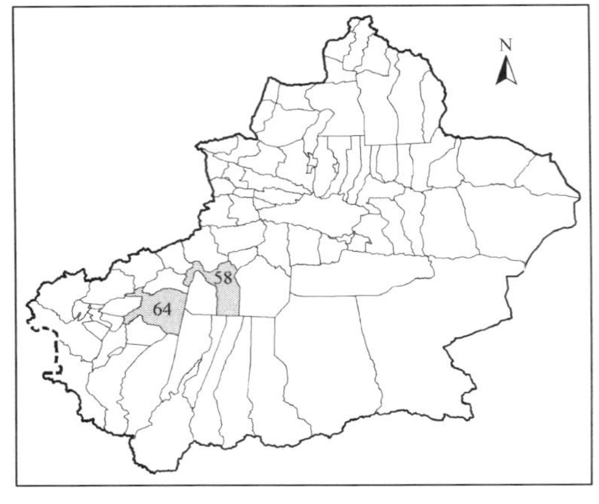

十三、石竹科 Caryophyliaceae

1. 阿克赛钦雪灵芝 *Arenaria aksayqingensis* L. H. Zhou

科属：石竹科 Caryophyliaceae 无心菜属 *Arenaria* L.

生境：生于海拔约 4000 米的河岸边草地。

地理分布：产于和田县。

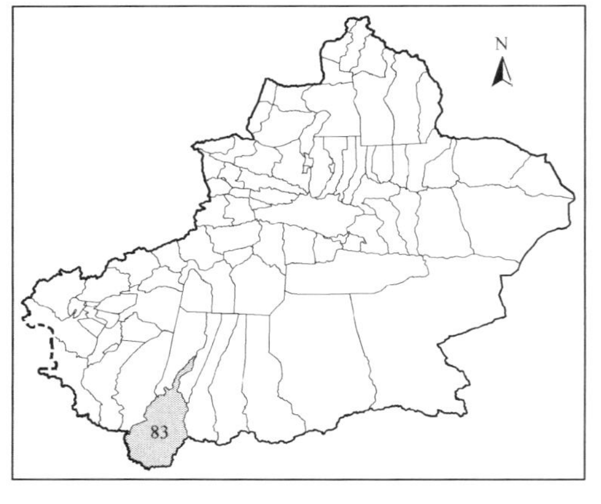

形态特征：多年生垫状草本，高 3～4 厘米。主根粗壮，木质化，长 5～10 厘米。茎紧密簇生，基部木质化，下部密集枯叶。叶钻形，基部较宽、膜质，抱茎，边缘窄膜质，疏生缘毛。花单生小枝顶端；苞片钻形；花梗无毛；萼片 5，披针形，基部较宽，边缘膜质，先端急尖，背部具紧靠的 3 脉；花瓣 5，白色，先端钝圆；花盘碟状，具 5 个卵圆形腺体；雄蕊 10，花丝线形，短于花瓣，花药椭圆形，紫色；子房球形，花柱 3，线形。花期 7 月。

保护价值：塔里木盆地特有种。

2. 喀拉蝇子草（紫花蝇子草）*Silene karaczukuri* B. Fedtsch.

科属：石竹科 Caryophyliaceae 蝇子草属 *Silene* L.

生境：生于海拔 4000～4300 米的高山草甸。

地理分布：产于叶城县。

形态特征：多年生草本。植株基部木质化，具短缩不育的叶枝。茎多数，高 5～10 厘米，被短腺毛。基生叶线状披针形或线形，基部延长成柄，无毛，边缘具缘毛，尖钝或稍钝；茎生叶 3 对，较基生叶短，无柄。花单生；苞片草质，披针形；花萼筒状圆柱形，被短腺毛，萼齿钝，边缘膜质；花瓣红色或白色，瓣片分裂达 1/2，裂片长圆状，具短副花冠，爪无毛，上部星耳状加宽。蒴果较小。花果期 7～9 月。

保护价值：中国仅产于塔里木盆地，稀有种。

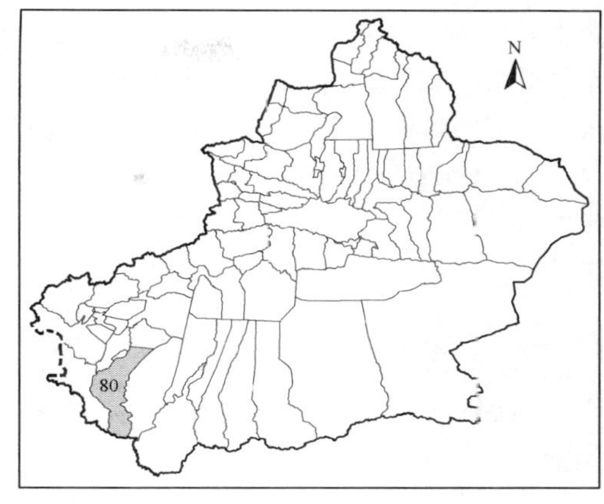

3. 污色蝇子草 *Silene karekirii* Bocquet

科属：石竹科 Caryophyliaceae 蝇子草属 *Silene* L.

生境：生于海拔约 3000 米的高山草甸。

地理分布：产于塔什库尔干塔吉克自治县、叶城县。

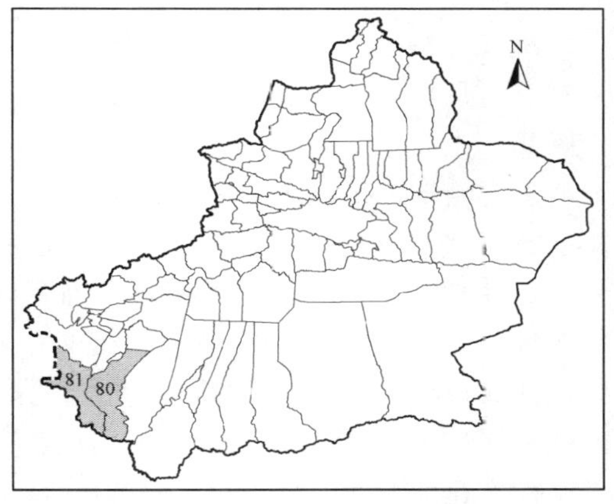

形态特征：多年生草本。茎直，多少被短而发亮的毛，下部有时无毛，高 30～45 厘米。叶微被毛或无毛，基生叶长倒披针形，渐尖；茎生叶 2～4 对，窄披针形，渐尖，下部的茎生叶同基生叶大小接近，最上部的叶最小。花 2～7 朵（稀单生），聚集在茎的顶端，常形成密集的花团，花期时直立或下垂；花梗细，明显短于花萼；具暗淡紫色的脉及萼齿，被发亮的短毛；花冠暗紫色，长于萼 1/4，花瓣较窄，2 裂。花果期 6～8 月。

保护价值：中国仅产于塔里木盆地，稀有种。

4. 冠瘤蝇子草 *Silene tachtensis* Franch.

科属：石竹科 Caryophyliaceae 蝇子草属 *Silene* L.

生境：生于石质山坡草丛。

地理分布：产于乌恰县。

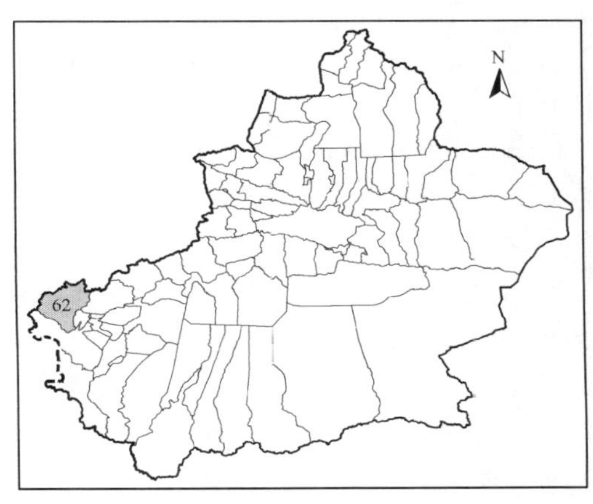

形态特征：多年生草本。直立茎多数聚生，被短柔毛，高 15～30 厘米。叶线形刺状，急尖，边缘卷曲，被短柔毛。花直立，单生或数目不多，具短粗无毛的柄；苞片卵圆形，边缘宽膜质（具硬尖），渐尖；萼无毛，萼齿为宽三角形，边缘膜质，萼具 10 条脉；花瓣白色，基部具副花冠，呈小瘤状，爪上部呈耳状膨大，或在爪处呈流苏状分裂，无毛；花丝无毛；花柱 3。蒴果卵形，着生于被毛的雌雄蕊柄上，雌雄蕊柄长 5～8.5 毫米。花期 5～6 月。

保护价值：中国仅产于塔里木盆地，稀有种。

十四、裸果木科 Paronychiaceae

1. 裸果木 *Gymnocarpos przewalskii* Bunge ex Maxim.

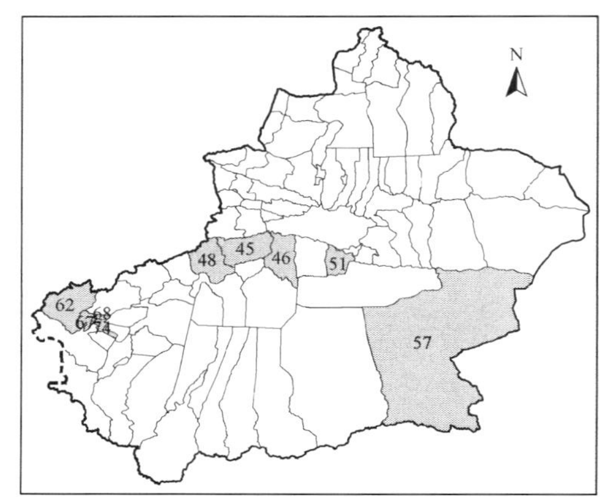

科属：裸果木科 Paronychiaceae 裸果木属 *Gymnocarpos* Forssk.

生境：生于海拔 800～3100 米的荒漠、石砾山坡。

地理分布：产于库尔勒、喀什，若羌县、库车县、拜城县、温宿县、乌恰县、疏勒县、疏附县。

形态特征：半灌木，枝多曲折，高 20～30 厘米。老枝灰色，幼枝红褐色，节间膨大。托叶卵状披针形，膜质；叶钻形，对生或小枝短缩而簇生，顶端具锐尖头。花单生于叶腋或集成短聚伞花序；苞片膜质透明，卵圆形；小萼片 5，倒披针形或条形，边缘膜质，外面被短柔毛；雄蕊 10，生于肉质花盘上；子房近球形或矩圆形，胚珠基生。瘦果。种子 1 粒。花期 5～6 月。

保护价值：寡种属稀有种；新疆 I 级重点保护植物；《中国植物红皮书》稀有种。

十五、毛茛科 Ranunculaceae

1. 新疆乌头 *Aconitum sinchiangense* W. T. Wang

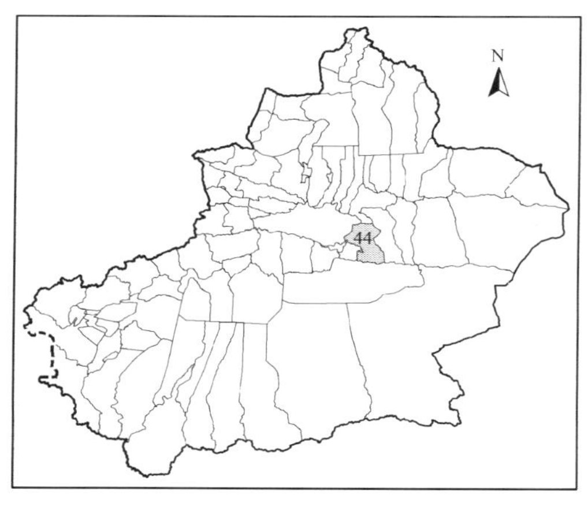

科属：毛茛科 Ranunculaceae 乌头属 *Aconitum* L.

生境：生于天山南坡海拔 2620 米的山坡草地。

地理分布：产于和硕县。

形态特征：草本。茎高 25～30 厘米，有稀疏的短柔毛，不分枝。基生叶约 10，有长柄；叶片半圆形或圆五角形，3 全裂达或近基部，中全裂片菱形或楔状菱形，细裂，末回裂片披针状线形，侧裂片斜扇形，不等的 2

深裂，两面无毛；叶柄无毛；茎生叶渐变小。总状花序有 3～12 朵花；轴和花梗有稀疏的伸展柔毛；基部苞片叶状，其他苞片线形；下部花梗长达 6 毫米，上部的长 1～3 毫米；小苞片生花梗中部，钻形，萼片蓝紫色，外面近无毛，上萼片镰刀状船形，自基部至喙长，下喙弧状弯曲，花瓣无毛，长约 2 厘米，瓣片线形，大部与爪分生，距近球形；雄蕊无毛；心皮 5，无毛。花期 8 月。

保护价值：塔里木盆地特有种。

2. 块茎银莲花 *Anemone gortschakowii* Kar. et Kir.

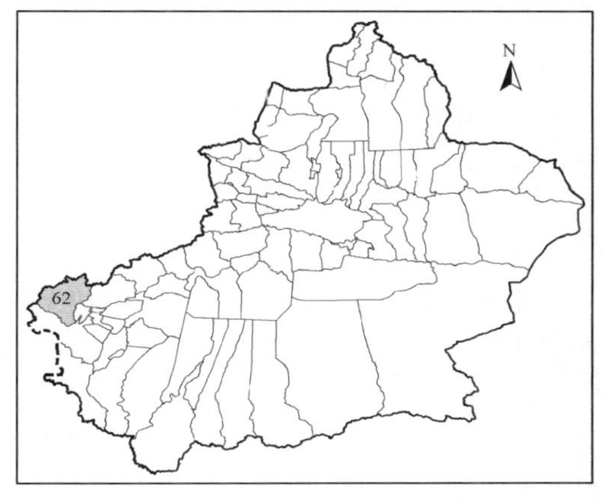

科属：毛茛科 Ranunculaceae 银莲花属 *Anemone* L.

生境：生于天山南坡海拔 3000 米左右的山地草原。

地理分布：产于乌恰县。

形态特征：多年生小草本，高 3～10 厘米。根状茎块茎状呈椭圆球形或圆锥形，有须根。基生叶有长柄，无毛；叶片稍肉质，圆五角形或圆肾形，基部深心形，2 全裂，中裂片扇状倒卵形，3 深裂，裂片浅裂或有钝圆齿，侧裂片斜崩形，2 裂；叶柄长 1.2～4.6 厘米。花葶直立；苞片 3，无柄，宽菱形，掌状深裂，裂片细裂，背面有散生柔毛；花梗有向上弯曲的短柔毛；萼片 5，黄色，椭圆形，外面疏被贴伏的短柔毛；雄蕊长约 3 毫米，花药椭圆形，花丝线形；心皮约 35，生于球形的花托上，子房有柔毛，花柱丝形。瘦果密被长绵毛。花期 4～5 月。

保护价值：中国仅产于塔里木盆地，稀有种。

3. 喀什翠雀花 *Delphinium kaschgaricum* C. Y. Yang et B. Wang

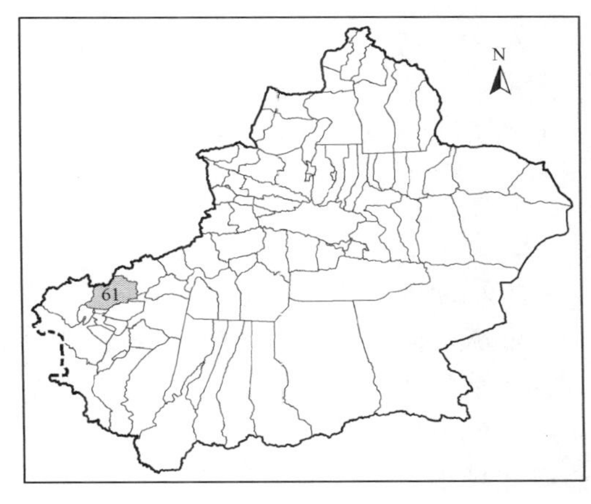

科属：毛茛科 Ranunculaceae 翠雀属 *Delphinium* L.

生境：生于天山南坡海拔 3300 米的山坡草地。

地理分布：产于阿图什。

形态特征：草本。茎低矮，高约 15 厘米，不分枝，疏被向下斜展的硬糙毛。叶基生，约 3；叶片肾形或五角状肾形，两面疏被糙毛，3 深裂稍超过中部，中裂片菱形，顶端稍 3 浅裂；裂片卵形或近圆形，侧裂片斜扇形，不对称 2 裂；叶柄被向下的硬糙毛。总状花序长约 4 厘米，2～3 朵花；花序轴、花梗和苞片被开展的白色短毛和混生稀疏的淡黄色腺点，中部以上具 2 枚小苞片，狭线形；萼片蓝紫色，外面被白色糙毛和腺点，上萼片卵形，侧萼片阔倒卵形，下萼片倒卵形，距圆柱状锥形，稍长于萼片，末端稍下弯；花瓣暗棕色，顶端 2 浅裂，有短睫毛；退化雄蕊淡黄色，瓣片卵形，顶端 2 裂至中部，边缘具长睫毛，腹面中部有黄色髯毛；心皮 3，子房卵形，上部有疏的白色短柔毛。

保护价值：塔里木盆地特有种。

4. 昆仑翠雀花 *Delphinium kunlunshanicum* C. Y. Yang et B. Wang

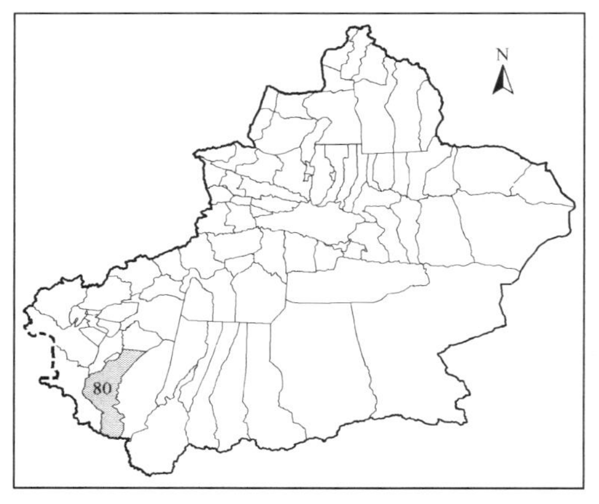

科属：毛茛科 Ranunculaceae 翠雀属 *Delphinium* L.

生境：生于昆仑山海拔 3800 米的山坡草地。

地理分布：产于叶城县。

形态特征：草本。茎高 30～40 厘米，疏被开展的白色长硬毛，不分枝。基生叶约 5，具长柄；叶片肾形，两面沿脉疏被短硬毛，3 深裂，中裂片阔菱形，中部以上 3 浅裂，中部裂片三角状卵形，具粗齿；叶柄被开展白色长硬毛，基部具鞘。总状花序，约 10 朵花；中部以上具 2 枚小苞片的花梗，被短柔毛及开展的密的、淡黄色腺毛和混生疏的白柔毛；基部苞片 3 深裂，线形或狭披针形，被有白色长硬毛；小苞片线形，被短柔毛和长硬毛；花蓝紫色；上萼片卵形，侧萼片倒卵形，下萼片船状卵形，有黄色腺点和短硬毛；距较长，圆柱状锥形，基部粗，末端稍弯；花瓣黑色，顶端 2 浅裂，无毛；退化雄蕊黑色，瓣片阔卵形，顶端 2 裂，边缘有长睫毛，腹面中央有白色髯毛，爪较瓣片长，被短柔毛，基部具小的附属物；花丝下部有疏柔毛；心皮 3，子房密被短柔毛。

保护价值：塔里木盆地特有种。

5. 帕米尔翠雀花 *Delphinium lacostei* Danguy

科属：毛茛科 Ranunculaceae 翠雀属 *Delphinium* L.

生境：生于帕米尔高原海拔 4300 米的山坡草地。

地理分布：产于塔什库尔干塔吉克自治县。

形态特征：草本。茎高 10～35 厘米，与叶柄被稍密的白色短柔毛，上部分枝。叶基生或集生在茎近基部处；叶片圆心形，3 裂达中部或 3 深裂稍超过叶片的中部，中裂片倒卵状菱形，2 至 3 浅裂，边缘有稍钝的齿，侧裂片斜扇形，不等的 2 裂，边缘有稍钝的齿，背面有稀疏柔毛，表面沿脉凹陷处有柔毛；叶柄长 5～14 厘米。伞房状花序稀疏，2～5 朵花；花序轴被稍密的白色柔毛；下部苞片 3 裂，背面有柔毛；花梗被密白色柔毛；小苞片线状披针形或线形，距花 5～12 毫米；萼片蓝色，椭圆形，外面密被贴伏的细长柔毛，距囊状圆锥形，短于萼片；花瓣褐色，仅在上部有稀疏柔毛；退化雄蕊淡褐色，顶端 2 浅裂，腹面有淡黄色髯毛；雄蕊无毛；心皮 4，密被柔毛。

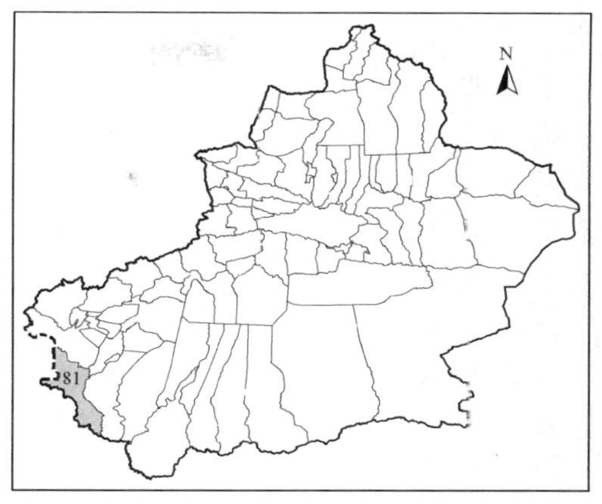

保护价值：中国仅产于塔里木盆地，稀有种。

6. 四果翠雀花 *Delphinium tetragynum* W. T. Wang

科属：毛茛科 Ranunculaceae 翠雀属 *Delphinium* L.

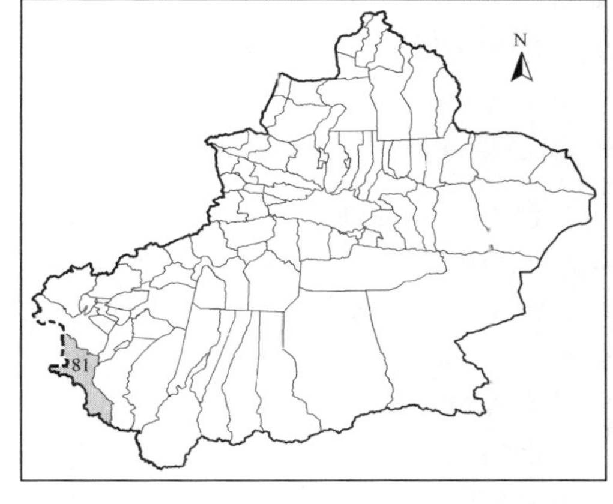

生境：生于海拔 4580 米的山坡草地。

地理分布：产于塔什库尔干塔吉克自治县。

形态特征：草本。茎高约 30 厘米，光滑，与叶柄疏被开展的白色柔毛，自下部分枝。基生叶约 4，具长柄；叶片五角形，纸质，3 深裂至距基部，中央深裂片宽菱形，3 浅裂，二回裂片有 2 或 3 个小裂片或牙齿，侧深裂片斜扇形，上面无毛，下面被极稀疏的白色柔毛；茎生叶约 3。顶生总状序；下部苞片 3 裂；花梗密被白色柔毛；小苞片与花邻接，膜质，条状披针形，腹面无毛，边缘及背面被短柔毛；萼片蓝色，外面被白色柔毛，卵形或椭圆形，距囊状圆锥形；花瓣褐色，顶端 2 浅裂有少数长睫毛；退化雄蕊 2，瓣片 2 裂，有长睫毛，腹面有白色髯毛；雄蕊无毛；心皮 4，无毛。花期 7～8 月。

保护价值：塔里木盆地特有种。

7. 叶城翠雀花 *Delphinium yechengense* C. Y. Yang et B. Wang

科属：毛茛科 Ranunculaceae 翠雀属 *Delphinium* L.

生境：生于海拔 3800 米的山坡草地。

地理分布：产于叶城县。

形态特征：草本。茎高 45～50 厘米，与叶柄疏被开展的白柔毛，等距离生叶，中部以上有分枝。叶片圆五角形，基部深心形，3 深裂稍超过中部，裂片彼此重叠，中央深裂片宽卵状菱形或扇状倒卵形，顶端钝或急尖，中部 3 浅裂，侧深裂片斜扇形，不等

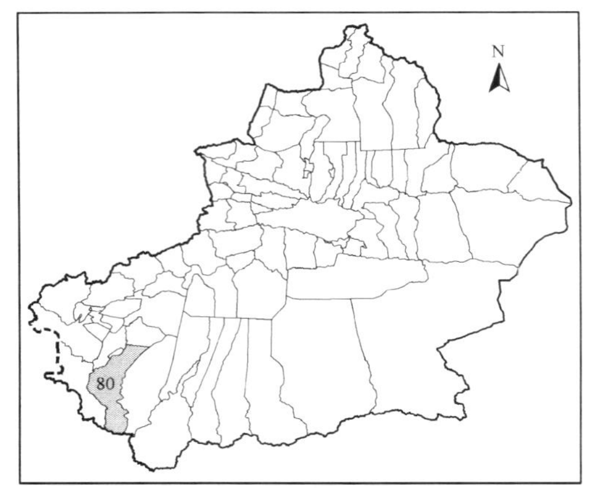

大 2 裂，表面近无毛，背面沿脉疏被柔毛。顶生伞房状花序 4～6 朵花；下部苞片叶状，3 裂，其他苞片不裂，披针形或线形；花序轴连同花梗和小苞片密被白柔毛和少数淡黄色腺毛，花梗被很密的毛并混生少数腺毛；小苞片披针形，紫色；萼片宿存，蓝紫色，上萼片船状圆卵形，外面密被白色长柔毛和鳞片状毛及少数混生的腺体，内面疏被长柔毛，距短于萼，囊状锥形，末端稍下弯；花瓣黑色，顶端 2 浅裂，边缘疏被白缘毛，内侧中部疏被黄色髯毛；退化雄蕊 2，瓣片椭圆状卵形，2 浅裂，顶端疏被白色长柔毛，腹面中央有卷曲的黄色髯毛；雄蕊无毛；心皮 5，子房密被白色短柔毛。花期 7～8 月。

保护价值：塔里木盆地特有种。

8. 密丛拟耧斗菜 *Paraquilegia caespitosa*（Boiss. et Hohen.）J. R. Drumm. et Hutch.

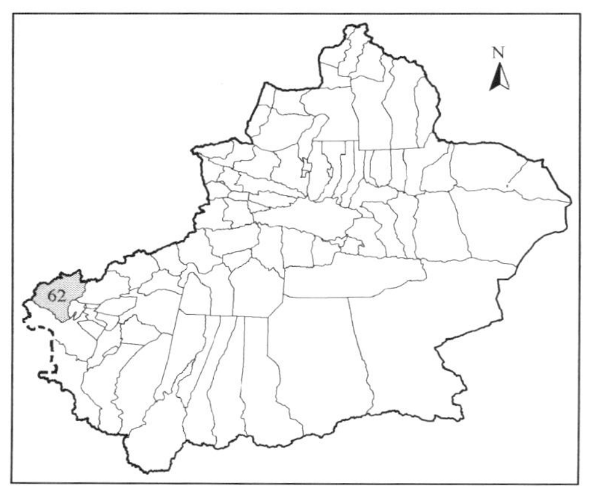

科属：毛茛科 Ranunculaceae 耧斗菜属 *Aquilegia* L.

生境：生于天山南坡海拔约 2900 米的石砾质阴坡。

地理分布：产于乌恰县。

形态特征：草本，呈密丛状，基部叶柄残留且密集，高 5～8（10）厘米，叶、花葶密被极短的乳腺毛。叶多数，全部基生，为三出复叶，叶片轮廓三角状卵形；中央小叶卵形或宽卵形，3 至 4 深裂或全裂，裂片椭圆形，有时侧裂片再浅裂成钝圆齿，两侧小叶斜卵形，叶呈灰绿色，两面密被极短的乳突状腺毛。花葶 1 至数条，比叶高；苞片 2，生于花下，线状椭圆形，基部有宽波状的膜质鞘；花直径 2.5～3 厘米；萼片紫红色或粉红色，宽椭圆形，顶端钝；花瓣长圆状倒卵形，顶端微凹，下部浅囊状；心皮 3～7，无毛。蓇葖果直立，连同细喙长约 1 厘米。种子密被极短的乳突状腺毛。花期 6～7 月，果期 7～8 月。

保护价值：中国仅产于塔里木盆地，稀有种。

9. 紫蕊白头翁 *Pulsatilla kostyczewii*（Korsh.）Juz.

科属：毛茛科 Ranunculaceae 白头翁属 *Pulsatilla* Adans.

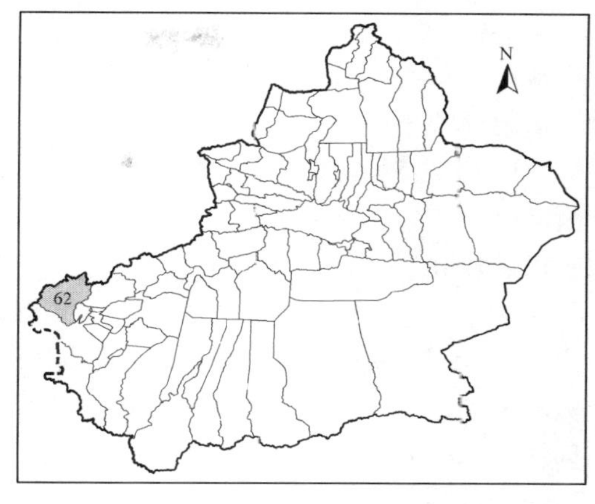

生境：生于天山南坡海拔 2900 米左右的山地荒漠草原。

地理分布：产于乌恰县。

形态特征：多年生草本，具根状茎，高 12～26 厘米，灰绿色。基生叶 3～6；叶片 3 全裂，全裂片有细柄，一至二回细裂，末回裂片狭线形，与叶柄都稍密被白色柔毛；叶柄长约 3 厘米。花葶 1，有与叶柄相同的毛；总苞无柄，苞片掌状细裂成狭线形的小裂片，密被柔毛；花大；萼片 6，紫红色，倒卵形或椭圆形，外面有短柔毛；雄蕊长 4～10 毫米，花药椭圆形，花丝狭线形或近丝形，紫色，心皮密被柔毛。花期 6 月。

保护价值：中国仅产于塔里木盆地，稀有种。

10. 和田毛茛 *Ranunculus hetianensis* L. Liou

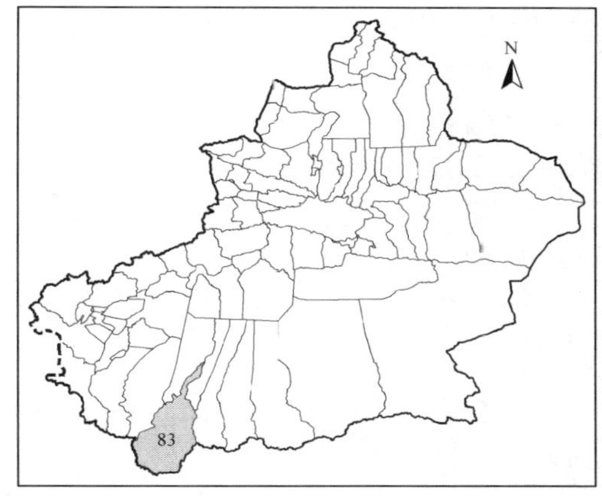

科属：毛茛科 Ranunculaceae 毛茛属 *Ranunculus* L.

生境：生于昆仑山海拔 3200 米左右的山地草原。

地理分布：产于和田县。

形态特征：多年生草本。根基部肉质增厚，呈纺锤形。茎细瘦，近直立，高约 20 厘米，单一或有分枝，疏生柔毛。基生叶有长柄，叶片宽卵形，基部截圆形或微心形，边缘有浅齿牙，无毛；叶柄纤细，无毛或生疏毛；茎生叶 2～3，下部叶中裂至较深裂，裂片长圆状披针形，全缘，顶端稍尖，基部宽楔形，无毛，叶柄长基部有膜质宽鞘，散生柔毛；上部叶位于茎的中部以上，叶片 3 全裂，裂片线状披针形，全缘，无柄；花单生茎顶，花梗细长，生曲柔毛；萼片宽卵形，有多数脉，背面密生白柔毛，边缘宽膜质，迟落；花瓣 5，狭长圆形或匙状楔形，有 5 脉，基部有细爪；花丝长为花药的 2 倍；花托肥厚，密生白细毛；聚合果卵球形，小瘦果卵球形，较扁，生细毛，喙细长直伸。花果期 7～8 月。

保护价值：塔里木盆地特有种。

11. 昆仑毛茛 *Ranunculus kunlunshanicus* J. G. Liu

科属：毛茛科 Ranunculaceae 毛茛属 *Ranunculus* L.

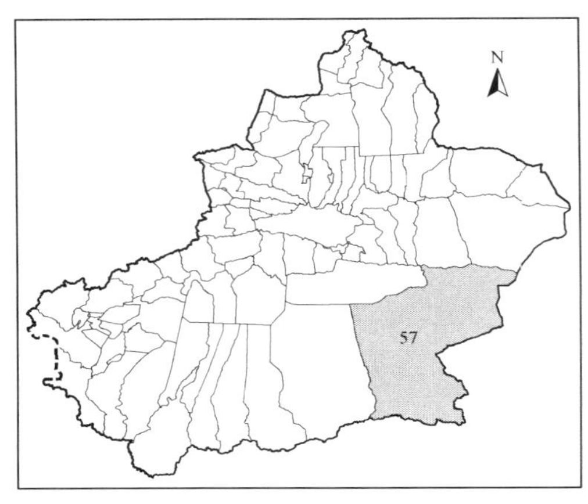

生境：生于昆仑山海拔 4300 米的山坡草地。

地理分布：产于若羌县。

形态特征：多年生小草本。须根多数，稍粗厚。茎高 3～10 厘米，直立，上部分枝，密被蛛丝状长柔毛，基部有残存叶鞘。基生叶 3～5；叶片卵状椭圆形或椭圆形，边缘具 3～7 浅裂齿，有时全缘，叶两面被稀疏长柔毛或无毛，叶缘密生长柔毛，叶柄长，基部具鞘；茎生叶 2～3，3 深裂达基部，裂片长圆状披针形，叶缘密生长缘毛，下部茎生叶具短柄，上部茎生叶无柄，基部具膜质鞘；花黄色；萼片卵圆形，边缘宽膜质，密被蛛丝状长柔毛，花瓣 5，长圆状倒卵形，基部具爪和蜜腺。聚合果卵球形，花托生疏毛；未成熟的小瘦果扁球形，有疏柔毛，喙短，伸直。花期 6 月，果期 7 月。

保护价值：塔里木盆地特有种。

12. 沼泽毛茛（变种）***Ranunculus nephelogenes*** Edgew. var. ***pseudohirculus***（Tuautv.）J. G. Liu

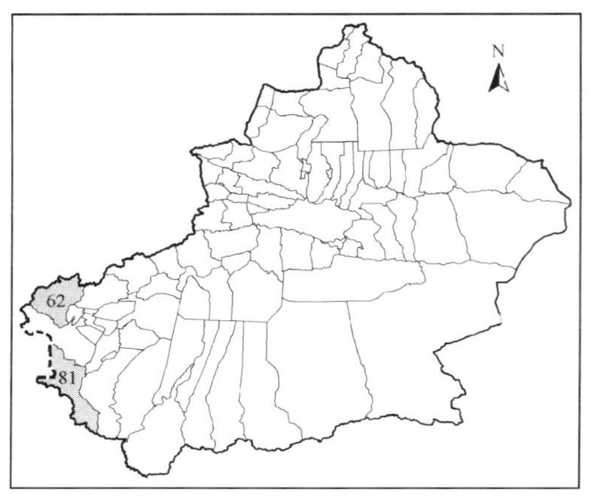

科属：毛茛科 Ranunculaceae 毛茛属 *Ranunculus* L.

生境：生于海拔 3600～4500 米的高山沼泽草甸。

地理分布：产于乌恰县、塔什库尔干塔吉克自治县。

形态特征：云生毛茛（*Ranunculus nephelogenes* Edgew.）为多年生草本。茎直立，高 2～15 厘米，单一，后具腋生短分枝，大多无毛。基生叶多数，披针形至线形，或外层的卵圆状披针形，全缘，无毛；叶柄无毛，基部有宽鞘抱茎，茎生叶无柄，线形，全缘。花单生，花梗或后期延长，生淡黄色柔毛；萼片略带棕色；花托于果期伸长，呈圆柱形，疏生柔毛。聚合果长圆形，瘦果卵圆形，无毛，喙长约 1 毫米。花果期 7～8 月。本种区别于云生毛茛的主要特征是茎粗，直径可达 2 毫米；叶片椭圆形或卵圆状椭圆形；花大，直径 1.6～2（2.5）厘米；花托显著伸长，在果期长圆形。而植株较矮，高 2～10（15）厘米；茎单一或仅有腋生短分枝；叶片椭圆形或卵圆状椭圆形及花大等特征区别于变种长茎毛茛。

保护价值：中国仅产于塔里木盆地，稀有种。

13. 棕萼毛茛 *Ranunculus rufosepalus* Franch.

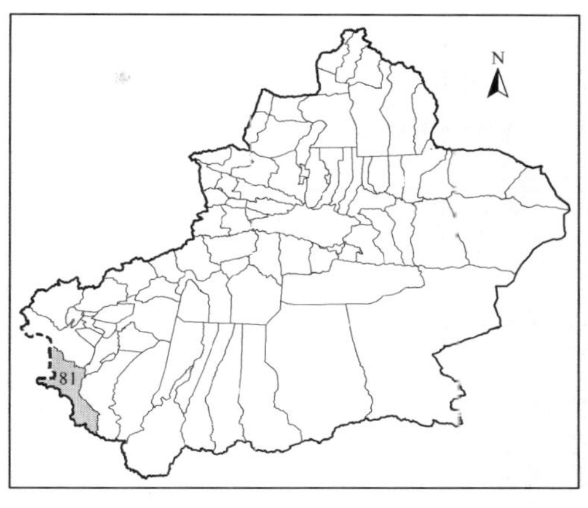

科属：毛茛科 Ranunculaceae 毛茛属 *Ranunculus* L.

生境：生于帕米尔高原海拔4500～4800米的山坡草地。

地理分布：产于塔什库尔干塔吉克自治县。

形态特征：多年生草本。根状茎短，簇生多数须根。茎高8～19厘米，下部分枝，直立或渐斜上升，基部具残存枯叶柄鞘，呈纤维状，无毛或仅在花梗处生黄色柔毛。基生叶多数，三出复叶，叶片肾圆形，中央小叶有叶柄，小叶片肾形或宽倒卵状楔形，3深裂，裂片有2～3齿裂，裂齿圆钝；侧生，小叶2～3深裂，裂片再齿裂，裂齿钝，无毛；叶柄无毛，基部有膜质长鞘；茎生叶无柄，3～5深裂，裂片长圆状披针形，全缘或有齿裂。花单生于茎顶或分枝顶端，花梗，生稀疏黄色柔毛；萼片卵圆形，密被棕褐色柔毛；花瓣5，宽倒卵形，下部渐窄成短爪，密槽呈杯状袋穴；花托长圆状椭圆形，无毛或生短的棕褐色的糙毛。聚合果卵圆形；瘦果卵球形，缘稍弯曲。花果期7～8月。

保护价值：中国仅产于塔里木盆地，稀有种。

十六、小檗科 Berberidaceae

1. 喀什小檗 *Berberis kaschgarica* Rupr.

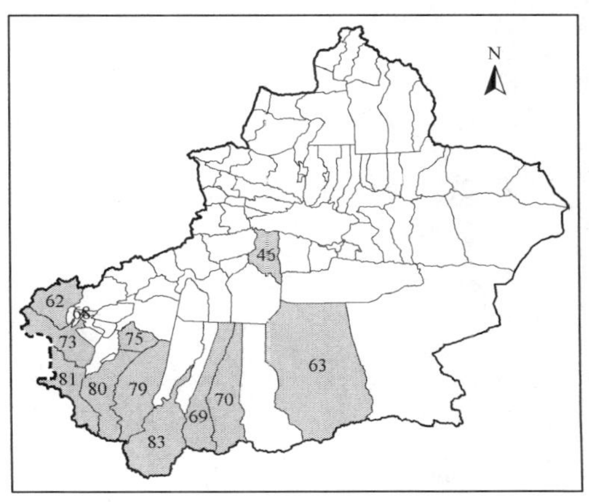

科属：小檗科 Berberidaceae 小檗属 *Berberis* L.

生境：生于海拔2200～4200米的灌木荒漠及高寒荒漠。

地理分布：产于喀什，库车县、麦盖提县、阿克陶县、乌恰县、塔什库尔干塔吉克自治县、和田县、叶城县、皮山县、策勒县、于田县、且末县。

形态特征：落叶灌木，高60～100厘米，分枝极多。幼枝红褐色，有枝刺下延所成之棱；老枝灰白色，枝刺三分叉，中间刺长于两侧刺，中间者土黄色。叶革质，绿色，窄长圆状倒卵形，基部渐窄成不明显的柄，小者多全缘，大者边缘有少数短刺状齿牙。花单生或2～3朵簇生于叶腋，花梗基部有

1 枚苞片，中部有 2 枚对生苞片；萼片 6，花瓣状，外轮萼片宽为内轮之半；花瓣 6，宽椭圆形，每个花瓣基部有 2 蜜腺；雄蕊 6，短于内轮花瓣，与之基部相连；雌蕊筒状，柱头盘状，花柱近无。浆果卵形，紫黑色，被白粉。种子 3～4 粒，长圆状卵形而微曲，黑褐色，背部圆，腹面具钝棱。花期 5～6 月。

保护价值：中国仅产于塔里木盆地，稀有种。

十七、罂粟科 Papaveraceae

1. 胀果紫堇 *Corydalis fedtschenkoana* Rgl.

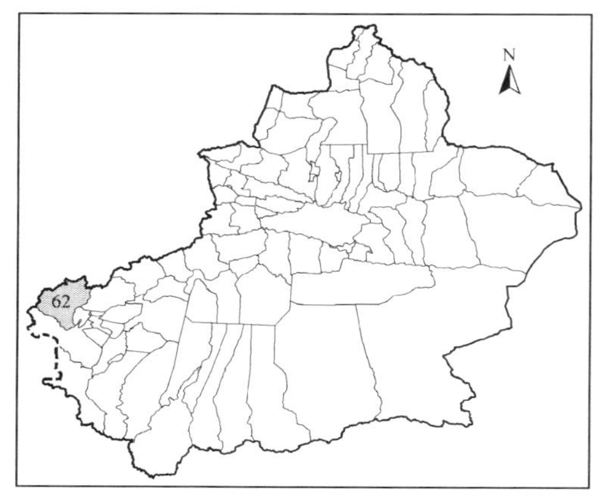

科属：罂粟科 Papaveraceae 紫堇属 *Corydalis* Vent.

生境：生于荒漠地带。

地理分布：产于乌恰县。

形态特征：多年生草本。根粗。茎多外倾，高 10～15 厘米，基部有宿存的黑褐色鞘状叶柄。基生叶叶柄基部膨大抱茎，叶片长圆形，二回羽状全裂，羽片互生，羽片再呈篦齿深裂，小裂片卵形，顶端钝或急尖；茎生叶一回羽状裂，其长不超出花序。花成单一的总状花序，花稠密，花时呈头状；上下部苞片半裂，长圆形，短于花柄；萼片小，膜质，边缘有半裂的齿；花瓣淡白色，在下部有紫色的斑点，距直、钝、被微毛，长为花瓣的 1/2 或 1/4。蒴果直立，膨胀，膀胱状，圆形或长圆状圆形；果皮膜质，紫色，有网状脉纹，顶端有 1 细喙。花期 7～8 月。

保护价值：中国仅产于塔里木盆地，稀有种。

2. 疆堇 *Corydalis mira*（Batalin）C. Y. Wu et H. Chuang

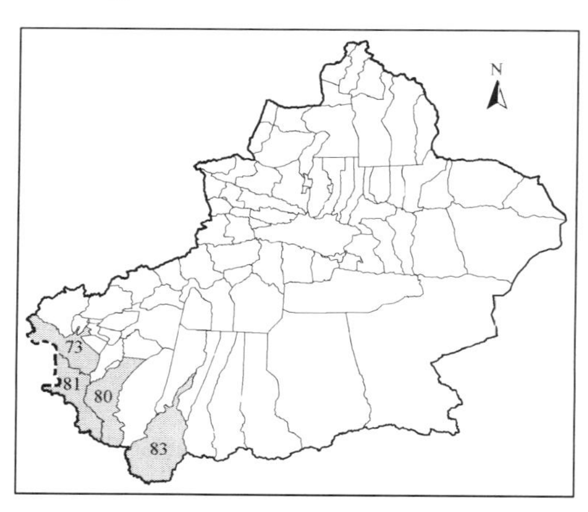

科属：罂粟科 Papaveraceae 紫堇属 *Corydalis* Vent.

生境：生于海拔 2800～3200 米的高山地带石隙。

地理分布：产于阿克陶县、和田县、塔什库尔干塔吉克自治县、叶城县。

形态特征：多年生垫状草本，高 5～10 厘米，无毛。根粗，直立，外被黑褐色薄革质周皮，根颈处多分枝成多头的密丛，分枝被宿存的叶柄。奇数羽状复叶，叶柄基变宽，革质，宿存，麦秆黄色，小叶片 5～7，卵圆形或长圆形，稍肉质，蓝灰色，先端急尖，基部具短小叶柄。花梗长 1.5～3 厘米，苞片卵状披针形，先端尾尖，中脉色深，花冠黄色，上花瓣连距长 2 厘米，距囊状，伸直，向后略增粗，花瓣中部上翘，冠檐展开，先端钝尖，下花瓣上中部背侧龙骨状，内侧花瓣爪部窄，长为瓣片的 2/3；雄蕊花丝扁，上花丝下半部与上花瓣相连，下花丝基部与下花瓣相连，柱头椭圆形，4～5 个乳突。蒴果卵形或球形，顶端圆锥状收缩成尖喙，易自果梗脱落，2 瓣裂，果皮厚。种子肾形，黑褐色，有光泽，种阜鳞片状。花期 5～6 月，果期 7～8 月。

保护价值：中国仅产于塔里木盆地，稀有种。

3. 高山角茴香 *Hypecoum alpinum* Z. X. An

科属：罂粟科 Papaveraceae 角茴香属 *Hypecoum* L.

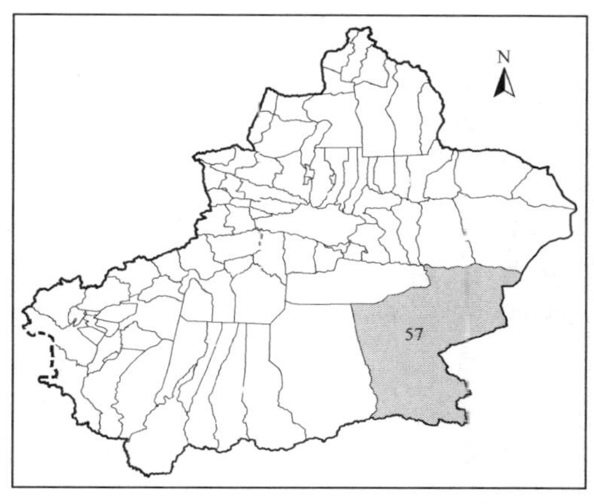

生境：生于海拔 4450 米的草甸草原。

地理分布：产于若羌县。

形态特征：多年生草本，全株无毛，稍肉质，于根茎处分枝。茎平铺于地面，长 5～10 厘米。叶全部基生，二回羽状叶，第一回为复叶，小叶 1～3 对，对生或互生，第二回全裂或半裂，基部裂片下侧有锯齿或再具 1 裂片，末级裂片披针形、长圆形或倒卵形，顶端急尖或渐尖；叶柄扁，基部特宽，边缘膜质。聚伞花序，总状排列，花梗基部与上部各有 1 对苞片，下部苞片羽状全裂，裂片披针形或窄长卵形，基部每侧 3 枚丝状裂片，上部苞片 3～5 裂，裂片丝状；萼片 2，宽卵形到椭圆形，上中部近膜质；花瓣白色，外轮卵形到椭圆形，顶端背侧略成龙骨状，内轮倒三角形，上部 3 裂；雄蕊 4，花丝扁平，膜质；雌蕊子房柱状，柱头 2 裂，外卷。蒴果四棱状柱形，果皮薄，侧膜胎座。种子矩圆形，于种脐侧稍凹入，种脐位于斜侧端，黑褐色。花期 6～7 月，果期 7～8 月。

保护价值：塔里木盆地特有种。

4. 红花疆罂粟 *Roemeria refracta*（Stev.）DC.

科属：罂粟科 Papaveraceae 罂粟属 *Papaver* L.

生境：生于荒漠地带的绿洲。

地理分布：产于叶城县。

形态特征：一年生草本，高 10～50（100）厘米。茎直立，单一或分枝，被长单毛。基生或茎生叶具长柄，上部叶无柄，二回羽状裂叶；叶先端急尖，顶端有刺状毛，全缘，背面沿叶脉有长单毛，叶轴具翅。花大；萼片 2，绿色，宽倒卵形，被稀疏的长单毛，有窄的白色边缘；花瓣鲜红色，基部有黑紫色斑块，干后花瓣紫红色，斑块黑色，宽倒三角形；雄蕊多数，花丝暗蓝紫色，外长内短；3 心皮，子房柱形，柱头 3 叉，伏贴于花柱上。蒴果柱形，果瓣扁平；蒴果由上向下裂开，宿存。种子细小，肾圆形，淡黄褐色，侧背沿长轴有成行排列的白色泡状物。花期 4～5 月。

保护价值：新疆Ⅱ级重点保护植物。

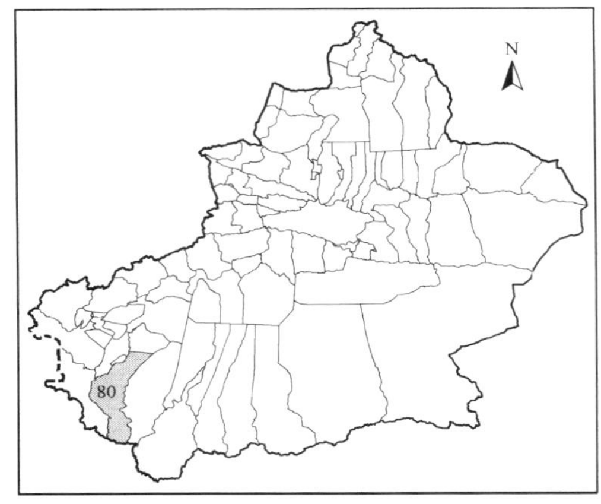

十八、十字花科 Cruciferae

1. 帕米尔南芥 *Arabis pamirica* Y. C. Lan et Z. X. An

科属：十字花科 Cruciferae 南芥属 *Arabis* L.

生境：生于海拔 3800～4600 米的高山草甸。

地理分布：产于塔什库尔干塔吉克自治县、皮山县。

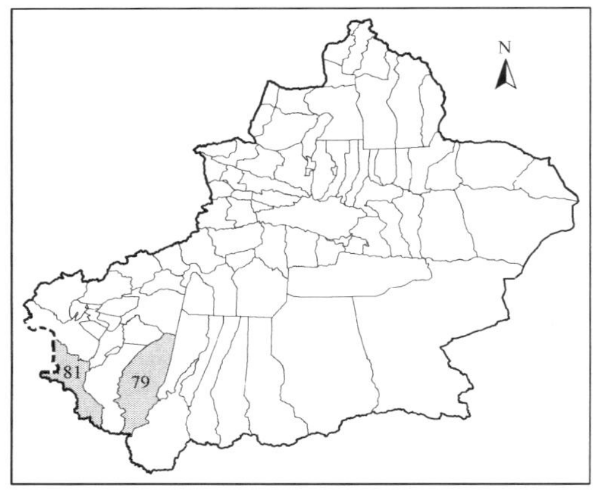

形态特征：多年生草本，高 10～25 厘米，全株密被单毛、叉状毛与分枝毛，使植物呈灰绿色。茎于基部分枝，分枝多，成丛状。基生叶倒卵状长圆形，两侧有不规则的锯齿 3～5 对；茎生叶与之同形而渐小，具短柄。花序花时伞房状，果时伸长成总状；萼片长椭圆形，背面密被毛；花瓣粉红色，卵圆形，顶端圆，基部具爪；雄蕊 6，花丝扁。长角果线形；果瓣密被毛，扁平，两端钝，中脉清楚；花柱几不发育，柱头头状。果梗长 1～3 毫米，与果序轴夹角小。种子椭圆形；子叶斜背倚胚根。花果期 6～7 月。

保护价值：塔里木盆地特有种。

2. 策勒鼠耳芥 *Arabidopsis qaranica* Z. X. An

科属：十字花科 Cruciferae 鼠耳芥属 *Arabidopsis*（DC.）Heynh.

生境：生于荒漠草原带河谷。

地理分布：产于策勒县。

形态特征：一年生草本，高 50～60 厘米，全株被分枝毛。茎干基部常淡紫色。

基生叶早枯，叶柄基部变宽，宿存；茎生叶线形，顶端急尖；全缘，基部渐窄成短柄，柄于基部变宽。总状花序顶生；萼片条形；花瓣白色，顶端钝，基部渐窄成短爪；雄蕊花丝细；子房圆柱形，扁压。长角果线形；果瓣略有起伏，中脉显著；假隔膜半透明，无脉。种子每室 1 行，黄褐色，远种脐端有翅状附属物。花期 6 月，果期 7 月。

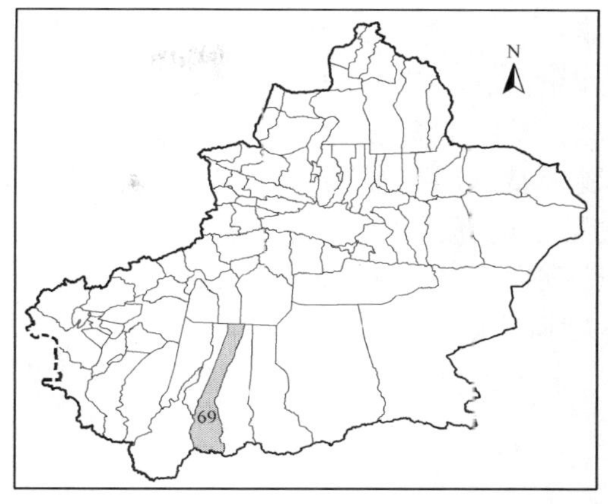

保护价值：塔里木盆地特有种。

3. 托木尔鼠耳芥 ***Arabidopsis tuemurica*** **K. C. Kuan et Z. X. An**

科属：十字花科 Cruciferae 鼠耳芥属 *Arabidopsis*（DC.）Heynh.

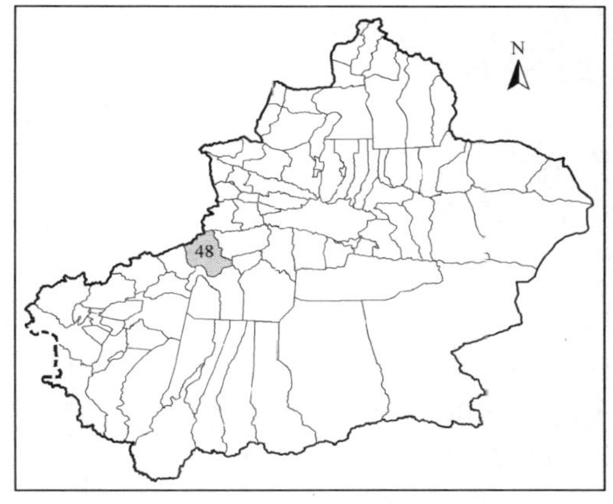

生境：生于海拔约 2400 米的森林带。

地理分布：产于温宿县。

形态特征：一年生草本，高 5～15 厘米，被单毛与分枝毛。茎基部分枝，直立或外倾。基生叶多数，具柄，两侧具睫毛，叶片长圆状椭圆形，边缘有对称或不对称的齿，或具不明显的波状齿；茎生叶较小，3～4 枚，上部 1～2 枚混入花序成苞叶。总状花序花时伞房状；果时达 10 厘米或更长；萼片长圆形或宽长圆形，外轮宽于内轮，边缘白色膜质，顶端色较深；花瓣白色，近圆形，瓣片短于爪部；侧蜜腺联合，中蜜腺无。长角果细，呈圆筒状；花柱短，柱头微 2 裂。花期 6 月。

保护价值：塔里木盆地特有种。

4. 黄花肉叶荠 ***Braya scharnhorstii*** **Regel et Schmalh**

科属：十字花科 Cruciferae 肉叶荠属 *Braya* Sternb. et Hoppe

生境：生于海拔 3500～5000 米的高山草原、高寒荒漠。

地理分布：产于塔什库尔干塔吉克自治县。

形态特征：多年生垫状植物，高 3～6 厘米。根状茎直立，被残存的扁平叶柄。地上分枝或不分枝。叶基生，稍肉质，窄条形，边缘有扁平睫毛，叶柄基部变宽。花葶密被单毛与分枝毛，上部有少数叶，总状花序顶生，花时伞房状，果时伸长，下部数花常有苞片；萼片斜展开，椭圆形或长圆形，外轮略宽于内轮；基部微成囊状，被白色分枝毛或单毛，白色膜质边宽；花瓣黄绿色，干后黄色，长圆状倒卵形，前端近截形，基部渐窄成短爪；雄蕊花丝具翅，紫色，略作披针形，花药黄色，矩圆形，基部略叉开；侧蜜腺与中蜜腺联合成环状，包于雄蕊之外，于长短雄蕊之间向内吸入成直角；雌蕊瓶状。角果。花期7月。

保护价值：中国仅产于塔里木盆地，稀有种。

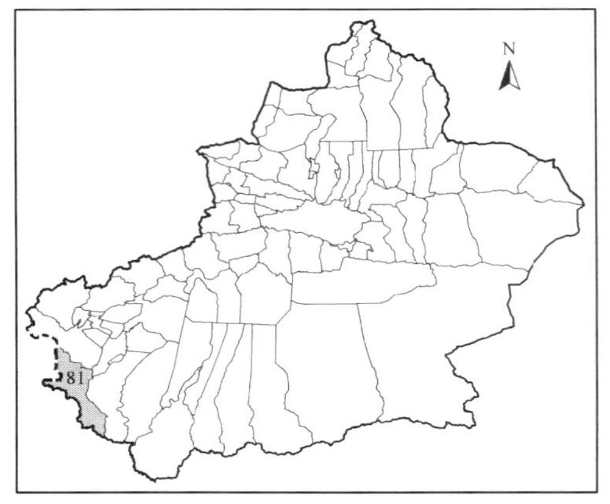

5. 小花离子芥 *Chorispora macropoda* Trautv.

科属：十字花科 Cruciferae 离子芥属 *Chorispora* R. Br.

生境：生于海拔 3200～3700 米的山地荒漠草甸。

地理分布：产于乌恰县、塔什库尔干塔吉克自治县。

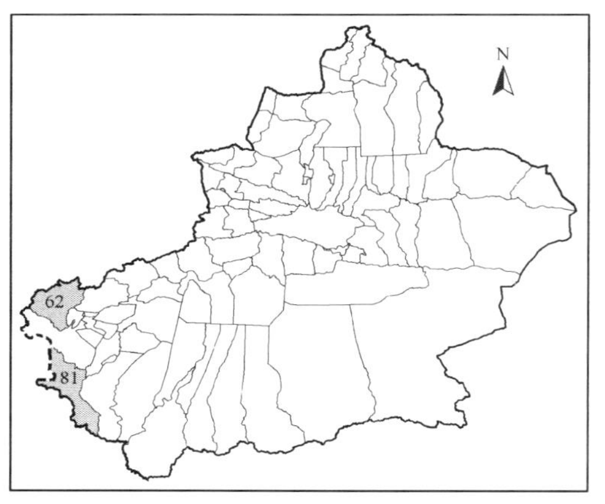

形态特征：多年生草本，高 3～10 厘米。茎短缩，密被腊肠状腺毛，幼叶裂片前端及萼片前端具少数白色单毛，直根粗壮。叶基生或几基生，具柄，连柄长 3～4 厘米，叶片长椭圆形，边缘具浅齿或羽状深裂，裂片对生或近对生。花序花时伞房状，果时伸长成总状；萼片长椭圆形，边缘白色膜质，内轮基部略囊状；花瓣淡黄色，线状匙形，顶端近平截，基部具爪，瓣片脉纹显著；雄蕊花丝扁，花药条状长卵形。果梗粗短；长角果念珠状，具腺毛，前端喙长 2.5～3.5 毫米。种子淡褐色，宽椭圆形。花期 6～7 月。

保护价值：中国仅产于塔里木盆地，稀有种。

6. 喀什高原芥 *Christolea kaschgarica*（Botsch.）Z. X. An

科属：十字花科 Cruciferae 高原芥属 *Christolea* Camb.

生境：生于海拔 1800～2400 米亚高山草甸的石缝。

地理分布：产于喀什，阿合奇县。

形态特征：多年生草本，高 10～20 厘米，全株无毛。叶基生，莲座状，具柄，连柄长 1.2～6.5 厘米，叶片椭圆形，全缘，中下部至叶柄有短毛所成睫毛，稀疏。花序花时伞房状，果时成总状；花多数，花梗细，展开；萼片展开，宽椭圆形；花瓣紫色，基部楔状成爪；雄蕊花丝分离；花柱长 3～4 毫米。果梗上部外弯；长角果长圆状条形；果瓣膜质，中脉清楚；假隔膜薄，白色，半透明。花期 6 月。

保护价值：塔里木盆地特有种。

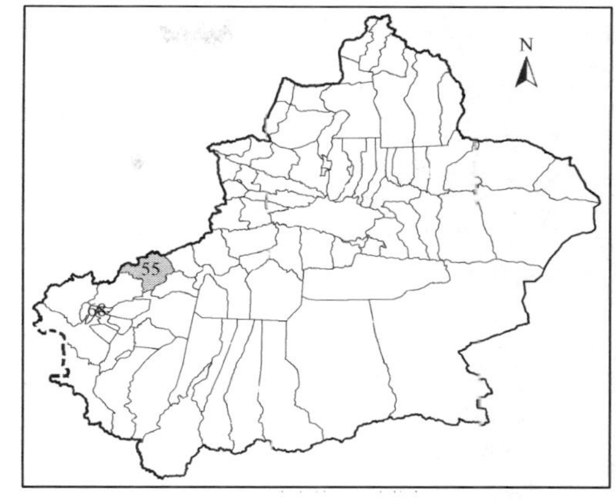

7. 尼亚高原芥 *Christolea niyaica* Z. X. An

科属：十字花科 Cruciferae 高原芥属 *Christolea* Camb.

生境：生于海拔 2700 米的山地荒漠草原。

地理分布：产于民丰县。

形态特征：一年生草本，高约 25 厘米，全株无毛。茎直立，自基部分枝。分枝多，多作“之”字形弯曲。叶茎生，有短柄或柄不明显，长圆形或椭圆形，中上部两侧具大齿，基部渐窄。花序顶生或腋生，花时伞房状，花后伸长成总状；萼片斜展开，长圆形，背部隆起，边缘白色膜质；花瓣白色，顶端圆，基部渐窄成短爪；雄蕊 6，花丝细，花药大；花柱短。果梗展开或下弯，短角果长圆形，直或稍作镰状弯曲；果瓣扁平，薄，两端钝、中脉清楚，侧脉网状，假隔膜白色，半透明，有明显的两条脉。种子每室 2 行，扁平，淡黄褐色；子叶缘倚胚根，种皮上有颗粒纹理。果期 7 月。

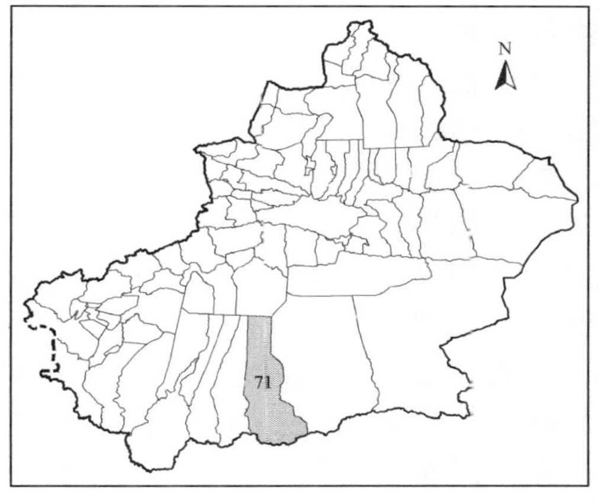

保护价值：塔里木盆地特有种。

8. 隐子芥 *Cryptospora falcata* Kar et Kir.

科属：十字花科 Cruciferae 隐子芥属 *Cryptospora* Kar. et Kir.

生境：生于海拔达 3800 米的荒漠草原到亚高山草原。

地理分布：产于民丰县、阿克陶县。

形态特征：一年生草本，高 10～40 厘米，全株密被小分叉毛及长单毛。茎直立，分枝。叶长圆状披针形，顶端渐尖，基部渐窄成不明显的柄，全缘或有少数小锯齿，柄较宽，

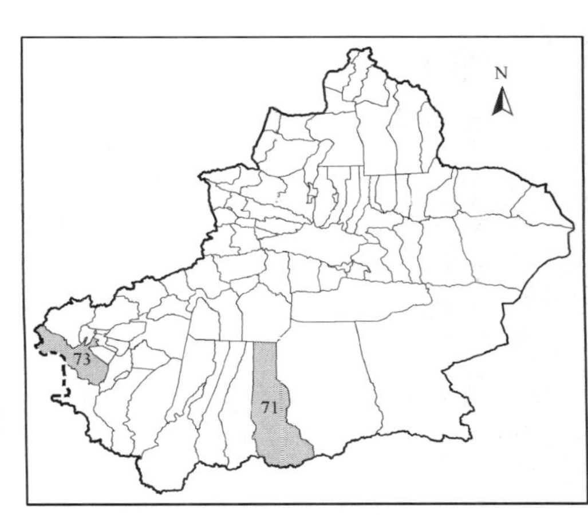

仅具缘毛。花序花时伞房状，果时伸长成总状；花梗长；萼片近直立，披针形，边缘白色膜质，外轮窄于内轮，顶端略成兜状，内轮基部囊状；花瓣白色，干时微带紫色，倒卵形，顶端钝，几截形，基部渐窄成爪，爪略短于瓣片；雄蕊花丝扁，花药长圆形；雌蕊棒状，花柱无，柱头头状，微 2 裂。长角果（未成熟）镰形或弧形，向顶端渐窄，密生叉毛；果梗紧贴茎。种子长圆形，棕红色。花期 7 月。

保护价值：中国仅产于塔里木盆地，稀有种。

9. 长毛扇叶芥 *Desideria flabellata*（Regel）Al-Shehbaz

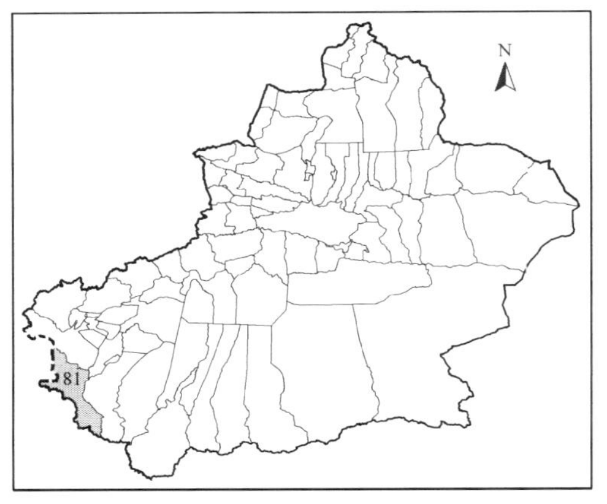

科属：十字花科 Cruciferae 扇叶芥属 *Desideria* Pampanini

生境：生于海拔约 4000 米的高山荒漠流石坡及砾石坡地。

地理分布：产于塔什库尔干塔吉克自治县。

形态特征：多年生草本，高 5～8 厘米，下部无毛，向上渐有毛至密被白色、扁平的长单毛。地下茎直立或倾斜，其上有退化叶所成鳞片；地上茎具显著或不显著的棱槽，常呈紫红色。叶无明显的柄，叶片肉质，倒宽卵形，顶端圆浅裂或有网齿以至深裂，基部楔形。总状花序短；萼片淡黄色，外轮长圆形，内轮长圆状倒卵形，基部囊状，边缘膜质，背部有白色、扁平的长单毛；花瓣干后淡蓝色，基部楔形渐窄或具短爪；雄蕊 6。角果扁平，果瓣具中脉，侧脉可见。种子每室 1 行，长圆形，无边或有边，子叶缘倚胚根。花期 7 月。

保护价值：中国仅产于塔里木盆地，稀有种。

10. 塔什库尔干藏荠 *Hedinia taxkorganica* G. L. Zhou et Z. X. An

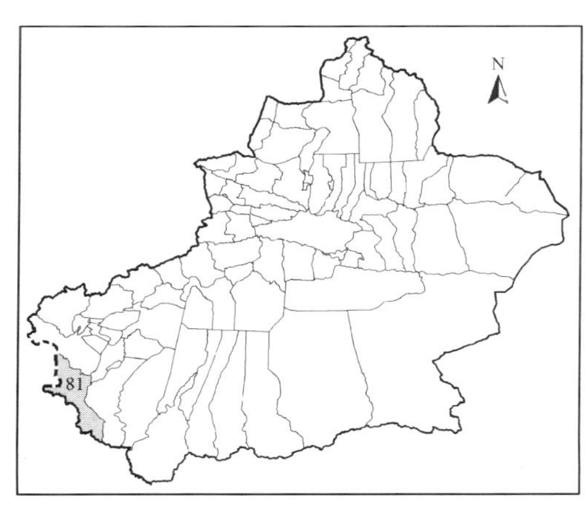

科属：十字花科 Cruciferae 藏荠属 *Hedinia* Ostenf.

生境：生于海拔 4000 米以下的高山草甸。

地理分布：产于塔什库尔干塔吉克自治县。

形态特征：多年生草本，被白色单毛与分枝毛。茎于基部分枝，铺散。基生叶长椭圆形，二回羽状深裂，茎生叶羽状全裂，裂片全缘，叶柄短，具叶片下延所成的翅。花序在花期伞房状，果时成总状，每花下有 1 苞片；花小，花梗有疏柔毛；萼片淡绿色，矩圆形，有宽的膜质边缘，背部有白色长柔毛；花瓣白色，瓣片椭圆形，基部尖窄成几与瓣片等长的爪；花药球形，淡黄色；花柱粗而短。角果条形，无毛或具疏柔毛，扁压，果瓣舟状；假隔膜披针形，白色膜质。种子椭圆形，红褐色，种脐黑褐色。花果期 7 月。

保护价值：塔里木盆地特有种；新疆Ⅱ级重点保护植物。

11. 扭果藏荠（变种）*Hedinia taxkorganica* G. L. Zhou et Z. X. An var. *hejingensis* G. L. Zhou. et Z. X. An

科属：十字花科 Cruciferae 藏荠属 *Hedinia* Ostenf.

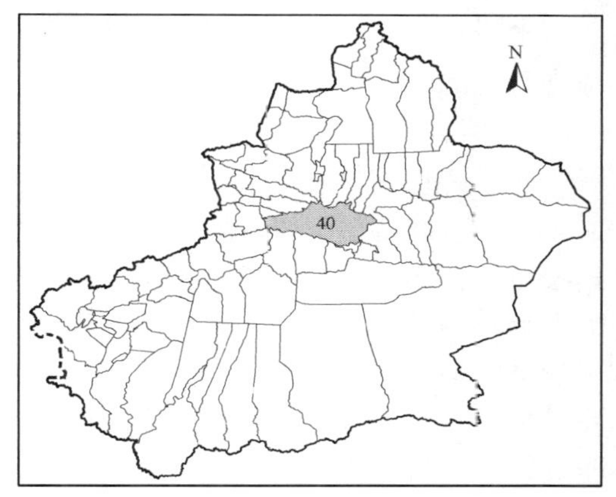

生境：生于高山草原。

地理分布：产于和静县。

形态特征：与原变种塔什库尔干藏荠的主要区别为茎生叶羽状深裂，裂片全缘或有牙齿。角果纺锤形，长 12～14 厘米，宽 3～4 毫米，扭转。

保护价值：塔里木盆地特有种。

12. 高香花芥 *Hesperis pseudonivea* Tzvel.

科属：十字花科 Cruciferae 香花芥属 *Hesperis* L.

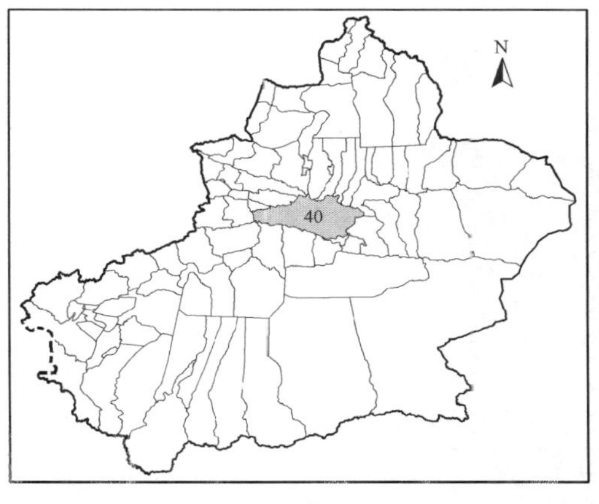

生境：生于海拔 2700 米的高山草甸。

地理分布：产于和静县。

形态特征：二年生草本，高 60～170 厘米，下部被长单毛，中部被稀疏单毛与腊肠状腺毛，上部、尤其果实被腊肠状腺毛多。基生叶多数，具长柄，叶片长圆状椭圆形或长圆状披针形，基部楔形，并下延于叶柄成窄翅；茎生叶无柄，披针形。花序花时伞房状，果时伸长成总状；花梗密被腺毛；萼片直立，长圆形或长圆状椭圆形，白色膜质边缘宽，主脉粗，被腺毛；花瓣白色，干后土黄色，瓣片倒卵形，基部突窄成爪，爪条形；雄蕊短花丝扁，长花丝扁，披针形，花药线形；侧蜜腺环状，向两侧尾状延伸，中蜜腺细线状，位于长雄蕊外侧，与侧蜜腺相接，中部稍凹下。果柄粗，伸展后内曲；长角果圆筒状；果瓣隆起，于种子间缢缩，中脉及侧腺均可见，两端钝。种子长圆形，橘红色，种脐处黑褐色，远种脐端有微翅或否。花期 6～7 月。

保护价值：中国仅产于塔里木盆地，稀有种。

13. 无茎条果芥 *Leiospora exscapa* C. A. Mey.

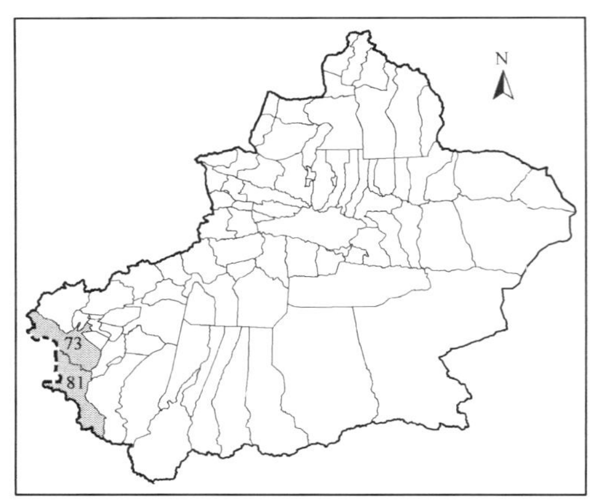

科属：十字花科 Cruciferae 条果芥属 *Parrya* R. Br.

生境：生于海拔 3500～4000 米岛寒荒漠带的河滩沙砾地、亚高山草甸。

地理分布：产于阿克陶县、塔什库尔干塔吉克自治县。

形态特征：多年生垫状草本，高 5～8 厘米。根状茎粗壮，直径可达 1.5 厘米，长 20 厘米以上，于地面下分枝，随着地面的加高，地表下形成若干“节”，于节处分枝，最上面有宿存的枯叶柄。叶基生，长圆状倒卵形或倒披针形，连柄长 2～5 厘米，先端急尖或钝，基部渐窄成柄，全缘，被白色短单毛。花单生于花葶上；萼片直立，内轮倒披针状长圆形，基部囊状，外轮条形，均具白色膜质边缘，被白色单毛，毛向基部渐无，颜色由下而上为黄色、绿色到棕褐色，有时宿存；花瓣大，瓣片倒卵圆形，有深紫色脉纹，爪窄，等长或稍短于瓣片；短雄蕊花丝细，长雄蕊花丝具窄翅，花药线形。长角果条形，稍弯曲或扭转，无毛；果瓣顶端渐尖，基部钝，中脉明显。种子每室 2 行，卵形，边缘有膜质翅，淡褐色。花期 7 月。

保护价值：中国仅产于塔里木盆地，稀有种。

14. 楼兰独行菜 *Lepidium loulanicum* Z. X. An et G. L. Zhou

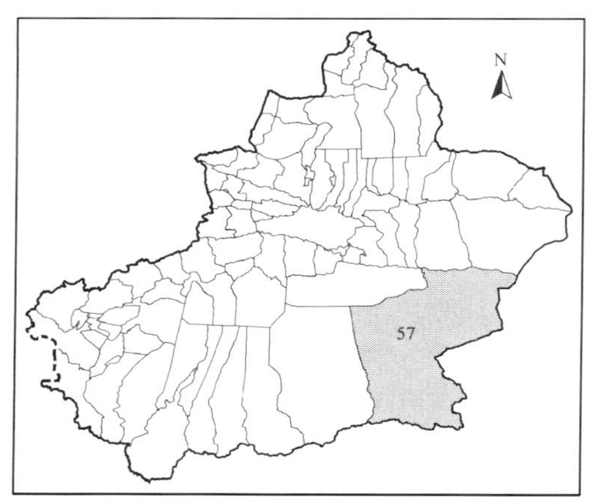

科属：十字花科 Cruciferae 独行菜属 *Lepidium* L.

生境：生于农田边。

地理分布：产于若羌县。

形态特征：小灌木，高约 50 厘米。茎直立，基部粗约 7 毫米，茎叶无毛。叶肉质，无柄，长椭圆形，长 2～2.5 厘米，宽 7～8 毫米，两端钝或顶端急尖，全缘，中脉清楚。总状花序顶生或腋生，总的成圆锥状；花梗被单毛，垂直于花序轴或下倾；萼片常宿存，圆形，直径 1～1.1 毫米，有宽的白色膜质边缘，背面有垂直的较长的单毛；花瓣白色，长约 2 毫米，瓣片圆形，直径约 1.5 毫米，下部具宽爪；雄蕊 6，花丝分别长 1～1.5 毫米，花药卵形；花柱无，柱头扁压。果梗长 3～4 毫米；短角果圆形，直径 2～

2.5毫米，扁压，中脉显著。种子卵形，长约1毫米，淡黄褐色。花期7～8月，果期8月。

保护价值：塔里木盆地特有种。

15. 帕米尔念珠芥 *Neotorularia pamlrlca* Z. X. An

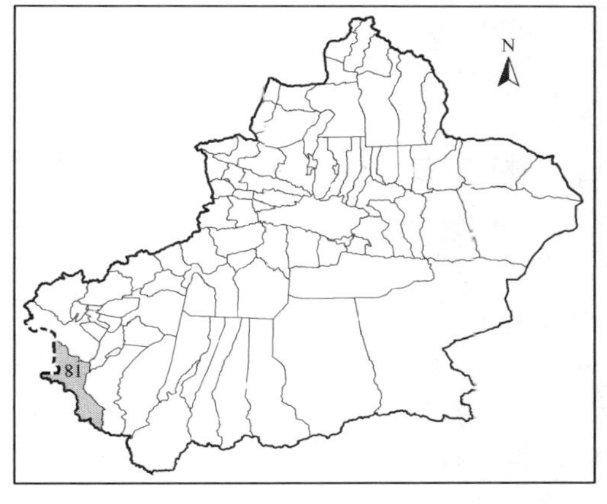

科属：十字花科 Cruciferae 念珠芥属 *Neotorularia* Coss.

生境：生于海拔 4300 米的高山垫状植被带。

地理分布：产于塔什库尔干塔吉克自治县。

形态特征：多年生草本，高 5～10 厘米，全株密被叉状毛、分枝毛与单毛，使植物呈灰绿色。根状茎分枝多，短，密被鳞片状枯叶柄，上具莲座状叶丛。茎直立，不分枝。基生叶披针状线形，叶柄基部变宽，无毛，近革质；茎生叶同形而少数，上部 1～2 叶混入花序成苞叶。花序花时伞房状，果时伸长成总状；萼片椭圆形，密被毛，具宽的白色边缘；花瓣乳白色（原记录），干后黄白色，倒卵状宽楔形；雄蕊 6，花丝扁，短花丝长 1～8 毫米，稍宽，长花丝宽，披针形，花药长圆状条形；花柱黄褐色。长角果棒状；果瓣隆起，顶端锐尖，基部圆；假隔膜厚，基部常穿孔。

保护价值：塔里木盆地特有种。

16. 念珠芥 *Neotorularia torulosa*（Desf.）Hedge et J. Léonard

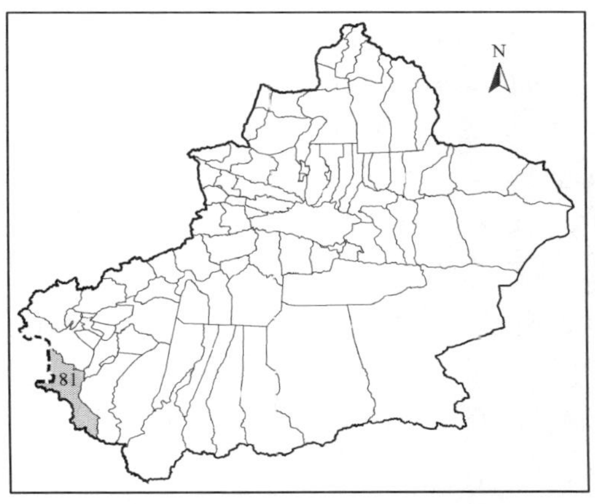

科属：十字花科 Cruciferae 念珠芥属 *Neotorularia*（Coss.）Hedge et J. Léonard

生境：不详。

地理分布：产于塔什库尔干塔吉克自治县。

形态特征：一年生或二年生草本，高 12～25 厘米。茎自基部分枝，直立，基部被分枝毛，并杂有扁平的长单毛，向上以分叉毛为主。叶条形，近无柄，被分枝毛与扁平的长单毛。花序花时伞房状，果时伸长成总状；花梗长约 1 毫米；萼片窄长圆形，顶端钝，膜质边缘窄，被分枝毛，杂有单毛；花瓣淡黄色，长圆状倒卵形，基部具爪；雄蕊花丝扁，向基部变宽，花药宽卵圆形；雌蕊花柱短，柱头微 2 裂。长角果，果瓣顶端钝，基部圆，具中脉，被细分枝毛；假隔膜透明，白色膜质。种子淡黄棕色，长圆形。

保护价值：中国仅产于塔里木盆地，稀有种。

17. 光萼光籽芥 *Leiospora eriocalyx*（Regel et Schmalh.）Dvorák

科属：十字花科 Cruciferae 光籽芥属 *Leiospora*（C. A. Mey.）Dvorák .

生境：生于海拔 3700～4610 米的高山草甸。

地理分布：产于塔什库尔干塔吉克自治县。

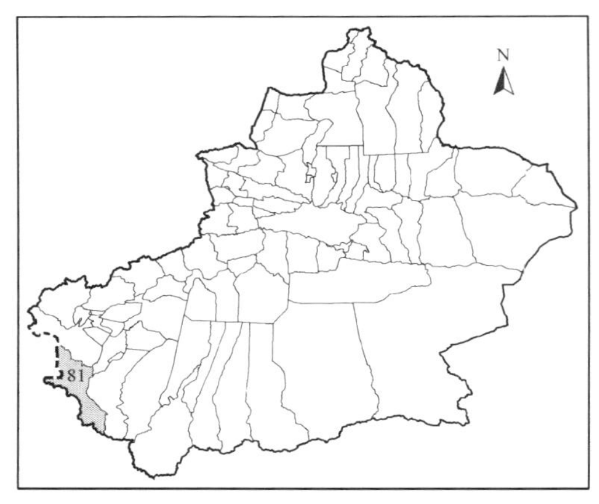

形态特征：多年生草本，高 5～15 厘米，具粗壮的根状茎，分枝或不分枝；近地处有宿存的枯叶柄。基生叶莲座状，稍肉质，连叶柄长 2～5 厘米，叶片长圆形或窄长圆形，顶端钝，波状缘，基部渐窄成或长或短的叶柄，两面被白色单毛，以边缘与上面为较多。花葶数个，与叶丛等长或超出叶丛；单花顶生；萼片直立，条形，内轮基部略成囊状，背面有白色单毛，中部带紫色；花瓣大，干后黄白色，连爪长约 1.5 厘米，瓣片倒卵形或匙形，顶端圆，基部渐窄成爪，爪长于瓣片；雄蕊花丝细。长角果扁平，条形，镰形，略成节荚状；果瓣扁平，中脉显著，侧脉网状，两端钝或尖；假隔膜白色，半透明。种子每室 1 行，长圆形，黑绿色，周围有白色膜质边。花期 6～7 月。

保护价值：中国仅产于塔里木盆地，稀有种。

18. 叶城假蒜芥 *Sisymbriopsis yechengnica*（Z. X. An）Al-Shehbaz, Z. X. An et G. Yang

科属：十字花科 Cruciferae 假蒜芥属 *Sisymbriopsis* Botschantzev

生境：生于海拔约 2700 米的亚高山荒漠北坡。

地理分布：产于和田县、叶城县。

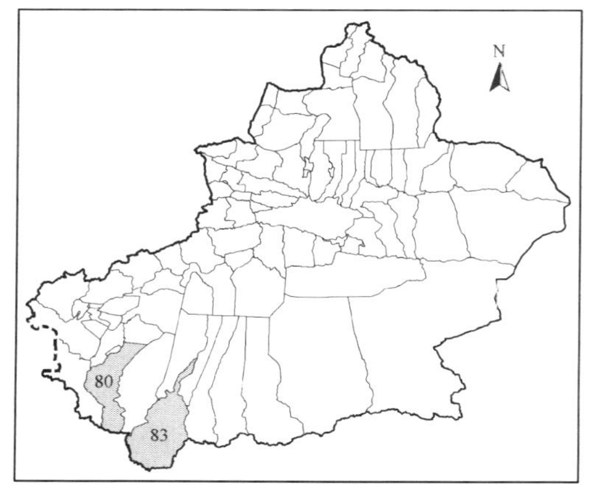

形态特征：一年生或二年生草本，高 30～40 厘米。茎直立，自基部分枝，具稀疏的长单毛，基部常淡紫色。基生叶早落，叶片条状长圆形，有篦齿状齿；下部茎生叶宽条形，向上渐次变小成条形，具疏齿，齿于下部叶对生或互生，条形，向上齿渐小至无。花序花时伞房状，果时伸长成总状；花梗斜向上展开；萼片长圆状椭圆形，顶端钝，边缘白色膜质；花瓣白色，长圆状卵形，基部渐窄成爪；花丝基部宽，花药长圆状三角形。果梗细；长角果稍扁，条形，直或略曲；果瓣扁压而微拱，于种子间略为下凹，两端钝；

假隔膜半透明，膜质。种子长圆形，淡黄褐色，表面有颗粒状沟纹，远种脐端有小的白色翅；子叶细长。花期 6～7 月。

保护价值：塔里木盆地特有种。

19. 高山芹叶荠 *Smelowskia bifurcata*（Ledeb.）Botsch.

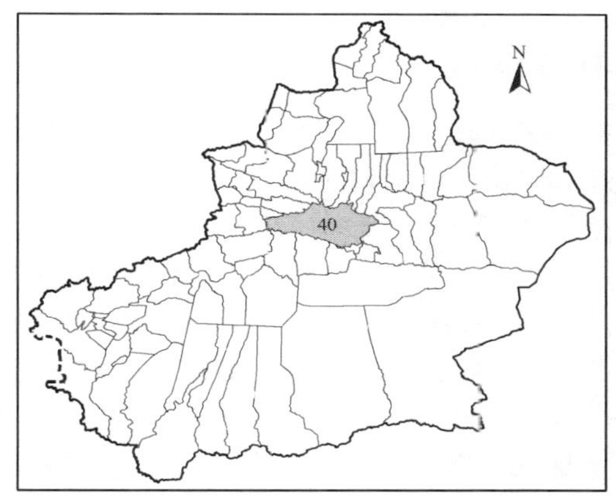

科属：十字花科 Cruciferae 芹叶荠属 *Smelowskia* C. A. Mey.

生境：生于海拔 2750～4000 米的山地草原。

地理分布：产于和静县。

形态特征：多年生草本，高 5～20 厘米，被弯曲的长单毛，并杂有分枝毛。根状茎粗长，于近地面处分枝，地上成密丛，被宿存的枯叶柄，茎与基生叶柄呈淡紫色。基生叶具柄，叶柄向基部变宽，变宽处有较长的睫毛，叶片及叶柄密被 1～2（3）回分枝的小分枝毛；茎生叶叶柄短或无柄，叶片均为羽状深裂，末端或近末端的裂片再作二回裂，小裂片 2～3，近基部裂片不分裂，裂片倒卵形或卵状椭圆形。花序花时伞房状，果时伸长成总状；下部数花常有苞叶；萼片长圆状卵形；花瓣白色，后变黄色，圆形或长圆状倒卵形，具长爪。短角果无毛，长倒卵形，果瓣舟状，紫褐色，中脉明显，两端钝尖；假隔膜完整或下部穿孔。种子每室 1～2 粒，悬垂于室顶，褐色，长圆形。花期 6～7 月。

保护价值：中国仅产于塔里木盆地，稀有种。

20. 芹叶荠 *Smelowskia calycina*（Stephan）C. A. Mey.

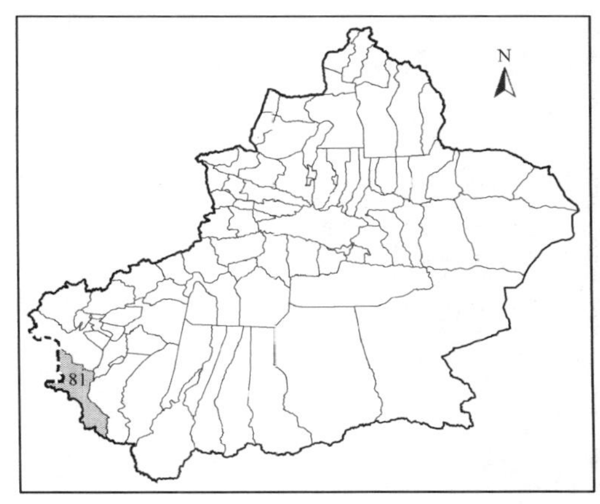

科属：十字花科 Cruciferae 芹叶荠属 *Smelowskia* C. A. Mey.

生境：生于海拔 3000～4000 米的亚高山草甸。

地理分布：产于塔什库尔干塔吉克自治县。

形态特征：多年生草本，高 5～30 厘米，被丛卷毛与长单毛。根状茎粗长，近地面处分枝，植株呈密丛状，基部被残存叶柄。茎生叶具柄，叶片长圆形，二回羽状裂，第一回羽状深裂，羽片长椭圆形，互生；第二回 3 裂或单侧具大齿；茎生叶向上渐小，叶柄渐短，叶片二回羽状裂，第一回羽片条状长圆形，上部叶一回羽状裂或不裂，裂片均为长圆形。

花序花时伞房状，于果时伸长成总状；萼片淡黄色，长圆状椭圆形，边缘白色膜质，外轮顶端隆起，内轮基部略成囊状，被白色单毛；花瓣白色，长圆状倒卵形，基部渐窄成爪。果梗被白色单毛；短角果四棱状长圆形，果瓣龙骨状，中脉明显，侧脉隐约可见，两端渐细，末端钝尖；假隔膜白色，半透明。种子淡红棕色，长圆状卵形。花期 7～8 月。

保护价值：中国仅产于塔里木盆地，稀有种。

21. 帕米尔丛菔 *Solms-Laubachia pamirica* Z. X. An

科属：十字花科 Cruciferae 丛菔属 *Solms-Laubachia* Muschler

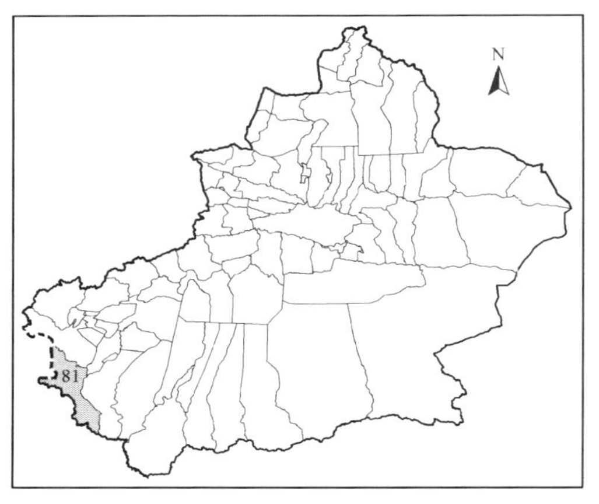

生境：生于海拔4600米的高山垫状植被带。

地理分布：产于塔什库尔干塔吉克自治县。

形态特征：多年生草本，高 5～10 厘米。根粗壮，于根颈处分枝，垫状。叶完全基生，具长柄，连柄长 3～4 厘米，叶片窄椭圆形或窄卵形，顶端急尖，全缘，或具显著不显著的波状齿，或于下部的单侧或两侧具 1 或 1 对大齿，基部渐窄成柄，柄基扩大，无毛或被腺毛，边缘睫毛，尤以叶柄变宽处为多。花葶及花柄上具腺毛；花序花时伞房状，果时总状；萼片直立，外轮卵状椭圆形，基部略微成囊状，内轮长椭圆形，顶端微成兜状，多具扁平白色单毛，边缘膜质，花瓣淡黄色，瓣片等长于爪部，倒卵形，顶端多凹入或成缺刻，亦可圆形或平截，基部渐窄成楔状爪；雄蕊 6，花丝扁平；侧蜜腺内侧联合而下凹，中蜜腺分裂为 2，位于长雄蕊外侧；子房无毛，花柱短。花期 7 月。

保护价值：塔里木盆地特有种。

22. 羽裂叶荠 *Sophiopsis sisymbrioides*（Regel et Herder）O. E. Schulz

科属：十字花科 Cruciferae 羽裂叶荠属 *Sophiopsis* Schulz

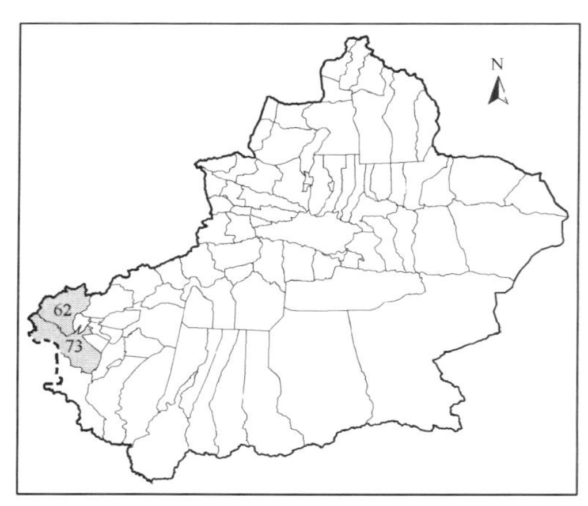

生境：生于亚高山草原带。

地理分布：产于阿克陶县、乌恰县。

形态特征：二年生草本，高 20～50 厘米，被短分枝毛与丛卷毛。茎直立或稍弯曲，基部分枝。基生叶三回羽状裂叶；中下部茎生叶具柄，二回羽状深裂或全裂，一回羽片 3～5 对，二回羽片 2～3 对，末回裂片窄长圆形；上部叶一回羽状分裂，裂片长圆状条形。花序花时伞房状，果时伸长成总状，几达高度之半；萼片淡黄色，长圆形背面基部偶有长单毛，内轮基部略囊状；花瓣黄色，瓣片圆形或稍长，具爪。果梗细，斜上升，被稀疏单毛；短角果直立，几与果序轴平行，倒披针形或窄长圆形，近四棱状；果瓣膨胀，两端钝尖。种子小，红褐色，长圆形。

保护价值：中国仅产于塔里木盆地，稀有种。

23. 扭果四齿芥 *Tetracme contorta* Boiss.

科属：十字花科 Cruciferae 四齿芥属 *Tetracme* Bunge

生境：生于荒漠草原地带。

地理分布：产于乌恰县。

形态特征：一年生草本，高 15～35 厘米，多少被短柔毛及分枝毛。茎直立或近直立，于基部分枝。叶宽线形或长椭圆状披针形，羽状半裂或具稀疏的深波状齿，少全缘。花序花时伞房状，果时伸长成总状，达 10～15 厘米；萼片长约 1.5 毫米；花瓣黄色。果梗粗短，长约 3 毫米，贴紧果序轴；长角果扁压，向下旋转或扭曲。种子细小，近圆形，棕色。

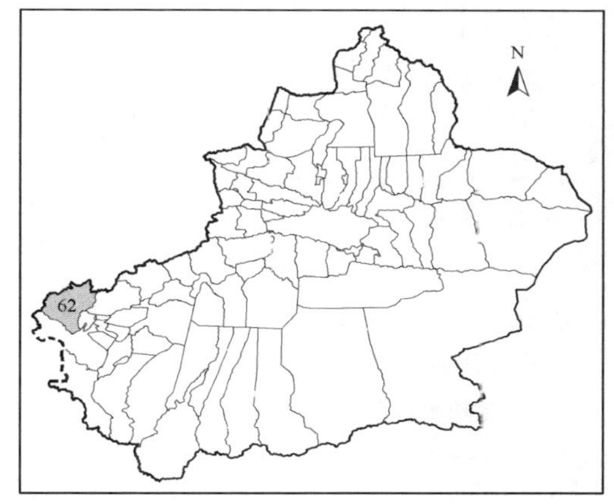

保护价值：中国仅产于塔里木盆地，稀有种。

十九、景天科 Crassulaceae

1. 喀什红景天 *Rhodiola kaschgarica* Boriss

科属：景天科 Crassulaceae 红景天属 *Rhodiola* L.

生境：生于帕米尔高原东北部山地海拔 2600～3200 米的多石质山坡。

地理分布：产于乌恰县、阿克陶县、塔什库尔干塔吉克自治县。

形态特征：多年生草本。主根细，灰色，绳索状；根颈分枝多，先端被鳞片，三角形。老花茎宿存，灰色，花茎多数，弯曲。叶互生，几水平开展，长圆形或线状披针形，先端钝，全缘。花序伞房状或近头状，少花；雌雄异株；花梗短，果时稍伸长；花 4 基数，稀 5 基数，萼片 4～5，黄色，线形，先端

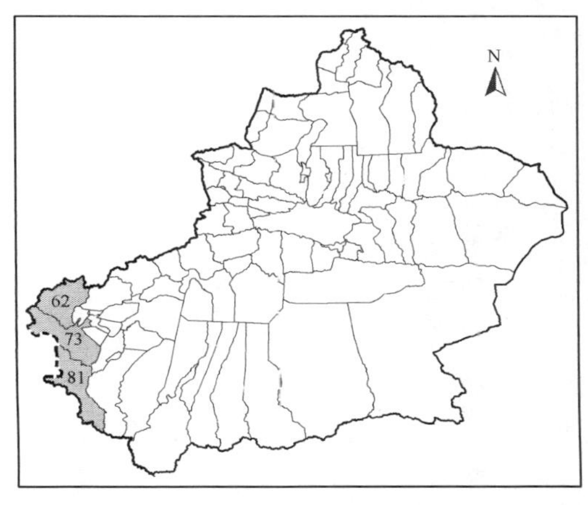

急尖；花瓣4～5，金黄色，长圆状披针形，上部稍狭，钝；雄蕊8，稀10，较花瓣稍短，或稍长，花丝花药黄色；鳞片4～5，近正方形或稍伸长。蓇葖果卵形，有短而外弯的喙。种子披针形，褐色。花期6～7月。

保护价值：中国仅产于塔里木盆地，稀有种；新疆Ⅱ级重点保护植物。

2. 狭叶红景天 *Rhodiola kirilowii*（Regel）Maxim.

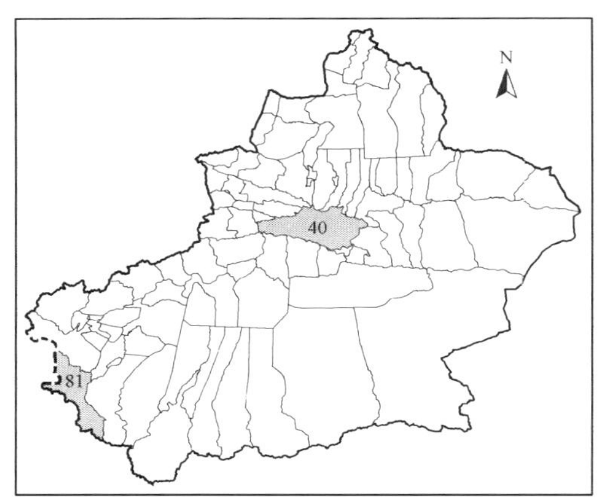

科属：景天科 Crassulaceae 红景天属 *Rhodiola* L.

生境：生长于海拔1700～3000米阿尔泰山、天山、准噶尔阿拉套山、帕米尔高原的石质山坡、山崖石缝、森林阳坡、山谷水边、山顶碎石堆。

地理分布区：产于和静县、塔什库尔干塔吉克自治县。

形态特征：多年生草本。根粗，直立；根颈先端被鳞片，三角形，急尖，长4毫米，基部宽2毫米。花茎少数，通常1～2条；密被叶。叶互生，线形至线状披针形，边缘有疏锯齿，无柄。聚伞花序伞房状，密集多花；花单性，雌雄异株；花4～5基数，雄花短于花梗，雌花长于花梗，萼片4～5，线性，短于花瓣；花瓣4～5，线状披针形，绿黄色；雄蕊在雄花中与花瓣等长或稍长，心皮在雌花中与花瓣等长；鳞片4～5，长方形，长为宽的2倍，先端具缺刻。蓇葖果4～5，直立，绿色，具有短喙。种子卵形。花期6～7月，果期7～8月。

保护价值：新疆Ⅱ级重点保护植物。

3. 黄萼红景天 *Rhodiola litwinowii* Boriss

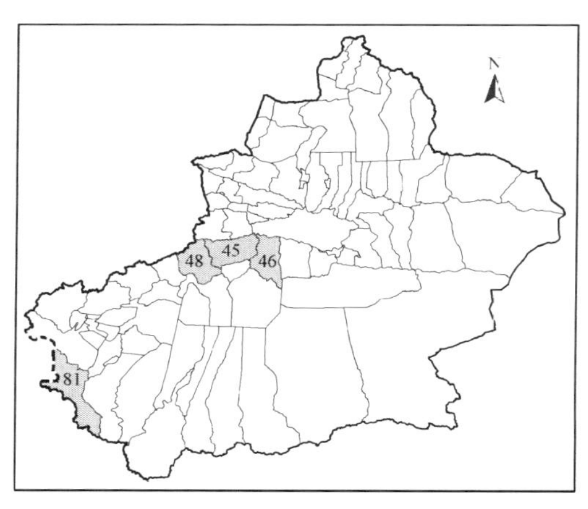

科属：景天科 Crassulaceae 红景天属 *Rhodiola* L.

生境：生于海拔2700～4050米的高山石坡、石缝、山顶冰碛石间。

地理分布：产于库车县、拜城县、温宿县、塔什库尔干塔吉克自治县。

形态特征：多年生草本。主根粗长，长达30厘米，上部粗约2厘米；根颈粗壮，分枝多，先端被鳞片，卵状三角形。老花茎少数，花茎多数，直立，微具槽，直立；密被叶。叶互生，椭圆形，边缘在上部具不整齐的钝锯齿，基部楔形，具短叶柄；叶上面淡绿色，干后变黄绿色。花序密集多花，有叶；花梗与花等长或短于花，花黄色；4～5 基数；雌雄异株；花小；萼片 4～5，披针形，先端稍钝，短于花瓣，黄色；花瓣 4～5，披针形，长 4 毫米，先端稍钝，黄色；雄蕊 10 或 8，花丝花药均为黄色；鳞片 4～5，正方形，先端全缘。蓇葖果 4～5，上部渐狭成喙，喙长，丝状。种子长圆状披针形，褐色。花期 6～8 月，果期 7～9 月。

保护价值：中国仅产于塔里木盆地，稀有种。

4. 帕米红景天 *Rhodiola pamiroalaica* Boriss

科属：景天科 Crassulaceae 红景天属 *Rhodiola* L.

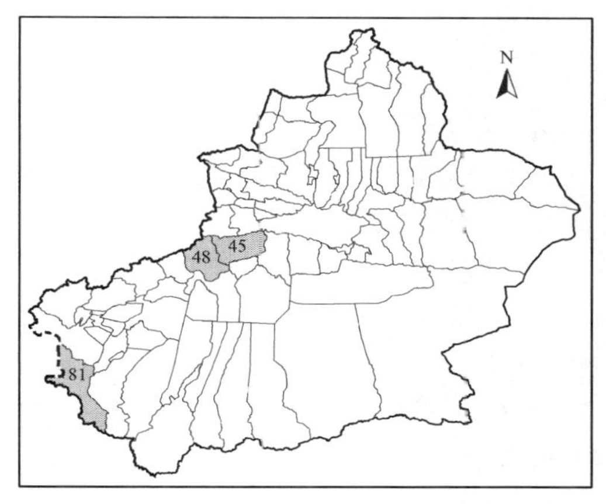

生境：生于海拔 2400～4100 米的石质山坡、河谷石缝中。

地理分布：产于拜城县、温宿县、塔什库尔干塔吉克自治县。

形态特征：多年生草本。主根粗壮；根颈粗，木质，直径 1.5～3 厘米。老花茎宿存。根颈先端有鳞片，三角状披针形。花茎多数，弯曲，下部有沟。叶互生，稀疏，线形、线状披针形至披针形，全缘，先端稍急尖，无柄。伞房花序圆锥状，花多数，密集，稀花少数而疏散，花序具苞片；花梗与花等长或稍短；花 5 基数，稀 6 基数，雌雄异株；萼片 5～6，绿黄色，披针形或线形，先端钝；花瓣 5～6，淡黄色，披针形或线形，先端钝；雄蕊 10，稀 12，较花瓣短，花丝淡黄色，花药黄色，圆；鳞片 5～6，楔状四方形或近正方形，先端全缘或微具缺刻。蓇葖果 5，稀 6，长圆形，喙丝状，直立，成熟时喙有时外弯。种子披针形，褐色。花期 6～7 月，果期 6～8 月。

保护价值：新疆 I 级重点保护植物。

5. 直茎红景天 *Rhodiola recticaulis* Boriss

科属：景天科 Crassulaceae 红景天属 *Rhodiola* L.

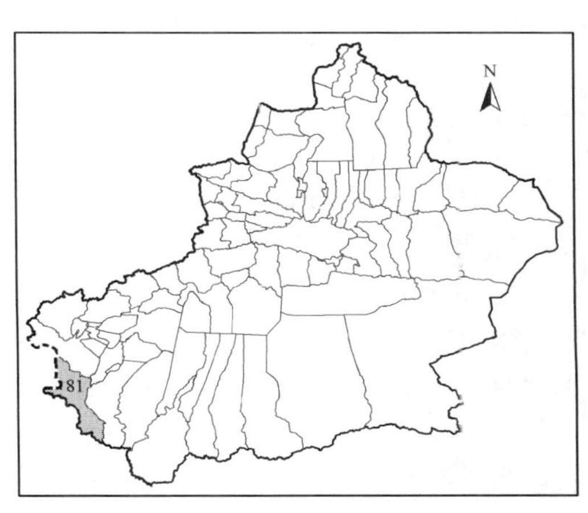

生境：生于海拔 3800～4530 米的高山草地、山坡石缝中。

地理分布：产于塔什库尔干塔吉克自治县。

形态特征：多年生草本。主根粗壮，木质；根颈粗，多分枝；分枝直径 1.5 厘米，先端被鳞片，三角形，钝尖，褐色，上部的鳞片伸长，长大于宽。老花茎宿存，花茎多数，大部分直立，稍有沟。叶互生，宽椭圆形或宽椭圆状长圆形，边缘有粗锯齿，先端钝尖，上面暗绿色。伞房花序呈头状，花序密集，多花，稀少花而花序疏松；有叶；花梗短于花；雌雄异株；4 基数；花小；萼片 4，短于花瓣 2 倍，宽椭圆形，先端稍钝，红色；花瓣 4，长圆状椭圆形，黄色；雄蕊 8，长于花瓣，花丝黄色，花药圆；鳞片 4，近正方形，先端全缘；雌蕊柱头盘状；心皮 4。蓇葖果有短喙。种子长圆形，褐色。花期 6～8 月，果期 7～9 月。

保护价值：中国仅产于塔里木盆地，稀有种。

6. 柱花红景天 *Rhodiola semenovii*（Regel et Herder）Boriss

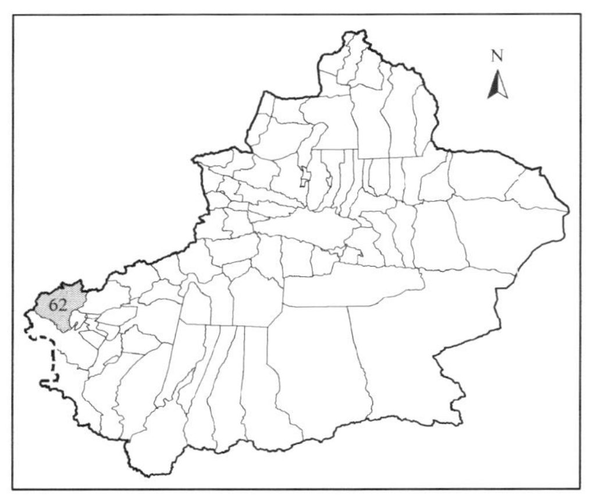

科属：景天科 Crassulaceae 红景天属 *Rhodiola* L.

生境：生于帕米尔高原山地海拔约 2900 米的石质沼泽草甸。

地理分布：产于乌恰县。

形态特征：多年生草本。根颈粗壮，分枝，先端被三角形鳞片。花茎少数，高 35～60 厘米，圆形，密生叶，直立，不分枝。叶线形，全缘，或具疏齿，下部的叶长达 1 厘米，上部的叶长达 3.5 厘米。花序长圆柱形，穗状或总状；花两性，有短梗或无，苞片细长；花 5 基数，花长约 1 厘米；萼片绿色，线形，先端渐尖，比花瓣短；花瓣白色或淡红色，披针形；雄蕊 10，直立，与花瓣等长，花丝白色，花药红色；鳞片 5，近正方形。蓇葖果直立，淡绿色，后变红色，具长而细的喙。种子卵形，有翅。花期 6～7 月。

保护价值：中国仅产于塔里木盆地，稀有种。

二十、蔷薇科 Rosaceae

1. 帕米尔金露梅 *Pentaphylloides dryadanthoides*（Juz.）Sojak

科属：蔷薇科 Rosaceae 金露梅属 *Pentaphylloides* Ducham

生境：生于海拔 3800～4500 米的干旱草原及石质山坡。

地理分布：产于塔什库尔干塔吉克自治县、皮山县。

形态特征：矮小灌木，高 7～15 厘米。枝条铺散，嫩枝棕黄色，稍被疏柔毛。奇数羽状复叶，小叶片 5 或 3，椭圆形，顶端钝圆，基部楔形，边缘平坦或略反卷，两面被白色绢状柔毛，下面沿脉有开展的长柔毛；托叶卵形，膜质，淡棕色。花单生叶腋，梗短，花直径 1～1.5 厘米；萼片宽卵形，副萼片披针形或卵形，具短尖，短于萼片，花瓣黄色，宽椭圆形，长于萼片，花柱近基生，棒状，茎部稍细，柱头扩大。瘦果被毛。花期 6～7 月。

保护价值：中国仅产于塔里木盆地，稀有种；新疆Ⅱ级重点保护植物。

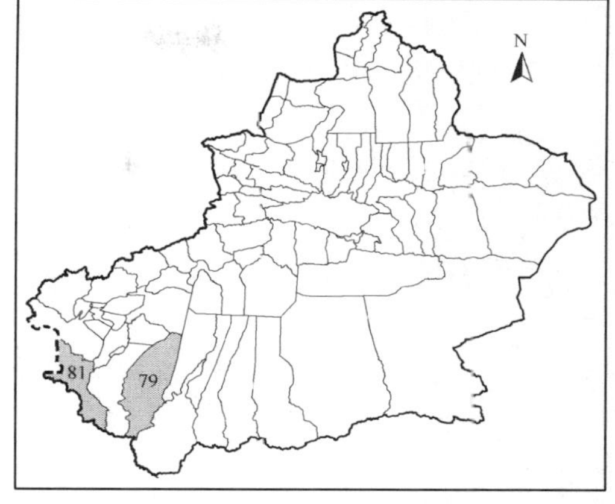

2. 喀什疏花蔷薇（变种）***Rosa laxa*** Retz. var. ***kaschgarica***（Rupr.）Han

科属：蔷薇科 Rosaceae 蔷薇属 *Rosa* L.

生境：生于海拔 1200～2300 米的干旱荒漠及河边沙地。

地理分布：产于喀什，和田县、阿克陶县、皮山县。

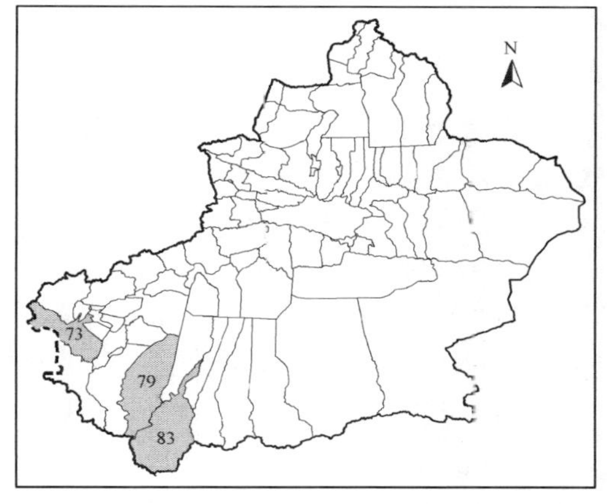

形态特征：灌木，高 1～2 米。当年生小枝灰绿色，具有细直的皮刺，在老枝上刺坚硬，呈镰刀状弯曲，基部扩展，淡黄色。小叶 5～9，椭圆形、卵圆形或长圆形，稀倒卵形，边缘有单锯齿，两面无毛或下面稍有绒毛；叶柄有散生皮刺、腺毛或短柔毛；枝条上的刺宽大，粗壮坚硬；叶片较小，近革质；托叶具耳，边缘有腺齿。伞房花序，有花 3～6 朵，少单生，白色或淡粉红色；苞片卵形，有柔毛和腺毛；花梗常有腺毛和细刺；花托卵圆形或长圆形，常光滑，有时有腺毛；萼片披针形，全缘，被疏柔毛和腺毛。果卵球形或长圆形，红色，萼片宿存。花期 5～6 月，果期 7～8 月。

保护价值：塔里木盆地特有种。

3. 西伯利亚花楸 ***Sorbus sibirica*** Hedl.

科属：蔷薇科 Rosaceae 花楸属 *Sorbus* L.

生境：生于海拔 1900～2400 米的云杉与冷杉混交林下。

地理分布：产于和静县。

形态特征：小乔木，高 4～8 米。嫩枝被绒毛。奇数羽状复叶，小叶 5～10 对，长圆状披针形，下面灰绿色，沿中脉多少有绒毛，边缘具锐锯齿。复伞房花序，花稠密；花轴和小花梗无毛或有疏毛；花瓣白色；萼筒钟状，萼片宽三角形，无毛；雄蕊短于花瓣；雌蕊 3～4，花柱基部具柔毛。果球形，鲜红色，无蜡粉。花期 5 月，果期 8～9 月。

保护价值：中国仅产于塔里木盆地，稀有种；新疆Ⅱ级重点保护植物。

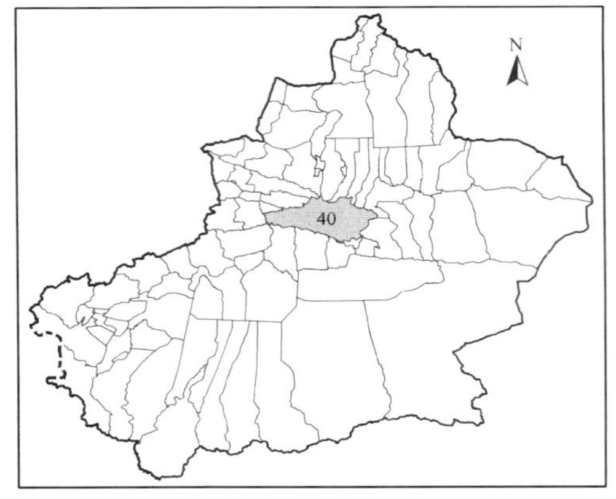

二十一、豆科 Fabaceae

1. 小沙冬青 *Ammopiptanthus nanus*（Popov）S. H. Cheng

科属：豆科 Fabaceae 沙冬青属 *Ammopiptanthus* Cheng f.

生境：生于砾质山坡。

地理分布：产于乌恰县、阿克陶县。

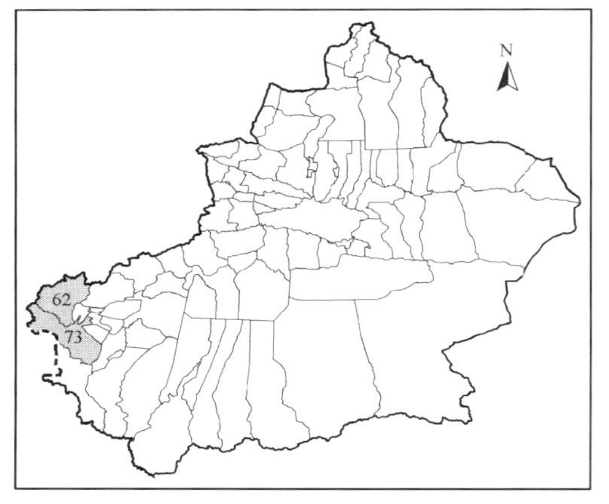

形态特征：常绿灌木，高 40～70 厘米，稀达 2 米。树皮黄色，幼时密被灰色绒毛，茎叶稠密。树冠近圆形，分枝多。单叶，偶具 3 小叶；托叶甚细小，锥形；叶柄粗壮；小叶全缘，阔椭圆形至卵形，先端钝，或具短尖头，基部阔楔形或圆钝，两面密被银白色短柔毛。总状花序短，顶生枝端，花 4～15 朵集生；花梗略长于花萼，几无毛；苞片早落，小苞片 2，生于花梗中部；花萼钟形，萼齿 5，三角形几无毛。荚果线形，先端钝，种子处隆起，缝线被细柔毛，缢缩而使荚果凸凹不平。种子 2～4 粒。

保护价值：中国仅产于塔里木盆地，珍稀种；《中国植物红皮书》濒危种；新疆Ⅰ级重点保护植物。

2. 东天山黄耆 *Astragalus borodinii* Krasn.

科属：豆科 Fabaceae 黄耆属 *Astragalus* L.

生境：生于海拔 1700～3400 米多石地带的山坡、河滩沙砾地。

地理分布：产于阿图什，乌恰县、阿克陶县。

形态特征：多年生丛生小草本，高 3～7 厘米。茎极短缩，地下部分有短分枝。羽状复叶有小叶 3～5，叶柄被毛；托叶基部与叶柄贴生，三角状卵圆形，密被长毛；小叶倒卵状长圆形或卵圆形，两面密被伏贴毛，灰绿色。总状花序生花 2～8 朵，生于基部叶腋，几无总花梗；苞片线状披针形，被白色长毛；花萼管状，密被白色长毛，萼齿线状钻形；花冠淡粉红色；旗瓣倒卵状长圆形，先端微凹，近基部渐狭；翼瓣线形，先端近圆形，与瓣柄等长；龙骨瓣较翼瓣短，瓣片较瓣柄短；子房被白色绒毛。荚果椭圆形，长 4～5 毫米，宽 3～4 毫米，顶端具短喙，革质，密被半开展白色毛。花期 5～6 月，果期 6～7 月。

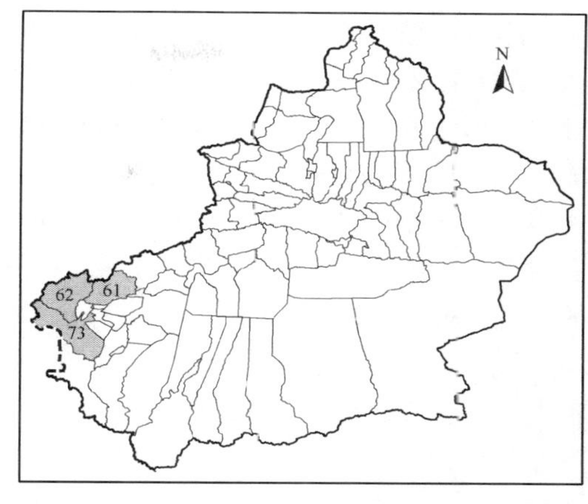

保护价值：中国仅产于塔里木盆地，稀有种。

3. 查尔古黄耆 *Astragalus charguschanus* Freyn

科属：豆科 Fabaceae 黄耆属 *Astragalus* L.

生境：生于海拔 4200～4600 米的石质山坡或谷地。

地理分布：产于塔什库尔干塔吉克自治县。

形态特征：多年生草本。无茎，高 3～8 厘米。叶长（3）4～10 厘米，有小叶 17～31，散生开展的毛，极少无毛；托叶与叶柄贴生，广椭圆状长圆形或广椭圆状披针形，有缘毛；小叶广椭圆形或椭圆状，顶端微凹或圆形，两面密被白色柔毛。总状花序无总花梗，花 3～6 朵；苞片线形，被硬毛；花梗无毛，短于苞片；花萼管状，萼齿线状披针形，长为萼筒的 1/2；花冠淡黄色，干后红色；旗瓣广椭圆形，顶端微凹，基部两侧具耳，耳下渐狭成爪；翼瓣长圆形；龙骨瓣长为爪的 1/2；子房无柄。荚果无柄，顶端渐狭成喙，被开展长毛。花期 6～8 月，果期 7～9 月。

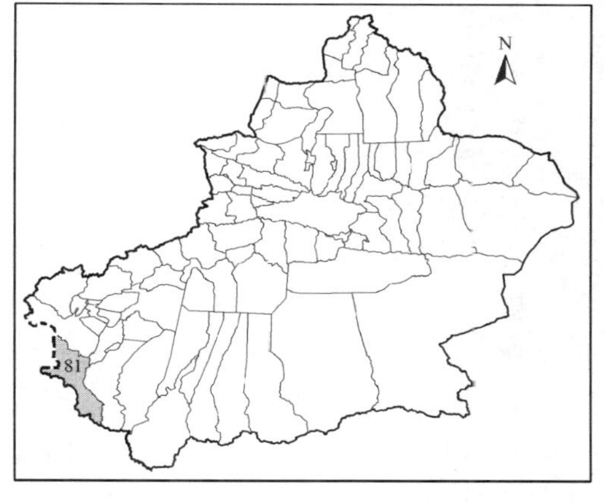

保护价值：中国仅产于塔里木盆地，稀有种。

4. 神圣黄耆 *Astragalus dignus* Boriss

科属：豆科 Fabaceae 黄耆属 *Astragalus* L.

生境：生于海拔 4200～4500 米的山地草甸和石坡。

地理分布：产于塔什库尔干塔吉克自治县。

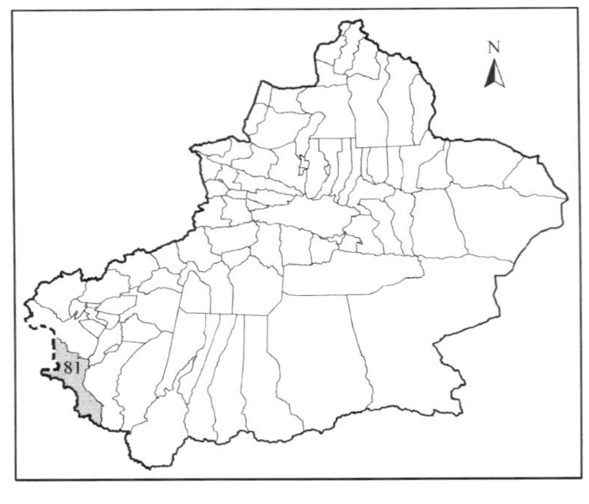

形态特征：多年生草本。无茎或近无茎，高 6～10 厘米。叶长 5～11 厘米，有小叶 7～11 轮，每轮 6～8 个；叶轴与叶柄均被开展的柔毛；托叶下部与叶柄贴生，膜质，外面及边缘被毛；小叶披针状长圆形，顶端钝，两面被绵毛状柔毛。花序有花 3～5 朵，被开展的柔毛；苞片披针形，渐尖，与花梗近等长；花萼被柔毛，稀无毛，萼齿线形或狭三角形；花冠黄色，干后红色；旗瓣倒卵形至长圆状倒卵形，顶端圆形，微凹；翼瓣长圆形，顶端全缘或近全缘，长为爪的 2/3；龙骨瓣瓣片长为柄的 1/2，锐尖；子房具柄。荚果披针状长圆形，长 13～17 毫米，宽 4～5 毫米，顶端短渐尖，具喙，革质，密被柔毛和短伏贴毛。花期 6～7 月，果期 7～8 月。

保护价值：中国仅产于塔里木盆地，稀有种。

5. 詹加尔特黄耆 *Astragalus dschangartensis* Sumnev.

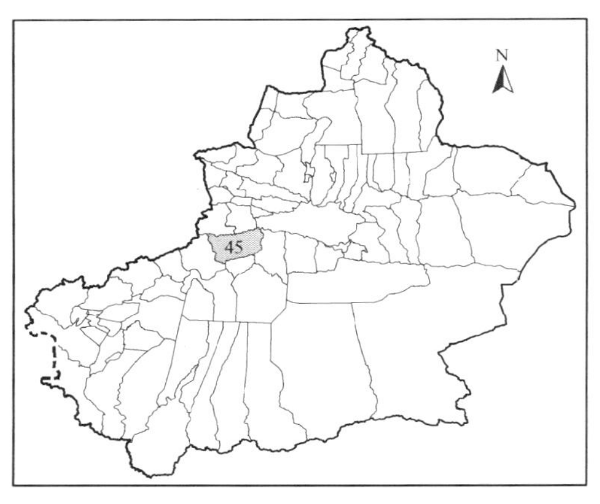

科属：豆科 Fabaceae 黄耆属 *Astragalus* L.

生境：生于海拔 1900～3100 米的山坡及干草原。

地理分布：产于拜城县。

形态特征：多年生丛生小草本，高 5～9 厘米。茎极短缩，不明显，地下部分粗硬，多分枝。羽状复叶有小叶 3～7，稀达 11；叶柄纤细，密被粗糙、白色、伏贴毛；托叶下部与叶柄贴生，被半开展的白色毛；小叶狭长圆形或线状披针形，两面被灰白色伏贴毛。总状花序，花序轴短缩，呈头状，花后稍延伸，生花 5～10 朵；苞片卵形或卵状长圆形，被黑色或黑白混生的毛；花萼钟状，被黑毛和少量白色伏贴毛，萼齿线状三角形；花冠蓝紫色；旗瓣倒卵状圆形，先端微凹，基部有短瓣柄；翼瓣长圆形，先端扩展，微凹，瓣柄短；龙骨瓣半椭圆形，较瓣柄稍长；子房无柄，被白色长毛。荚果斜向上直立，线状长圆形，新月形弯曲，被开展、白色长毛。花期 5 月，果期 8 月。

保护价值：中国仅产于塔里木盆地，稀有种。

6. 和田黄耆 *Astragalus hotianensis* S. B. Ho

科属：豆科 Fabaceae 黄耆属 *Astragalus* L.

生境：生于海拔 1100 米的河岸沙地。

地理分布：产于阿瓦提县、和田县、墨玉县、洛浦县。

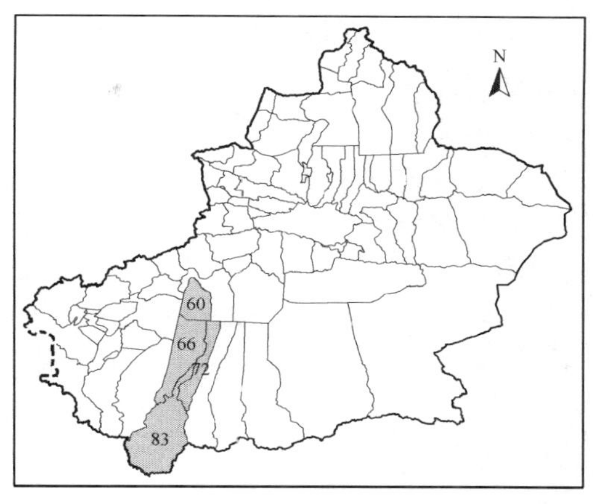

形态特征：多年生草本或半灌木，高 30～50 厘米。根粗壮，木质化，颈部具多数枝干。枝直立或外倾，基部和下部叶腋密生白色毡毛状小球形芽。羽状复叶有小叶 3，稀 1 小叶；托叶基部合生，被白色绒毛；小叶椭圆形或宽披针形，两面被较稀疏伏贴毛，顶生小叶有短柄，下部的 1 对近无柄。总状花序生多数花，分散排列；总花梗腋生，被伏贴白色绒毛；苞片披针形；花萼管状钟形，密被白色伏贴毛，萼齿披针形；花冠粉红色（干后变蓝紫色）；旗瓣倒卵状长圆形，先端 2 裂，翼瓣椭圆状长圆形，先端微缺，龙骨瓣半长圆形；子房线形，被银白色伏贴的绒毛。荚果线形，向下稍呈镰刀状弯曲，被银白色伏贴毛。种子肾形，褐色。花期 5～6 月，果期 6～7 月。

保护价值：塔里木盆地特有种。

7. 昆仑黄耆 *Astragalus kunlunensis* H. Ohba et al.

科属：豆科 Fabaceae 黄耆属 *Astragalus* L.

生境：生于海拔 3300～4900 米的河谷沙石滩。

地理分布：产于且末县、于田县、皮山县、叶城县、塔什库尔干塔吉克自治县。

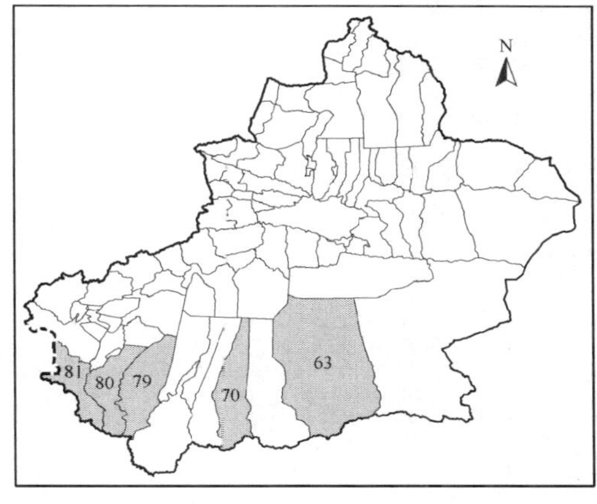

形态特征：多年生草本，高 20～45 厘米。茎基部多分枝，被稀疏的伏贴毛。羽状复叶有小叶 13～19；托叶基部合生，三角状卵形至三角形，绿色，无毛；小叶长圆形或长圆状倒卵形，上面无毛，下面被疏毛。总状花序头状，多花，果期伸长；总花梗被稀疏的黑色毛；苞片线形，被稀疏黑色毛；花梗密被黑色毛；花萼密被毛，萼齿钻形；花冠紫色，有时白色；旗瓣宽倒卵形至近圆形，顶端凹，基部成短爪；翼瓣狭长圆形，顶端圆；龙骨瓣半圆形，顶端急尖。荚果宽倒卵形或球形，密被开展或半开展的白色毛。花期 7 月，果期 7～8 月。

保护价值：塔里木盆地特有种。

8. 裂翼黄耆 *Astragalus laceratus* Lipsky

科属：豆科 Fabaceae 黄耆属 *Astragalus* L.

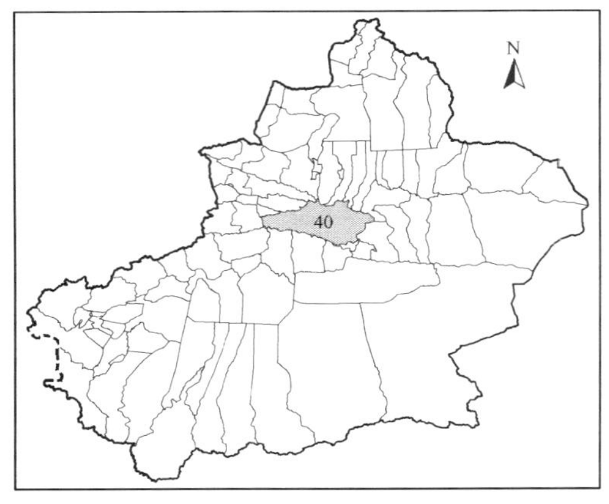

生境：生于海拔 2200～2500 米的亚高山草甸或河漫滩。

地理分布：产于和静县。

形态特征：多年生草本。茎高 25～45 厘米，被白色短柔毛或近无毛，极少混生黑色短柔毛。羽状复叶长 5～10 厘米，有小叶 7～13；托叶叶状，离生，卵状披针形或近卵形，下面疏被柔毛或近无毛；小叶长圆状卵形或卵圆形，下面有时沿中脉及叶缘有白色短柔毛；小叶柄极短，不超过 1 毫米。总状花序生花 15～18 朵，密集，长圆状卵形；总花梗直伸，被白色或混生黑色短柔毛；苞片膜质，长圆形，外面被黑色和白色短柔毛；花梗极短，被黑色短柔毛；花萼钟状，密被黑色短柔毛，萼齿线形，与萼筒近等长；花冠淡紫色；旗瓣长卵形；翼瓣长圆形，先端深 2 裂，基部具短耳；龙骨瓣半圆形；子房狭卵形，沿两侧边缘被白色须状毛，具短柄。荚果卵形，成熟时膨胀，先端具弯喙，近无毛。花期 6 月，果期 7～8 月。

保护价值：中国仅产于塔里木盆地，稀有种。

9. 毛果黄耆 *Astragalus lasiosemius* Boiss.

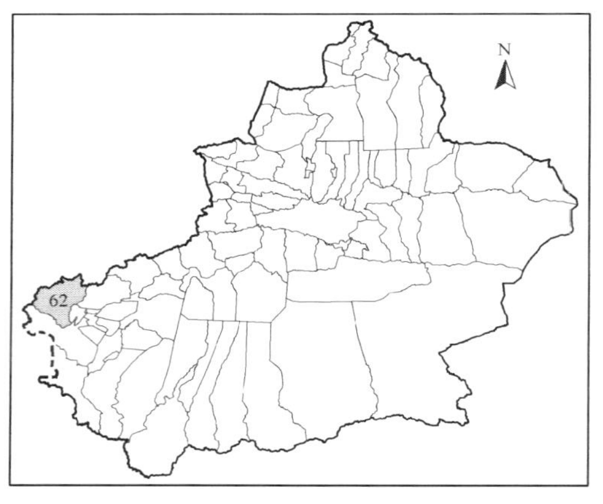

科属：豆科 Fabaceae 黄耆属 *Astragalus* L.

生境：生于海拔 3000 米左右的山谷草地。

地理分布：产于乌恰县。

形态特征：小灌木，高 10～30 厘米，多分枝，被白色柔毛。茎稍短缩，基部宿存，具长 4～5 厘米的针刺状叶轴。偶数羽状复叶，具小叶 7～8 对；叶柄连同叶轴被稍开展的白色柔毛，宿存；托叶膜质，基部与叶柄贴生，上部互相离生，卵状披针形，下面被白色长柔毛；小叶倒卵形或长圆状卵形，先端钝，具尖头，基部宽楔形，两面密被稍开展的白色长柔毛，具短柄。总状花序生花 1～3 朵，生于当年生枝条基部的叶腋；苞片膜质，披针形，下面被白色长柔毛；花梗密被白色柔毛；花萼钟状，膜质，密被长柔毛，萼齿钻形；花冠黄色；旗瓣长圆状倒卵形，外面被白色长柔毛；翼瓣较旗瓣略短，瓣片长圆形，具短耳，疏被柔毛；龙骨瓣半卵形，常被疏柔毛；子房密被白色柔毛，近无柄。荚果长卵形，长 17～20 毫米，密被白色柔毛。种子 6～8 粒，肾形，绿色。花期 6～7 月，果期 7～9 月。

保护价值：中国仅产于塔里木盆地，稀有种。

10. 西巴黄耆 *Astragalus laspurensis* Ali

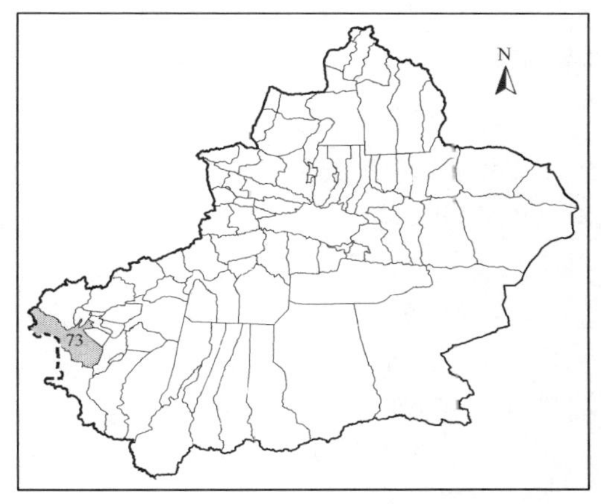

科属：豆科 Fabaceae 黄耆属 *Astragalus* L.

生境：生于海拔 4000 米的山谷石坡。

地理分布：产于阿克陶县。

形态特征：多年生草本，高 15～25 厘米。自根的颈部生出多数分枝；茎纤细，被稀疏的白色伏贴毛。叶长 1.2～3（4）厘米，有小叶 7～17；托叶合生，宽卵形至卵状披针形；小叶卵形、长圆形或倒卵形，上面被稀疏的伏贴毛，下面被毛较密。总状花序伞房状，果期伸长，卵形或倒卵形，花 6～13 朵；总花梗生于叶腋或茎的顶端，远长于叶；苞片卵状披针形，被黑色开展或半开展的单毛；花萼早期短管状，后期管状钟形，被毛，萼齿钻形；花冠淡紫红色；旗瓣倒卵形，先端微凹，基部渐狭；翼瓣长圆形，顶端 2 裂；龙骨瓣明显短于瓣柄；子房被白色毛，具柄。荚果长圆形，长 5～6 毫米，宽约 2.5 毫米，被白色绵毛。花果期 7～8 月。

保护价值：中国仅产于塔里木盆地，稀有种。

11. 黑穗黄耆 *Astragalus melanostachys* Benth. ex Bunge

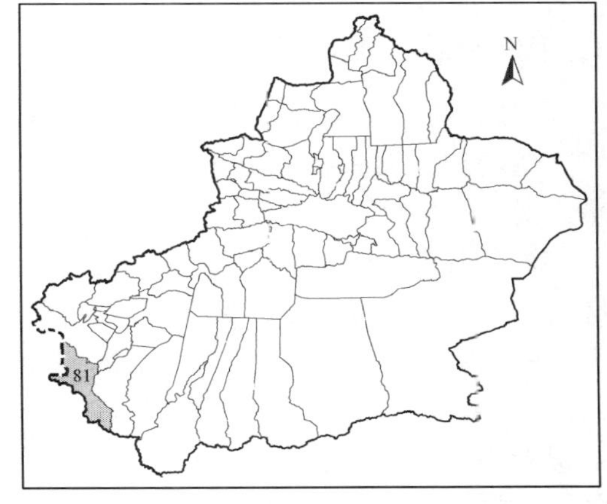

科属：豆科 Fabaceae 黄耆属 *Astragalus* L.

生境：生于海拔 4500 米左右的山坡草地。

地理分布：产于塔什库尔干塔吉克自治县。

形态特征：多年生草本。根圆锥形，淡黄色，分枝或不分枝。茎多数丛生，节间短缩，上升，无毛。羽状复叶有小叶 13～17，连同叶轴无毛；托叶中部以下合生或仅基部合生，宽卵形或长圆形至圆形，具黑色缘毛；小叶对生，疏远，宽倒卵形或近心形，上面无毛，下面散生白色伏毛。总状花序腋生，生多数花，密集；总花梗花葶状，上部连同花序轴被黑褐色开展毛；苞片狭披针形或狭椭圆形，先端渐尖，近膜质，被黑褐色长柔毛；花梗被黑色开展毛；花萼钟状，被黑褐色柔毛，萼齿钻形，被黑褐色柔毛；花冠紫红色；旗瓣宽倒卵形，瓣柄不显；翼瓣狭长圆形或近狭倒卵形，瓣柄长约 2.5 毫米；龙骨瓣半圆形，瓣柄长约 2 毫米；子房无柄，卵形，被黑褐色柔毛，花柱短钩形。荚果圆形或卵形，长 4～5 毫米，被黑褐色长柔毛。种子 2 粒。花期 7～8 月，果期 8～9 月。

保护价值：中国仅产于塔里木盆地，稀有种。

12. 南疆黄耆 *Astragalus nanjiangianus* K. T. Fu

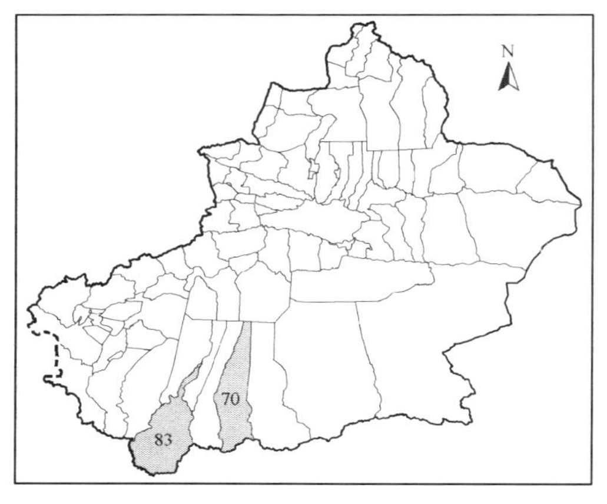

科属：豆科 Fabaceae 黄耆属 *Astragalus* L.

生境：生于海拔 2500～3200 米的河边、草原、干草原渠沟低洼地。

地理分布：产于于田县、和田县。

形态特征：多年生草本。根纤细，淡黄褐色。茎上升或平卧，纤细，被灰白色短伏毛。羽状复叶有小叶 13～17；叶柄长 7～10 毫米，连同叶轴被灰白色伏毛；托叶中部以下合生，三角状卵形，被黑毛，常混有白色半开展毛；小叶对生，椭圆形或狭倒卵状长圆形，先端钝，基部宽楔形或钝形，上面疏被、下面密被灰白色伏毛。总状花序生花 10～15 朵，密集而短；花序轴长约 1.5 厘米；总花梗长较叶长；苞片线形，被疏毛；花萼钟状，被较密黑色及白色伏毛，萼齿钻形，被黑色毛；花冠淡紫色；旗瓣倒卵形，先端微缺（近 2 裂），基部渐狭，瓣柄不明显；翼瓣狭长圆形，先端钝圆，基部耳向外展；龙骨瓣半圆形；子房有柄，被白色伏毛。花期 7～8 月。

保护价值：塔里木盆地特有种。

13. 耐麻套黄耆（类线叶黄耆）*Astragalus nematodioides* H. Ohba. et al.

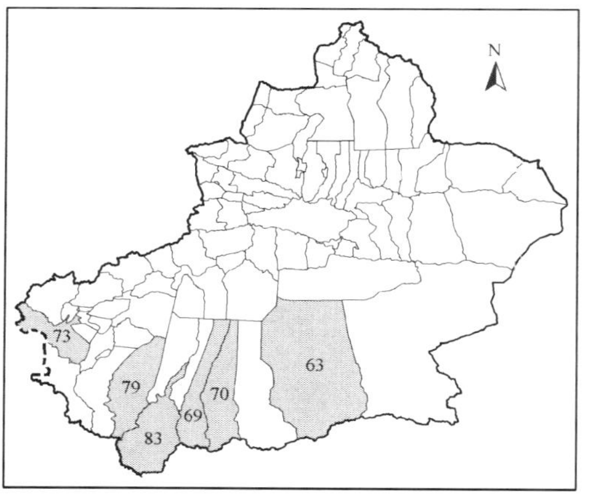

科属：豆科 Fabaceae 黄耆属 *Astragalus* L.

生境：生于海拔 2400～3500 米的山坡草地。

地理分布：产于和田县、且末县、阿克陶县、于田县、策勒县、皮山县。

形态特征：多年生草本。茎高 0.5～2 厘米，密被毛。羽状复叶有小叶 9～13，叶柄密被毛；托叶合生至 2/3 处，三角状卵形至三角形，被毛；小叶灰绿色，狭倒披针形，两面密被白色伏贴毛。总状花序长 2～6 厘米；总花梗被毛；苞片披针形；花萼被毛，萼齿钻形，长于萼筒；旗瓣宽倒卵形，顶端微凹，翼瓣狭长圆形，顶端微凹，龙骨瓣半圆形，顶端钝。荚果线形，弓状弯曲，密被伏贴或半开展的白色毛。花果期 7～8 月。

保护价值：塔里木盆地特有种。

14. 帕米尔黄耆 *Astragalus pamirensis* Franch.

科属：豆科 Fabaceae 黄耆属 *Astragalus* L.

生境：生于海拔 2500～4500 米的高山草地、砾石山坡、河漫滩。

地理分布：产于莎车县、皮山县、叶城县、乌恰县、阿克陶县、塔什库尔干塔吉克自治县。

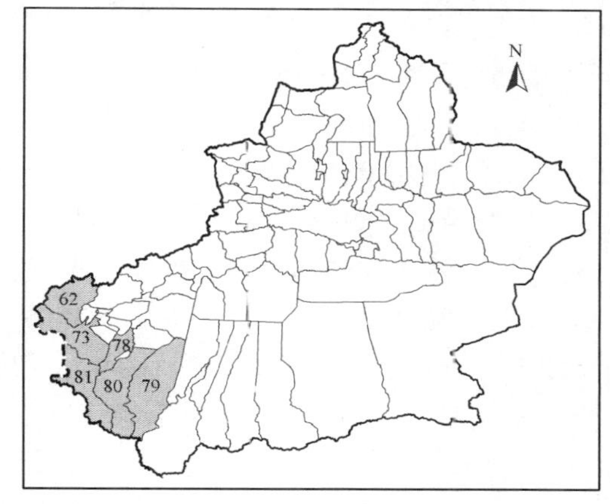

形态特征：多年生草本。根粗壮，直伸。茎短缩，高 5～20 厘米，散生白色柔毛。奇数羽状复叶基生，有小叶 12～20 轮，每轮 4～6 个；托叶下部者卵形，上部者长圆状披针形，膜质，带红色，边缘具丝状缘毛；小叶长圆形或长圆状卵形，上面无毛，下面密被白色柔毛。总状花序生花（3）5～10 朵；总花梗通常基生；苞片狭披针形，下面散生白色柔毛；花萼管状，无毛或散生白色柔毛，萼齿线状披针形，长约为萼筒的 1/3 或更短；花冠黄色，干后带红色；旗瓣倒卵形或长圆状倒卵形，先端钝圆或微凹，基部渐狭；翼瓣长圆形，上部较宽，基部具短耳；龙骨瓣半圆形，基部具短耳；子房狭卵形，密被长丝状毛。荚果长圆状卵形或倒卵形，先端具短喙，密被开展的白色长柔毛。花期 5～7 月，果期 7～8 月。

保护价值：中国仅产于塔里木盆地，稀有种。

15. 类留土黄耆 *Astragalus pseudohypogaeus* S. B. Ho

科属：豆科 Fabaceae 黄耆属 *Astragalus* L.

生境：生于海拔 1590 米的山坡阳处。

地理分布：产于拜城县。

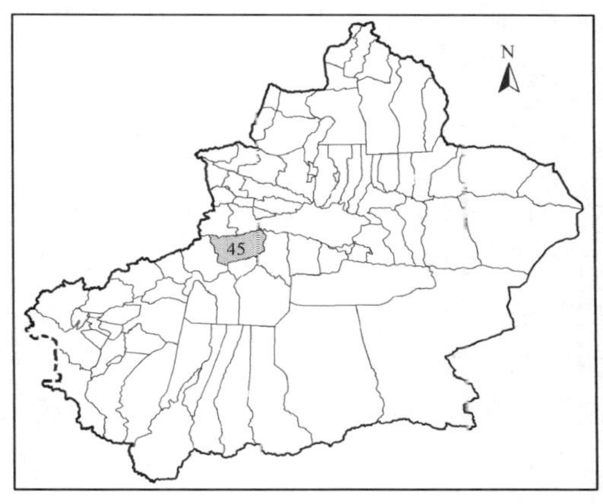

形态特征：多年生草本，高 6～10 厘米，被半开展灰白色毛。根较肥厚，褐色，颈部多分枝。茎极短缩。羽状复叶有小叶 7～13；托叶膜质，下部与叶柄贴生，外面和边缘密被白色长绵毛，上部披针形；小叶倒卵形，两面被灰白色半伏贴毛，上面毛较稀疏。花生于基部叶腋，几无梗；苞片膜质，线状，被白色绵毛；花萼管状，密被开展白色长绵毛，萼齿丝状；花冠淡黄白色；旗瓣狭长圆形，先端微凹，翼瓣线状长圆形，龙骨瓣瓣片较瓣柄短。荚果具微弯的喙，被开展白色长毛。花果期 9～10 月。

保护价值：塔里木盆地特有种。

16. 小花阿赖山黄耆（变种）***Astragalus saratagius*** Bunge var. ***minutiflorus*** S. B. Ho

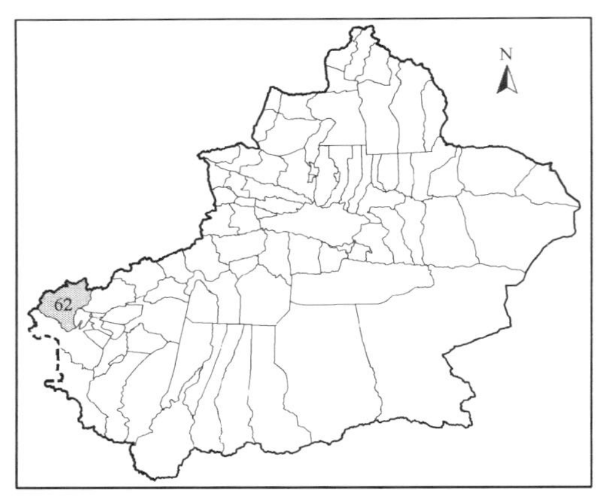

科属：豆科 Fabaceae 黄耆属 *Astragalus* L.

生境：生于海拔 3000 米以上的山坡。

地理分布：产于乌恰县。

形态特征：多年生草本。根粗壮，颈部多分枝。茎细弱，高 15～30 厘米，被白色伏贴毛。羽状复叶有小叶 7～13；叶柄较叶轴短；托叶中部以下联合，被白色半开展毛；小叶椭圆形或宽椭圆形；小叶柄上面有较疏的白色伏贴毛，下面较密。总状花序，花序轴短缩，呈头状，生花 5～15 朵；苞片披针形或狭披针形，被开展黑色毛或黑、白混生粗硬毛；花萼管状，果时稍膨大，被开展黑白混生毛，萼齿钻状，被较多的黑色毛；花冠紫色或淡紫红色；旗瓣倒卵形，近顶端稍狭，先端微凹，翼瓣先端 2 浅裂，龙骨瓣较翼瓣稍短，瓣片近半圆形；子房有短柄，被白色长毛。荚果斜长圆形，两侧扁平，腹面微呈龙骨状凸起，背面稍凸起，先端具弯曲的短喙，薄革质，被白色绵毛。花期 6～7 月，果期 7～8 月。

保护价值：塔里木盆地特有种。

17. 乌恰黄耆（变种）***Astragalus skorniakovii*** B. Fedtsch. var. ***wuqiaensis*** S. B. Ho

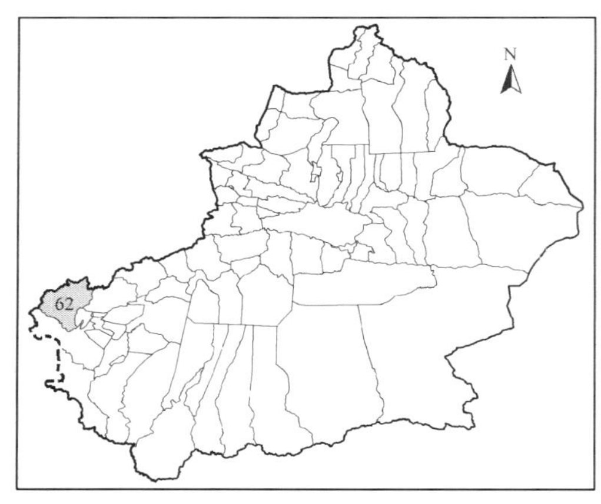

科属：豆科 Fabaceae 黄耆属 *Astragalus* L.

生境：生于海拔 3200 米的山坡。

地理分布：产于乌恰县。

形态特征：多年生草本，高 5～15 厘米。根粗壮，稍木质化，颈部多分枝。茎极短缩，不明显，基部为白色膜质托叶所包被，有残留的叶柄。羽状复叶有小叶 11～19，被稀疏白色毛；小叶长圆形或椭圆形，两面被稀疏伏贴毛。总状花序生 10 余朵排列较密集的花；总花梗粗壮，有条纹，近无毛或被稀疏黑色毛和白色毛；苞片披针形，膜质，被白色和黑色缘毛；花萼管状，密被黑色和白色混生毛，萼齿线形；花冠紫色；旗瓣倒卵形，先端钝圆，翼瓣长圆形，龙骨瓣较翼瓣稍短；子房有微毛。荚果无柄，膀胱状膨大，卵圆形或圆球形，两端有时微尖，薄膜质，微带淡紫色，散生白色半伏贴毛。种子肾形，绿褐色，表面微凹。花期 5～6 月，果期 6～7 月。

保护价值：塔里木盆地特有种。

18. 温宿黄耆 *Astragalus wensuensis* S. B. Ho

科属：豆科 Fabaceae 黄耆属 *Astragalus* L.

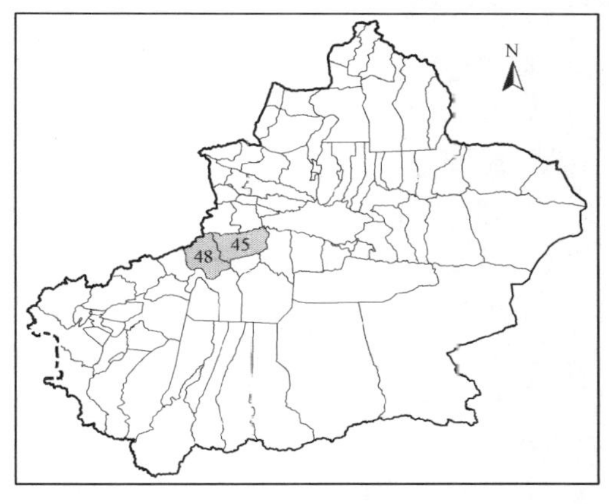

生境：生于海拔 2100 米的草坡。

地理分布：产于拜城县、温宿县。

形态特征：多年生草本，高 5～10 厘米。茎的地下部分近木质化，有短分枝；地上部分极短缩。羽状复叶有小叶 7～17；叶柄较叶轴短；托叶膜质，被白色毛，中部以下联合，上部披针形；小叶狭椭圆形至披针形，两面被灰白色伏贴毛。总状花序生花 5～7 朵，排列稍紧密；总花梗较叶短，被白色毛，仅接近花序轴处混生黑色毛；花梗较苞片短；苞片披针形或宽披针形，被白色混生少量黑色毛；花萼管状，被黑白混生的伏贴毛，萼齿钻状，被较多黑色毛；花冠苍白色，有时稍带浅紫色；旗瓣倒卵状长圆形，先端微缺，翼瓣倒卵形，先端微缺，龙骨瓣较翼瓣短，带紫色；子房具短柄，被白色毛。荚果。花期 5 月。

保护价值：塔里木盆地特有种。

19. 昆仑锦鸡儿 *Caragana polourensis* Franch.

科属：豆科 Fabaceae 锦鸡儿属 *Caragana* Fabr.

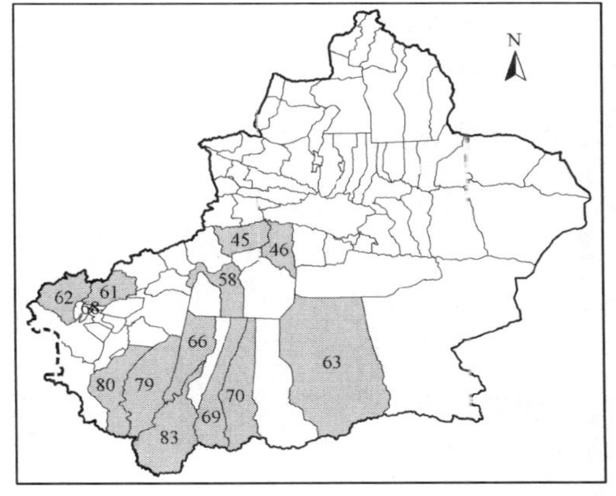

生境：生于海拔 1300～3200 米的低山、河谷、山前平原、干旱山坡、山坡灌丛、山前冲积扇平原带、冲积扇缘干沟、低山山麓路边石质盐渍化荒漠带及亚高山坡地。

地理分布：产于阿克苏、阿图什、喀什，和田县、库车县、拜城县、乌恰县、且末县、于田县、策勒县、墨玉县、皮山县、叶城县。

形态特征：小灌木，高 30～50 厘米，多分枝。树皮褐色或淡褐色，无光泽，具不规则灰白色或褐色条棱，嫩枝密被短柔毛。假掌状复叶有小叶 4；托叶宿存；叶柄硬化成针刺；小叶倒卵形，两面被伏贴短柔毛。花梗单生，被柔毛，关节在中上部；花萼管状，萼齿三角形，密被柔毛；花冠黄色；旗瓣近圆形或倒卵形，有时有橙色斑，翼瓣长圆形，龙骨瓣的瓣柄较瓣片短，耳短；子房无毛。荚果圆筒状。花期 4～5 月，果期 6～7 月。

保护价值：中国特有种，珍稀种。

20. 黄甘草 *Glycyrrhiza eurycarpa* P. C. Li

科属：豆科 Fabaceae 甘草属 *Glycyrrhiza* L.

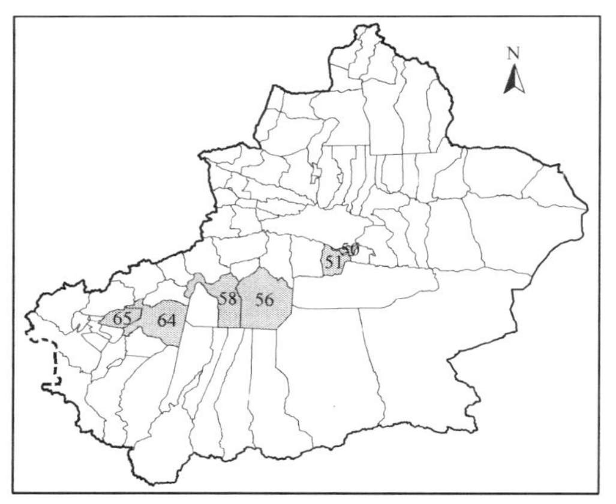

生境：生于谷地河边、山坡草地、灌丛湿地、绿洲河岸荒滩。

地理分布：产于库尔勒、阿克苏，焉耆回族自治县、沙雅县、巴楚县、伽师县。

形态特征：多年生草本，高 40～120 厘米。表皮灰黄色，切面黄色，味甜，含甘草甜素。根与根状茎粗壮。茎直立，多分枝，木质化强，具明显的凹凸条棱，密被鳞片状褐色腺体和短柄腺体，幼时黏胶状。奇数羽状复叶，小叶 5～7；小叶长圆形、长椭圆形或长卵圆形，基部近圆，叶缘波状褶，两面密被褐色腺体，背面尤甚，幼时黏胶状。总状花序腋生，花序轴密被褐色柔毛或茸毛；总花梗被腺体；小花排列疏散，短于或等长于叶；花紫红色，或基部浅黄色；花萼钟状，5 裂齿，齿缘有白色柔毛，背面被褐色腺体，有纵脉数条；旗瓣卵圆形，先端短尖或渐尖，基部具短柄；翼瓣弯曲，爪长 5 毫米，耳短；龙骨瓣短于翼瓣，瓣片 1/2 处弯曲，爪丝状；子房密被无柄或短柄腺体，胚珠 4～8。荚果长圆形，沿腹缝线微弯，被褐色无柄腺体和三角形短刺，先端钝圆。种子 2～8 粒，肾形或近圆形，暗绿色。

保护价值：中国特有种。

21. 洋甘草 *Glycyrrhiza glabra* L.

科属：豆科 Fabaceae 甘草属 *Glycyrrhiza* L.

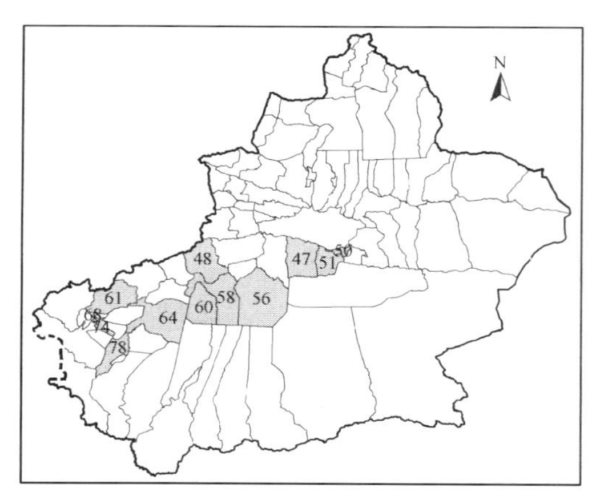

生境：生于海拔 350～1100 米的河滩阶地、河岸胡杨林林缘、芦苇滩、绿洲垦区农田地头、路边、荒地。

地理分布：产于阿克苏、喀什、库尔勒、阿图什，焉耆回族自治县、阿瓦提县、巴楚县、疏勒县、莎车县、轮台县、温宿县、沙雅县。

形态特征：多年生草本，高 60～200 厘米。外皮灰褐色，切面黄色，味甜，含甘草甜素。根、根状茎粗壮。茎直立，密被鳞片状腺体、三角皮刺及短柄腺体，幼时为黏胶状，夏秋为粗糙短刺，表皮常为红色。奇数羽状复叶，叶 11～23；托叶钻形或线状披针形，早落；小叶披针形或长卵圆形，被短绒毛及具柄腺体，先端微凹具芒尖。总状花序腋生，短于或长于叶，花多排列较稠密，花序轴密被短茸毛和腺毛；小苞片卵圆形，外被腺毛；花冠紫色或白紫色；花萼钟状，5 裂齿，上 2 齿短于其他齿，裂齿狭披针形，与萼筒等长，被短茸毛及短腺毛；旗瓣卵圆形或椭圆形，先端尖，具爪，短柄状；翼瓣具耳，爪丝状；龙骨瓣短于翼瓣，爪丝状。荚果长圆形，直或微弯，光滑或被腺体，密或疏。种子肾形或圆形，绿色或暗绿色。

保护价值：新疆 I 级重点保护植物。

22. 胀果甘草 *Glycyrrhiza inflata* Batalin

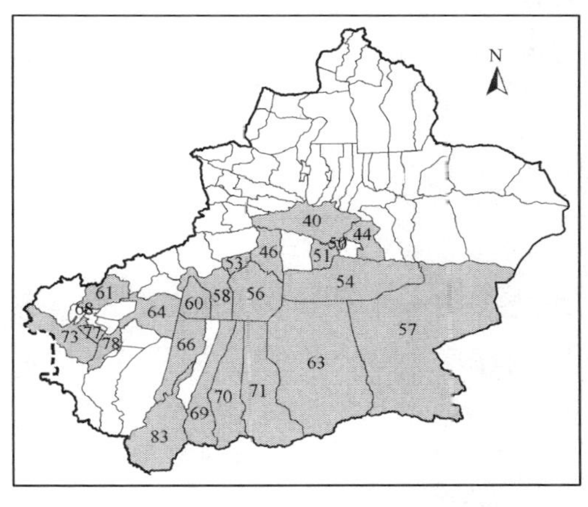

科属：豆科 Fabaceae 甘草属 *Glycyrrhiza* L.

生境：生于海拔 150～1600 米的荒漠沙丘底部、干旱古河道胡杨林下、河岸林缘、盐渍化河滩湿地、淤积平原、垦区盐碱弃耕地、农田、渠边等。

地理分布：产于库尔勒、阿克苏、喀什、阿图什，和硕县、和静县、焉耆回族自治县、尉犁县、阿克陶县、库车县、新和县、沙雅县、阿瓦提县、巴楚县、英吉沙县、莎车县、和田县、若羌县、且末县、民丰县、于田县、策勒县、墨玉县。

形态特征：多年生草本，高 60～180 厘米。根和根状茎外皮灰褐色，切面橙黄色，味甜，含甘草甜素。根、根状茎与根颈粗壮。茎直立，多分枝，被无柄腺体和三角形皮刺。奇数羽状复叶；托叶 2，披针形或三角形，早脱落；小叶（3）5～7（9），长圆形至卵圆形，明显波状皱褶，两面密被黏性鳞片腺体或短柄腺体，背面尤甚。总状花序腋生，花排列疏散，长于或等长于叶；小苞片披针形，被腺毛；花萼 5 齿裂，上 2 齿基部联合，被腺毛；花冠紫色，基部白色；旗瓣长圆形或卵圆形，先端圆，基部具短爪；翼瓣短于或近等长于旗瓣，爪丝状；龙骨瓣联合，短于翼瓣，爪与耳短。荚果成熟后膨胀为椭圆形，直或微弯。种子肾形，绿色或浅褐色。花期 5～7 月，果期 6～10 月。

保护价值：新疆 I 级重点保护植物。

23. 河滩岩黄耆 *Hedysarum ferganense* Korsh. var. *poncinsii*（Franch.）L. Z. Shue

科属：豆科 Fabaceae 岩黄耆属 *Hedysarum* L.

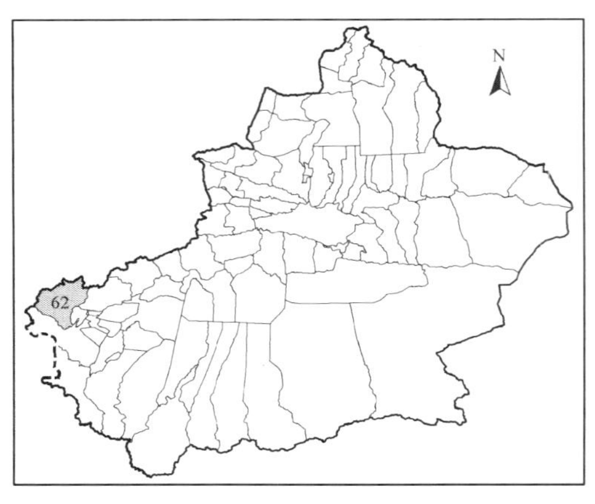

生境：生于山地荒漠和草原带的沙质河滩、砾石质山地草原的冲沟和疏松的坡积物上。

地理分布：产于乌恰县。

形态特征：多年生草本，高 10～20（35）厘米。根茎粗，顶端多分枝。老茎密丛状，基部通常围以残存叶柄与托叶；当年生茎缩短不明显。叶簇生；托叶白色，稍带淡棕色，硬膜质，合生至中上部，被伏贴柔毛；叶轴被伏贴柔毛；小叶 7～11（13）；小叶片长圆状倒卵形或长椭圆形，上面疏被柔毛，下面被伏贴柔毛。总状花序密集，花后伸长，有花 10～23 朵；总花梗斜伸，被伏贴柔毛；苞片披针形，淡棕色，被柔毛，小苞片 2，丝状；花萼被半开展柔毛和缘毛；花冠淡紫色；旗瓣倒卵形，先端微凹，翼瓣近长圆形，短于龙骨瓣；龙骨瓣稍短于旗瓣，下面具钝圆的角；子房线形，疏被伏贴毛或近无毛。荚果被短柔毛。花期 6～7 月，果期 8～9 月。

保护价值：中国仅产于塔里木盆地，稀有种。

24. 乌恰岩黄耆 *Hedysarum flavescens* Regel et Schmalh. ex B. Fedtsch.

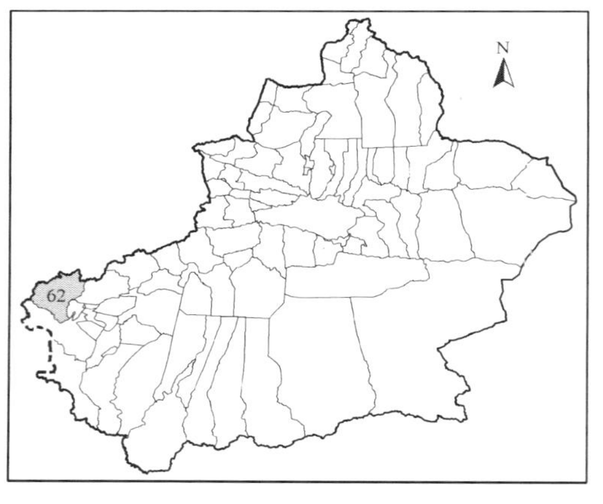

科属：豆科 Fabaceae 岩黄耆属 *Hedysarum* L.

生境：生于沙砾质河滩。

地理分布：产于乌恰县。

形态特征：多年生草本，高 30～40 厘米。根强烈木质化；根颈向上分枝形成多数地上茎。茎直立，具细条纹和向上贴伏的柔毛，通常有 1～2 分枝。叶长 10～15 厘米；托叶披针形，棕褐色，干膜质，下部合生，半抱茎，被伏贴柔毛或几无毛；小叶 9～13，卵状椭圆形或卵圆形，先端具硬尖头，下面被贴伏柔毛。总状花序腋生，花序轴被短柔毛；花多数，外展，疏散排列；苞片披针形，易脱落，几无毛；花萼短钟状，外被短柔毛，萼齿钻形；花冠淡黄色；旗瓣长椭圆形，翼瓣线形，与旗瓣近等长；龙骨瓣长于旗瓣；子房线形，被贴伏短柔毛。花期 6～7 月，果期 7～8 月。

保护价值：中国仅产于塔里木盆地，稀有种。

25. 刚毛岩黄耆 *Hedysarum setosum* Vved.

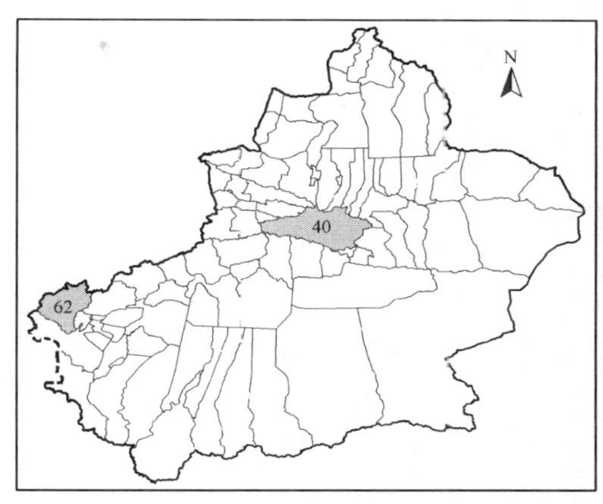

科属：豆科Fabaceae岩黄耆属 *Hedysarum* L.

生境：生于海拔 2400～3500 米的亚高山和高山草原、高山阳坡和高寒草甸。

地理分布：产于和静县、乌恰县。

形态特征：多年生草本，高 20～26 厘米。根粗壮，强烈木质化。茎缩短，不明显。叶簇生状；托叶三角状；小叶 9～13（17），小叶片卵形或卵状椭圆形，被毛。总状花序腋生，具多数花；花序上部的花斜上升，下部的花平展；苞片棕褐色，披针形；花萼钟状；花冠玫瑰紫色；旗瓣倒阔卵形，翼瓣线形，龙骨瓣稍短于旗瓣，前端暗紫红色；子房线形，后期逐渐被柔毛，具胚珠 3～4。花期 7～8 月，果期 8～9 月。

保护价值：中国仅产于塔里木盆地，稀有种。

26. 美丽棘豆 *Oxytropis bella* B. Fedtsch.

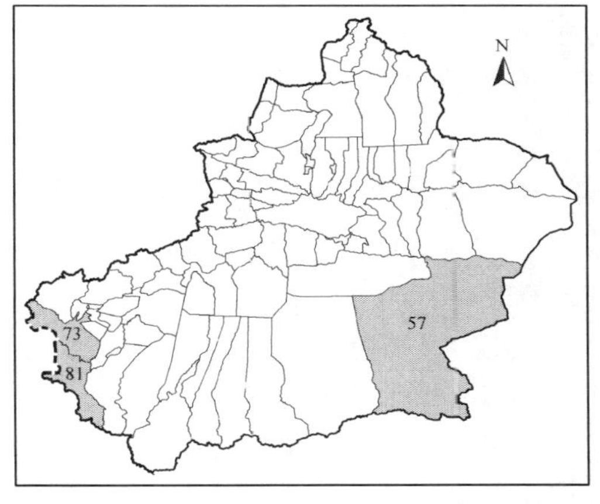

科属：豆科 Fabaceae 棘豆属 *Oxytropis* DC.

生境：生于海拔 3000～4600 米的砾石山坡、草地。

地理分布：产于若羌县、阿克陶县、塔什库尔干塔吉克自治县。

形态特征：多年生草本，密被灰白色短柔毛。茎缩短或近缩短，分枝密被短柔毛。羽状复叶长 2～5 厘米；托叶膜质，基部与叶柄贴生，分离部分披针状锥形，疏被柔毛；叶柄与叶轴被开展柔毛；小叶 7～9，长圆状线形，两面被贴伏白色疏柔毛。多花组成头形总状花序，果时伸长；总花梗长于叶或与之等长，微被白色疏柔毛；苞片披针形，被贴伏疏柔毛；花萼筒状钟形，密被白色柔毛，萼齿锥形，与萼筒等长；花冠紫色；旗瓣广椭圆形，全缘；翼瓣与旗瓣几等长；龙骨瓣几与翼瓣等长，具喙。荚果长圆状卵形，长 8～10 毫米，先端具喙，腹部具沟，背部圆形，密被贴伏柔毛。

保护价值：中国仅产于塔里木盆地，稀有种。

27. 马尔洋黑毛棘豆（变种）***Oxytropis melanotricha*** Bge. var. ***maryangensis*** M. M. Gao et P. Yan

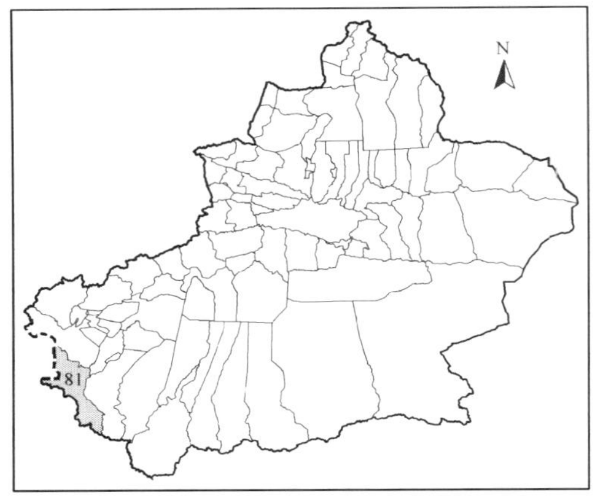

科属：豆科 Fabaceae 棘豆属 *Oxytropis* DC.

生境：生于海拔 4200～4300 米的高山砾石坡。

地理分布：产于塔什库尔干塔吉克自治县。

形态特征：多年生草本，灰白色。茎缩短，分枝多，被贴伏短柔毛，丛生。羽状复叶长 2～3 厘米；托叶膜质，披针形，于中部与叶柄贴生，先端尖，密被长纤毛；叶柄与叶轴上具小沟，于小叶之间有腺点；小叶 13～17，卵形或长圆形，先端尖，两面密被白色和黑色柔毛。3～5 朵花组成头状伞形总状花序；总花梗长于叶，密被黑色和白色长柔毛；苞片线状披针形，被黑色长柔毛；花萼膜质，筒状钟形，被黑色短柔毛和白色长柔毛，萼齿披针形；花冠紫色；旗瓣圆状倒心形，中部凹陷；翼瓣先端微凹 2 裂；龙骨瓣略短于翼瓣；子房线形，被短柔毛，有长柄，胚珠 17～21。荚果膜质，长圆状卵形或长圆状广椭圆形，下垂，长 15～25 毫米，密被贴伏白色和黑色柔毛。花果期 7～8 月。

保护价值：中国仅产于塔里木盆地，稀有种。

28. 小球棘豆 ***Oxytropis microsphaera*** Bunge

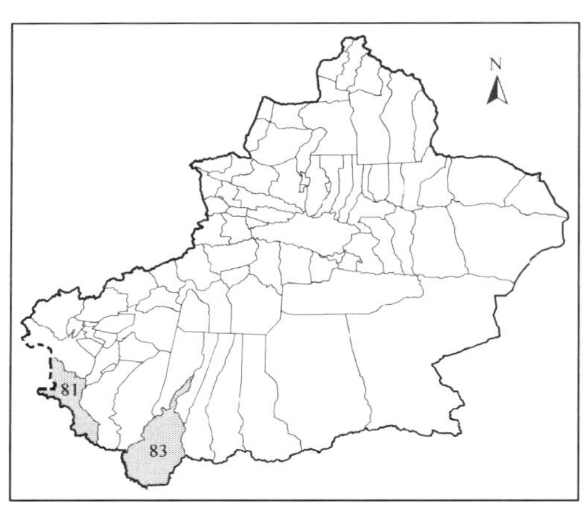

科属：豆科 Fabaceae 棘豆属 *Oxytropis* DC.

生境：生于海拔 4200～4900 米的高山带砾石质山坡和高山草甸。

地理分布：产于和田县、塔什库尔干塔吉克自治县。

形态特征：多年生草本，高 7～15 厘米。茎缩短，丛生，被枯萎叶柄。羽状复叶长 2～6 厘米；托叶长圆状披针形，于基部与叶柄贴生，被绢状柔毛；叶柄与叶轴密被短绵毛；小叶 15～25，密集，卵形或披针形，两面密被开展柔毛。多花组成头形总状花序；总花梗长于叶，或与之等长，疏被白色柔毛，上部混生黑色柔毛；苞片线形，被黑色和白色柔毛；花长 8 毫米；花萼钟形，密被黑白色柔毛，萼齿线形；花冠紫色；旗瓣几圆形，先端微缺；龙骨瓣略短于翼瓣，喙极短。荚果硬膜质，长圆状卵形，具喙，密被开展白色柔毛。花期 6～7 月，果期 7～8 月。

保护价值：中国仅产于塔里木盆地，稀有种。

29. 宽柄棘豆 *Oxytropis platonychia* Bunge

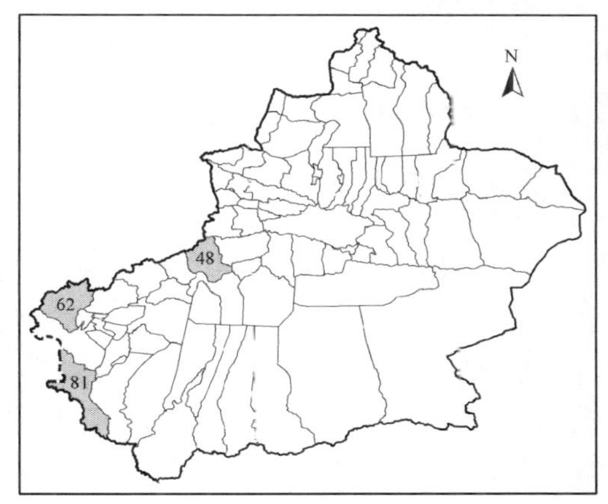

科属：豆科 Fabaceae 棘豆属 *Oxytropis* DC.

生境：生于海拔约 3500 米的高山砾石质山坡。

地理分布：产于温宿县、乌恰县、塔什库尔干塔吉克自治县。

形态特征：多年生草本。茎缩短，分枝极多，铺散，被长柔毛。羽状复叶长 2～3 厘米；托叶近草质，短卵形，与叶柄合生至中部，被开展疏柔毛；叶柄与叶轴于小叶之间具腺点；小叶 17（21）～25（37），椭圆形，两面被灰白色柔毛。4～10 朵花组成头形总状花序，后期伸长；总花梗疏被开展柔毛，并混生黑色短柔毛；苞片披针形，被开展黑白色长柔毛；花长约 18 毫米；花梗密被黑白色疏柔毛；花萼筒状钟形，密被白色长柔毛和黑色短柔毛，萼齿线状锥形；花冠紫色；旗瓣长圆形，中部收缩，先端微缺，具小尖；翼瓣长圆状匙形，先端微缺；龙骨瓣与翼瓣等长，具喙；子房密被绢状长柔毛，具长柄，胚珠 17～20。荚果膜质，广椭圆形或广椭圆状长圆形，膨胀，密被绢状毛，具短喙。花期 6～8 月，果期 8～9 月。

保护价值：中国仅产于塔里木盆地，稀有种。

30. 天山棘豆 *Oxytropis tianschanica* Bunge

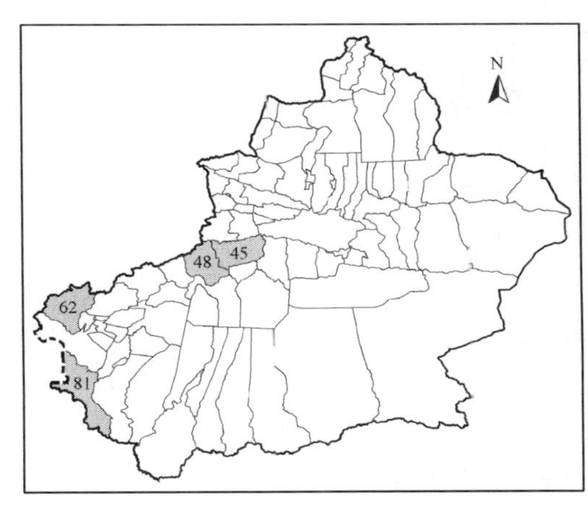

科属：豆科 Fabaceae 棘豆属 *Oxytropis* DC.

生境：生于海拔 2800～4600 米的山坡草地、砾石质山坡及高山河谷。

地理分布：产于温宿县、拜城县、乌恰县、塔什库尔干塔吉克自治县。

形态特征：多年生草本，几垫状，灰白色。直根，淡黄褐色。茎分枝短，木质化，嫩枝匍匐地面。一年生枝密被开展白色短柔毛。羽状复叶长 1～3 厘米；托叶草质，卵状披针形，密被白色柔毛；叶柄与叶轴被开展白色柔毛；小叶（7）9～15，广椭圆形，密集，对折，或边缘上卷，两面密被白色柔毛。5～10朵花组成头形总状花序；总花梗长于叶，或与之等长，被白色柔毛；苞片披针形，被白色柔毛；花萼筒状钟形，密被白色和黑色毛，萼齿锥状；花冠紫色；旗瓣圆形，先端微缺；翼瓣长圆形；龙骨瓣具短喙。荚果硬膜质，广椭圆状长圆形，腹面具深沟，被白色和黑色毛。花果期7～8月。

保护价值：中国仅产于塔里木盆地，稀有种。

31. 毛齿棘豆 *Oxytropis trichocalycina* Bunge ex Boiss.

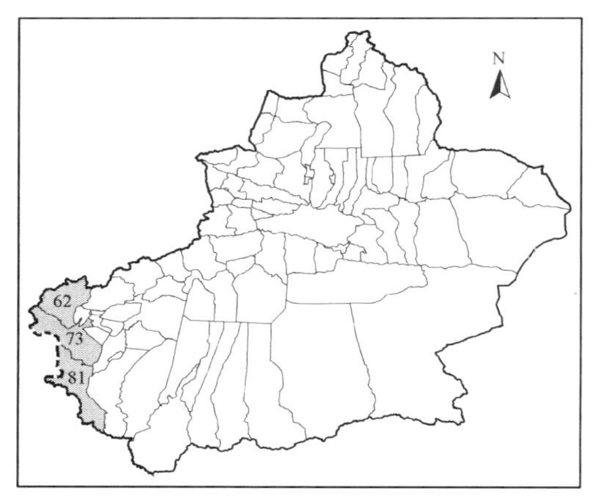

科属：豆科Fabaceae棘豆属*Oxytropis* DC.

生境：生于山地砾石质坡地。

地理分布：产于乌恰县、阿克陶县、塔什库尔干塔吉克自治县。

形态特征：多年生草本，高3～12厘米，被白色绵毛。茎缩短成很短的木质根颈，短分枝丛生。羽状复叶长1.5～5厘米；托叶披针形，中部以下与叶柄贴生，被白色柔毛；叶柄与叶轴密被开展绵毛；小叶11～15，极密集，线状披针形，两面密被绢状绵毛。多花组成头形总状花序；总花梗密被短绵毛及长柔毛；苞片锥状线形，被白色绵毛；花萼钟状，密被开展绵毛，萼齿锥形，密被羽状柔毛；花冠紫色；旗瓣长椭圆形，先端圆或钝；翼瓣略短于旗瓣；龙骨瓣略短于翼瓣。荚果薄革质，长圆状卵形，膨胀，长7～9毫米，宽2.5～3毫米，包于花萼内，先端具长2毫米的喙，密被贴伏短的白色柔毛。种子2粒。花果期5～6月。

保护价值：中国仅产于塔里木盆地，稀有种。

32. 毛序棘豆 *Oxytropis trichophora* Franch.

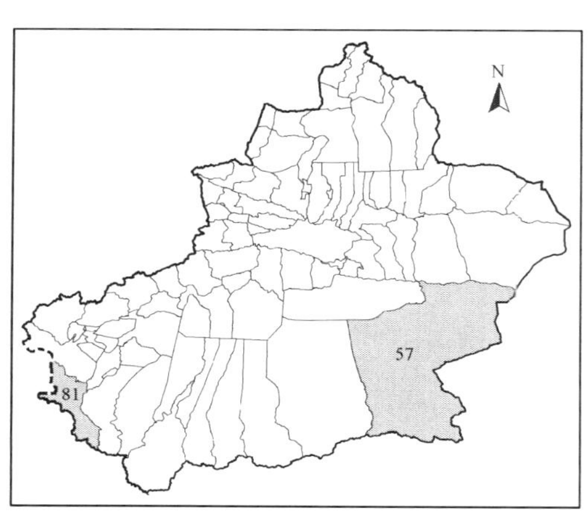

科属：豆科Fabaceae棘豆属*Oxytropis* DC.

生境：生于海拔4150～4500米的高山带砾石质山坡。

地理分布：产于若羌县、塔什库尔干塔吉克自治县。

形态特征：多年生草本，高8～10厘米。根颈木质化，分枝很多，疏被白色柔毛。羽状复叶，长3～4厘米；托叶三角状卵形，于基部与叶柄贴生，被白色柔毛；叶柄与叶轴密被白色柔毛；小叶9～11，较密集，披针形，两面密被贴伏柔毛。多花组成密头形总状花序；总花梗较叶长 1 倍，被短柔毛；苞片线状披针形，被白色长柔毛；花萼钟状，疏被开展白色柔毛，萼齿线形，较萼筒长；花冠紫色；旗瓣倒卵形，全缘，基部渐狭成宽的瓣柄；龙骨瓣与翼瓣等长。荚果长圆卵形，包于萼内，先端具短的弯曲喙，疏被贴伏白色柔毛。种子通常 2 粒，广椭圆状长圆形，棕绿色。花果期 7～8 月。

保护价值：中国仅产于塔里木盆地，稀有种。

二十二、牻牛儿苗科 Geraniaceae

1. 叉枝老鹳草 *Geranium divaricatum* Ehrh.

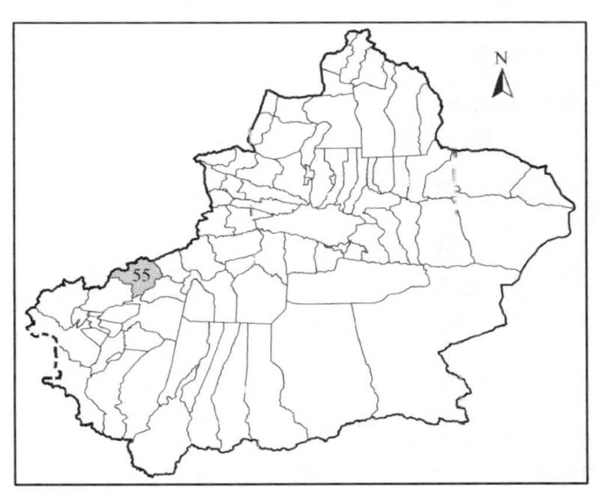

科属：牻牛苗科 Geraniaceae 老鹳草属 *Geranium* L.

生境：生于荒漠草原和山地草原。

地理分布：产于阿合奇县。

形态特征：一年生草本，高 20～40 厘米。茎直立，多分枝，被伏毛，茎上部有腺毛。叶对生，下部叶五角形，上部叶五角状圆形，裂片菱形或倒卵形，再次羽状深裂或半裂；小裂片 2 对，不裂或有齿；叶具柄，叶两面及叶柄被短伏毛。花序腋生，通常具小花 2 朵；花序轴和花梗上均密被长毛和腺毛；花萼长圆状披针形，绿色，顶端具短尖头，具 3 脉，背面被开展长毛；花瓣红紫色，倒卵形，顶端具凹缺；花丝黄色，基部扩大部分有微毛。蒴果。花果期 7～9 月。

保护价值：中国仅产于塔里木盆地，稀有种。

二十三、蒺藜科 Zygophyllaceae

1. 帕米尔白刺 *Nitraria pamirica* L. I. Vassiljeva

科属：蒺藜科 Zygophyllaceae 白刺属 *Nitraria* L.

生境：生于海拔 2300～3500 米的高山荒漠带岩石边、河流沿岸及湖岸边盐碱地。

地理分布：产于阿克陶县、塔什库尔干塔吉克自治县。

形态特征：低矮小灌木，高 12～30 厘米。茎铺展，多分枝，无性枝末端有刺。叶片线状匙形，全缘，灰蓝绿色，被贴伏毛或疏毛；托叶膜质，易脱落。聚伞花序由 8～20 朵花组成；花萼宿存，肉质，萼片联合，宽三角形；花瓣淡白色，长圆状椭圆形，边缘向内卷；花柱粗短，柱头头状；子房圆锥形，密被灰伏毛。核果长圆锥形，多汁，樱红色，成熟时发黑；果核顶端具 8 条深沟槽，具 4 枚三角状披针形裂片。花期 5～6 月，果期 6～7 月。

保护价值：中国仅产于塔里木盆地，稀有种。

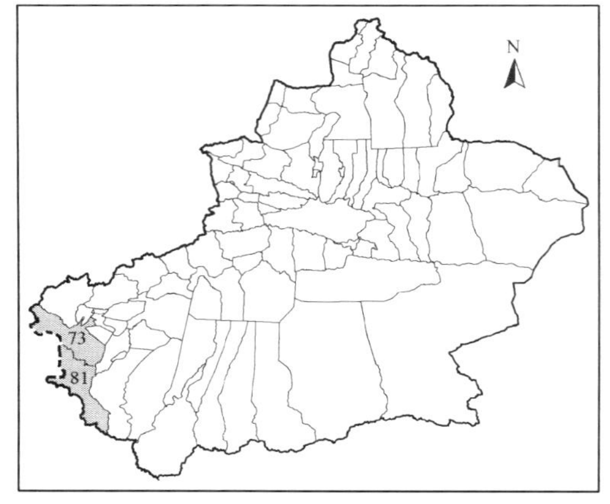

2. 帕米尔霸王 *Zygophyllum pamiricum* Grub.

科属：蒺藜科 Zygophyllaceae 霸王属 *Zygophyllum* L.

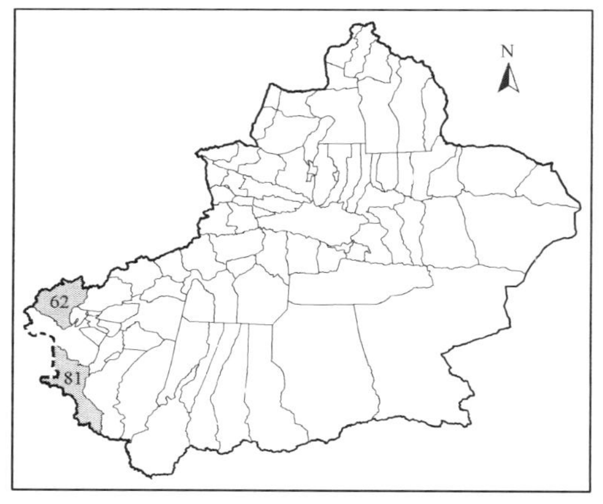

生境：生于海拔 3200 米的干旱石质荒漠。

地理分布：产于乌恰县、塔什库尔干塔吉克自治县。

形态特征：多年生草本，高 5～15 厘米。根多头，木质，具光滑棕褐色皮。茎多数，直立或升起。叶具 1 对小叶，卵形，边缘具疏短毛，托叶阔卵形，边缘宽膜质。花 5 数；花梗长 4～5 毫米，果期下垂；花萼 3 枚宽另两枚较窄，椭圆形，钝，绿色至浅红色，边缘白膜质；花瓣匙形，白色，基部橙或红色；雄蕊 10，伸出花冠，不等长，花丝基部具长圆形有齿牙的鳞片；子房 5 室，长圆形，花柱向上收缩，具细小柱头。蒴果线状披针形，5 棱，瓣裂。种子长圆状卵形，被乳点状突起。花期 6～7 月，果期 8～9 月。

保护价值：塔里木盆地特有种。

3. 新疆霸王 *Zygophyllum sinkiangense* Y. X. Liou

科属：蒺藜科 Zygophyllaceae 霸王属 *Zygophyllum* L.

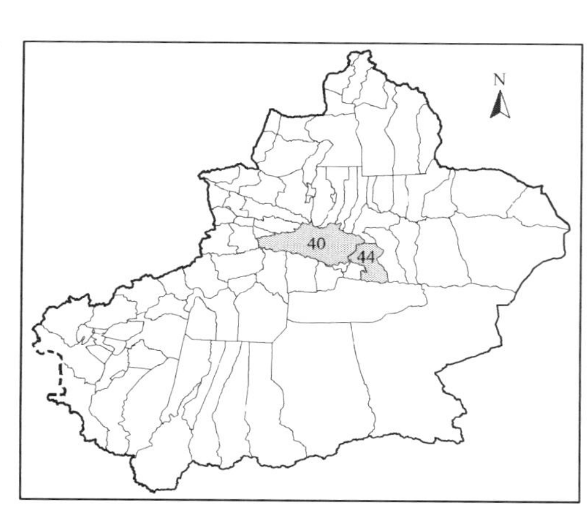

生境：生于海拔 450～1200 米的荒漠沙地、低山坡。

地理分布：产于和静县、和硕县。

形态特征：多年生草本。根木质，粗壮。茎高 20～25 厘米。托叶离生，三角形，边缘膜质；小叶 1 对，扁平，倒卵形或近圆形，先端钝圆。花单生或 2 朵生于叶腋；

雄蕊长于花瓣，在中部具鳞片（退化雄蕊），长为雄蕊的1/2。蒴果倒披针形或矩圆形，下部渐窄，稍具棱，成熟时开裂。种子卵形，表面有细孔。花期5月，果期7月。

保护价值：塔里木盆地特有种。

4. 乌什霸王（新种）*Zygophyllum uqturpanicum* C. Y. Yang et ZH. J. Li

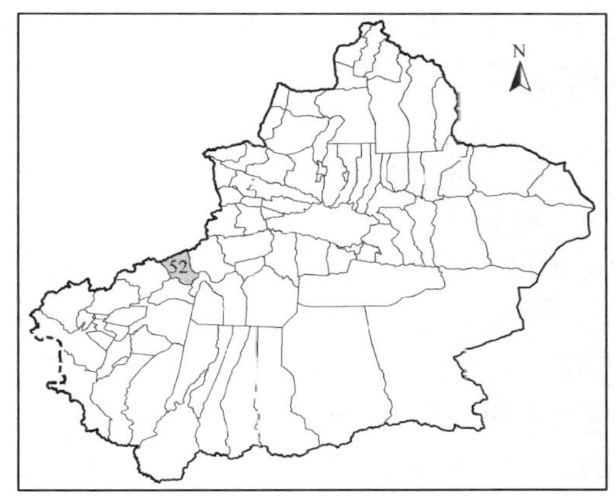

科属：蒺藜科 Zygophyllaceae 霸王属 *Zygophyllum* L.

生境： 生于海拔1197米的荒漠戈壁。

地理分布：产于乌什县。

形态特征：多年生草本，高约20厘米。茎草质，光滑具细条纹，常上部分枝。托叶分离，膜质；叶具1对小叶，叶柄具狭翅，叶片阔椭圆形或倒卵形，基部偏斜。花1～2朵生于叶腋；花萼淡绿色，具膜质边；花瓣倒卵形，顶端白色，下部橙黄色，基部楔状收缩；雄蕊鳞片倒披针形，雄蕊短于花瓣。蒴果狭长圆形，两端钝，无翅。花期6月，果期7～8月。

保护价值：塔里木盆地特有种。

二十四、大戟科 Euphorbiaceae

1. 异瓣状地锦 *Euphorbia anisopetala* Prokh.

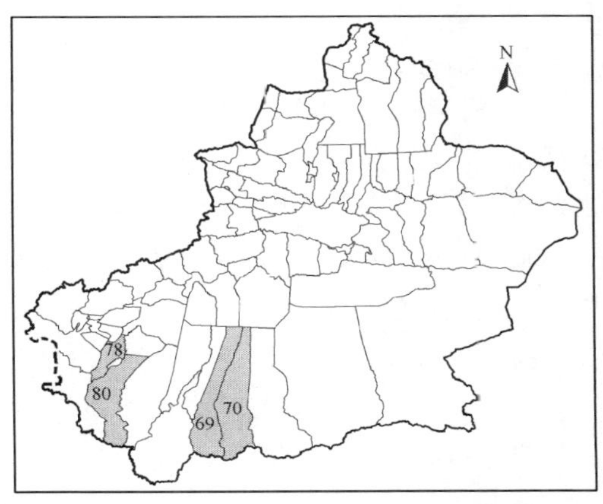

科属：大戟科 Euphorbiaceae 大戟属 *Euphorbia* L.

生境：生于田间和盐渍化的黏质土及沙土上。

地理分布：产于莎车县、叶城县、策勒县、于田县。

形态特征：一年生草本，高达25厘米，淡绿色或稍带蓝色。根细长。茎细，常带红色或紫红色，从基部向上二歧分枝，枝多。叶椭圆形或线状椭圆形，上缘有小锯齿，两侧不对称；托叶锥形，常从基部2裂，沿缘具流苏。杯状花序单生于叶腋；总苞喇叭状；腺体4，椭圆形；花柱3，离生，几乎2裂至基部。蒴果卵形，扁压，有3浅沟，分果瓣背面有钝龙骨状突起。种子卵形，具4钝棱状略有空隙的横皱纹，灰白色。花果期6～9月。

保护价值：中国仅产于塔里木盆地，稀有种。

2. 单伞大戟 *Euphorbia monocyathium* Prokh.

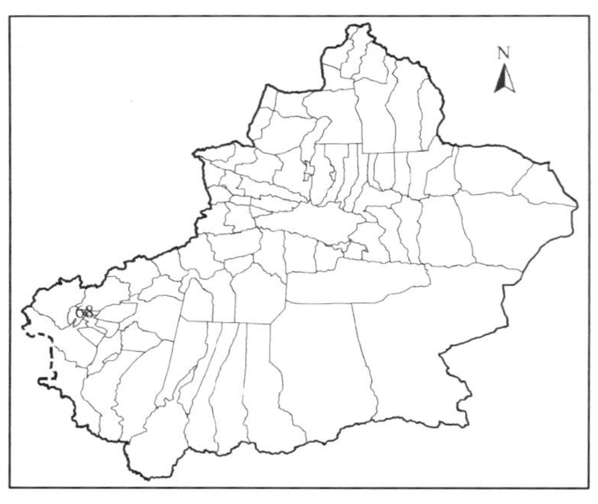

科属：大戟科 Euphorbiaceae 大戟属 *Euphorbia* L.

生境：生于海拔3500～4200米的高山向阳的石质和砾石质山坡。

地理分布：产于喀什。

形态特征：多年生草本，高10～20厘米。根直径不过5毫米。茎单一，匍匐或斜升，从基部分枝，有密集的叶。叶互生，较厚，卵形或椭圆形，全缘，近无柄；苞叶5，轮生，与茎生叶同形；小苞叶2，对生，宽三角形。杯状花序通常1，稀2～3顶生；总苞钟状，沿缘具宽卵形有缘毛的裂片，有时紫红色；蜜腺4；花柱3，近1/2合生，先端2浅裂。蒴果卵形。种子长圆状卵形，淡褐色，光滑，有钝圆锥状的种阜。花果期6～7月。

保护价值：中国仅产于塔里木盆地，稀有种。

3. 苏甘大戟 *Euphorbia schuganica* B. Fedtsch.

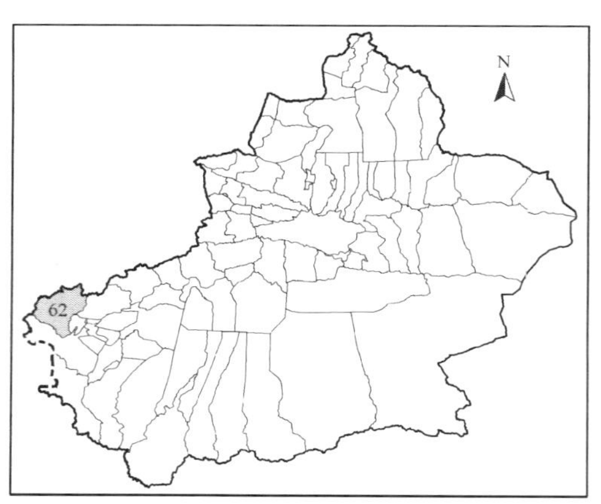

科属：大戟科 Euphorbiaceae 大戟属 *Euphorbia* L.

生境：生于海拔达3000米的高山或亚高山带的砾石质山坡。

地理分布：产于乌恰县。

形态特征：多年生草本，高5～15厘米，蓝绿色，无毛。根粗壮；根茎分叉，多头。茎多数。叶质厚，互生，宽卵形或宽心形，沿缘具缺刻状尖齿，有短柄；苞叶和小苞叶常2～3，圆状三角形或卵形，沿缘也有缺刻状小齿。杯状花序顶生，复伞形花序生于茎枝顶端，每1伞梗顶端又二叉状分裂，每分裂具小伞梗；总苞半球形，沿缘有缺刻状2裂的裂片；腺体5，长圆形；花柱短先端2裂，柱头头状。蒴果卵状圆锥形，具3沟，幼嫩时被突起物，后期仅具稀疏的疣状小瘤。种子长圆状卵形，白色，有淡褐色的种阜。花果期6～8月。

保护价值：中国仅产于塔里木盆地，稀有种。

4. 对叶大戟 *Euphorbia sororia* Schrenk

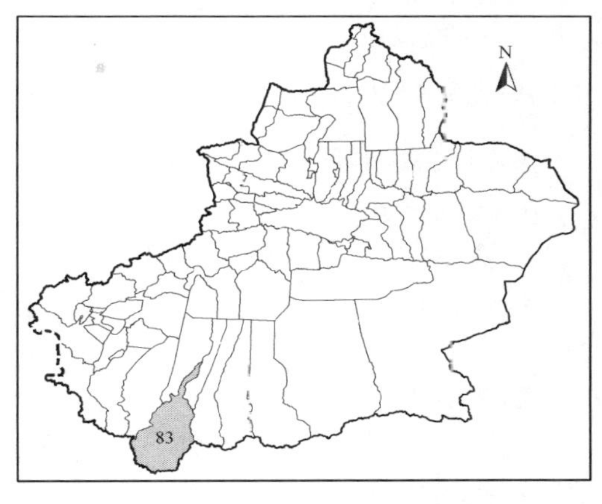

科属：大戟科 Euphorbiaceae 大戟属 *Euphorbia* L.

生境：生于沙地、盐渍化草甸及田间。

地理分布：产于和田县。

形态特征：一年生草本，高 7～20（40）厘米，蓝绿色，无毛。根纤细。茎单一，直立，常从中部向上分枝。茎下部叶对生；茎上部叶通常互生，与茎下部叶同形；苞叶 2，稀 3，对生或轮生；小苞片 2，对生，与茎上叶同形。杯状花序单生于二歧分枝的顶端和分叉处；总苞钟状，沿缘 4 裂；腺体 4，新月形，两端具长角；花柱 3，很短，离生，先端 2 裂。蒴果圆锥状卵形，有 3 沟，光滑无毛。种子圆柱状灰色或灰白色，6 棱，沿棱具窄的纵沟和横的小皱褶，具有色斑点的种阜。花果期 6～7 月。

保护价值：中国仅产于塔里木盆地，稀有种。

5. 昆仑山大戟 *Euphorbia tomsoniana* Boiss.

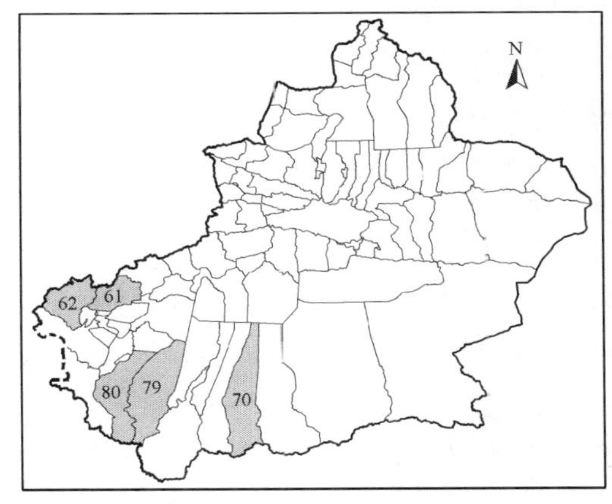

科属：大戟科 Euphorbiaceae 大戟属 *Euphorbia* L.

生境：生于海拔 2048～3657 米的山坡。

地理分布：产于阿图什，乌恰县、叶城县、于田县、皮山县。

形态特征：多年生草本，高约 30 厘米，完全无毛。根状茎粗。茎单一不分枝，有稀疏的叶，在基部有鳞片。叶椭圆形或卵形，钝或略尖，革质，叶有少数叶脉，干时变成污黄色，无柄；苞叶较宽，小苞叶 2，近圆形，伞梗 3～6，长于苞叶；总苞钟状，裂片小，短流苏状；腺体长圆形，略有柄；花柱长，纤细。蒴果长圆形，常具疣，分果瓣长圆形，沿深沟不开裂。种子长圆形，灰白色，具盾状的小种阜。花果期 6～9 月。

保护价值：中国仅产于塔里木盆地，稀有种。

二十五、柽柳科 Tamaricaceae

1. 心叶水柏枝 *Myricaria pulcherrima* Batalin

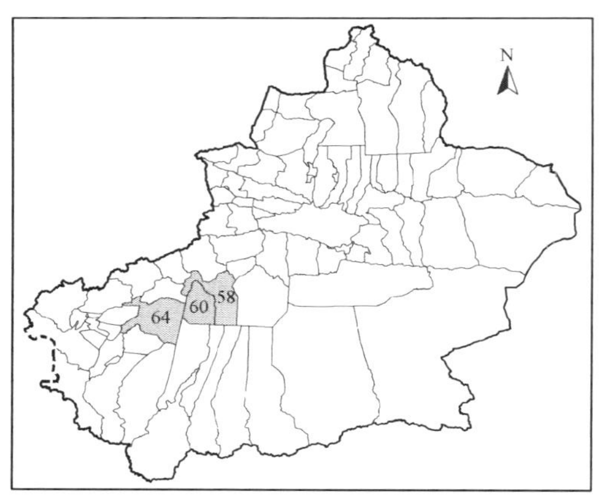

科属：柽柳科 Tamaricaceae 水柏枝属 *Myricaria* Desv.

生境：生于荒漠河岸林沙滩。

地理分布：产于阿克苏，巴楚县、阿瓦提县。

形态特征：灌木，高 1～1.5 米。茎常单一，光滑。叶狭卵形，基部扩展成心形，抱茎。总状花序顶生，苞片宽卵形，具宽膜质透明边；花瓣倒卵形或长椭圆形，紫红色或淡粉红色。蒴果圆锥形，超过花萼近 4 倍。种子具芒柱，芒柱 1/2 以上被白色长柔毛。花果期 6～9 月。

保护价值：塔里木盆地特有种；新疆 I 级重点保护植物。

2. 互叶琵琶柴 *Reaumuria alternifolia*（Labill.）Britten

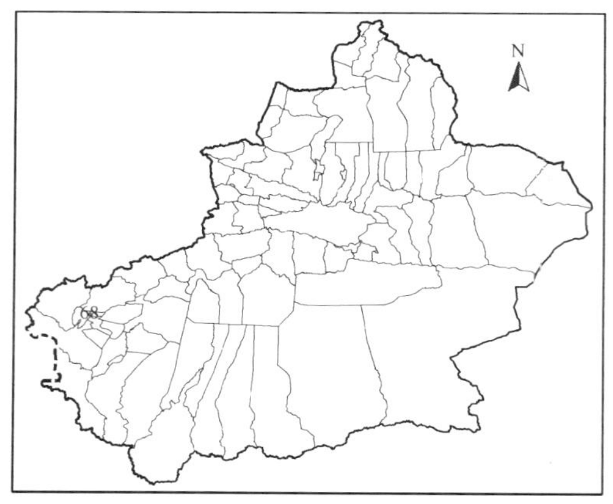

科属：柽柳科 Tamaricaceae 琵琶柴属 *Reaumuria* L.

生境：生于海拔 400～600 米的山地荒漠。

地理分布：产于喀什。

形态特征：半灌木，高 10～30（80）厘米。茎秆多数，直立或斜升，老枝黄绿色。叶扁平，卵形或披针形，有腺点，几无柄。花单一顶生；苞片线状披针形，与萼片基部合生；萼片卵形，渐尖，沿缘膜质；花瓣倒卵形或倒心形，偏斜不等大，基部内侧有 2 片膜质毛边的附属物；雄蕊花丝下部增宽，全缘或有不明的圆齿。蒴果卵状角锥形，长 0.8～1.2 厘米。种子被长毛。花期 6～7 月，果期 8～9 月。

保护价值：中国仅产于塔里木盆地，稀有种。

3. 五柱琵琶柴（新疆琵琶柴）*Reaumuria kaschgarica* Rupr.

科属：柽柳科 Tamaricaceae 琵琶柴属 *Reaumuria* L.

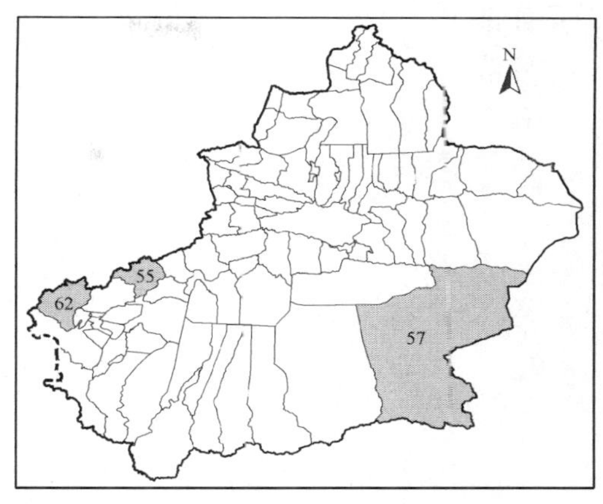

生境：生于海拔 1300～3000 米的山前砾质洪积扇和低山的盐土荒漠和多石荒漠草原。

地理分布：产于若羌县、阿合奇县、乌恰县。

形态特征：矮灌木，高 10～30 厘米。垫状枝致密，老枝灰色；当年生幼枝带粉红色、黄绿色。叶肉质棒状。花单生于枝顶，无花梗；苞片 3～4，形同叶；花萼 5 深裂，裂片卵状披针形，外伸，边缘膜质；花瓣 5，粉红色，椭圆形，里面有 2 片矩圆形鳞片；雄蕊约 15；子房卵圆形，花柱 5。蒴果长圆状卵形，5 瓣裂。种子细小，被褐色长毛。花期 5～8 月，果期 8 月。

保护价值：中国仅产于塔里木盆地，稀有种；新疆 I 级重点保护植物。

4. 民丰琵琶柴 *Reaumuria minfengensis* D. F. Cui et M. J. Zhong

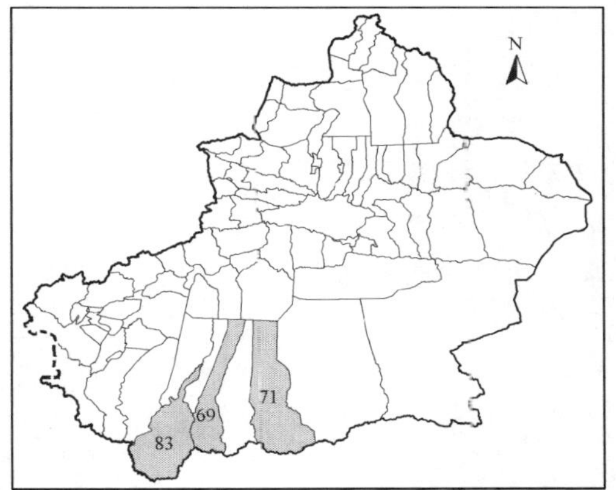

科属：柽柳科 Tamaricaceae 琵琶柴属 *Reaumuria* L.

生境：生于昆仑山海拔 1700～2500 米的低山带洪积扇上部。

地理分布：产于和田县、民丰县、策勒县。

形态特征：灌木，高 50 厘米。多分枝，枝皮撕裂。叶短圆柱形或长卵形，肉质，通常 2～8 小叶簇生。花单生于叶腋，无梗，形成带叶的穗状花序；花萼钟状，顶端齿裂至 1/3；花瓣 5，内侧具 2 个椭圆形耳状附属物。蒴果窄纺锤形，光滑，褐色，3～4 瓣裂。

保护价值：塔里木盆地特有种。

5. 莎车柽柳 *Tamarix sachuensis* P. Y. Zhang et M. T. Liu

科属：柽柳科 Tamaricaceae 柽柳属 *Tamarix* L.

生境：生于流动沙丘或盐渍化盆地沙地。

地理分布：产于莎车县、民丰县。

形态特征：灌木，高 2～5 米。老枝直伸，绿色营养枝的叶退化，半抱茎或鞘状。圆锥花序生于当年生枝顶，苞片卵状披针形，基部抱茎。花淡紫色或紫红色，花盘 5 裂；

萼片卵圆形，边缘膜质；花瓣倒卵形至长椭圆形，略偏斜，高出花萼1倍。蒴果。种子黑紫色。花果期6～9月。

保护价值：塔里木盆地特有种。

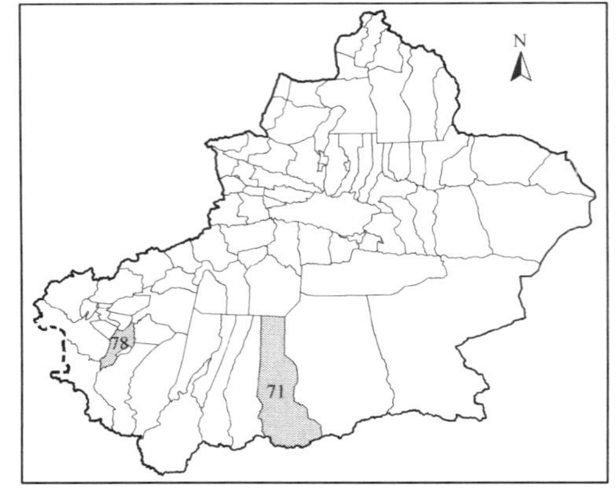

6. 塔克拉玛干柽柳（沙生柽柳）*Tamarix taklamakanesis* M. T. Liu

科属：柽柳科 Tamaricaceae 柽柳属 *Tamarix* L.

生境：生于荒漠地区的流动沙丘。

地理分布：产于阿克苏，尉犁县、轮台县、阿瓦提县、疏勒县、莎车县、若羌县、且末县、民丰县、策勒县。

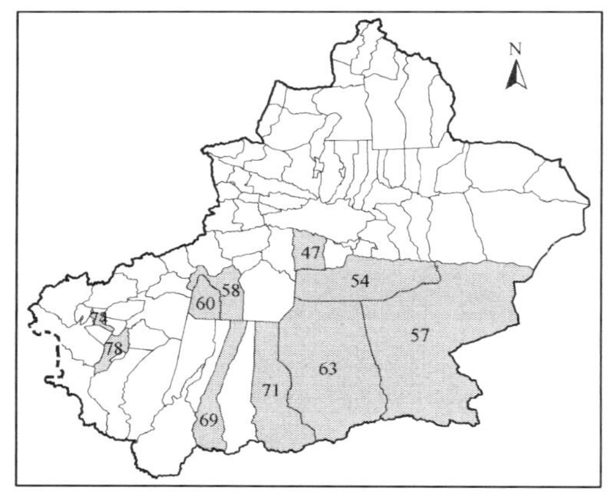

形态特征：大灌木或小乔木，高3～5（7）米。杆直立，黑紫色，光亮。细枝多呈褚石色，一年生、二年生枝条细而软，常下垂。叶退化成鞘状，抱茎，枝如分节一般，但在萌蘖嫩枝上叶尖部分外伸，黄绿色。总状花序于初秋生于当年生木质化生长枝的顶端，集成顶生圆锥花序，花稀疏；苞片三角形管状；萼片卵形，边缘膜质，淡绿色；花5出，花冠粉红色，半开张，花后不久脱落，花盘5裂；雄蕊5，着生于花盘裂片顶端；花柱3，基部联合，常弯曲。蒴果圆锥瓶状，3瓣裂。种子大，短棒状，黑紫色，顶端丛生白色毛。花期8～9月，果期9～10月。

保护价值：中国特有种，主要分布在塔里木盆地；《中国植物红皮书》渐危种；新疆Ⅰ级重点保护植物。

7. 塔里木柽柳 *Tamarix tarimensis* P. Y. Zhang et M. T. Liu

科属：柽柳科 Tamaricaceae 柽柳属 *Tamarix* L.

生境：生于流动沙丘边缘及河岸沙地。

地理分布：产于民丰县。

形态特征：灌木，高 2～5 米。老枝灰褐色。叶披针形，在营养枝上排列稀疏。稀疏的圆锥花序生于当年生枝顶；苞片卵状披针形，较花萼、花梗长；花瓣淡紫红色或粉红色，倒卵状圆形，略向内曲，花后大部宿存；花瓣 5，深裂，花盘 5 裂；雄蕊 5，花药红色，花丝基部着生在花盘裂片顶端。蒴果。种子小，紫红色或黑色。

保护价值：塔里木盆地特有种。

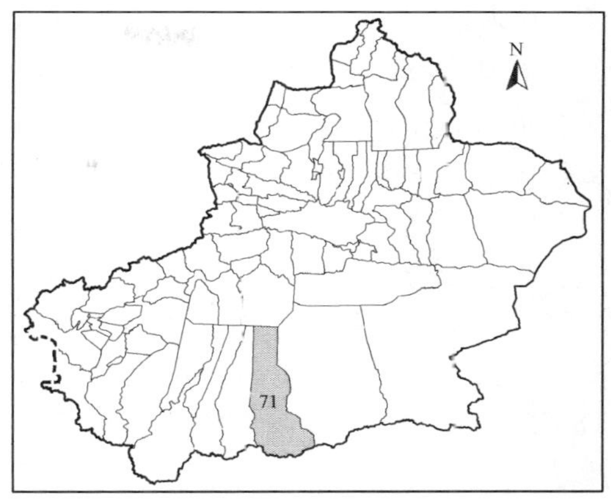

二十六、胡颓子科 Elaeagnaceae

1. 尖果沙枣 *Elaeagnus oxycarpa* Schltdl.

科属：胡颓子科 Elaeagnaceae 胡颓子属 *Elaeagnus* L.

生境：生于海拔 300～1500 米的戈壁沙滩或沙丘的潮湿地区和田边、路旁。

地理分布：产于库尔勒、阿克苏、阿图什，乌什县。

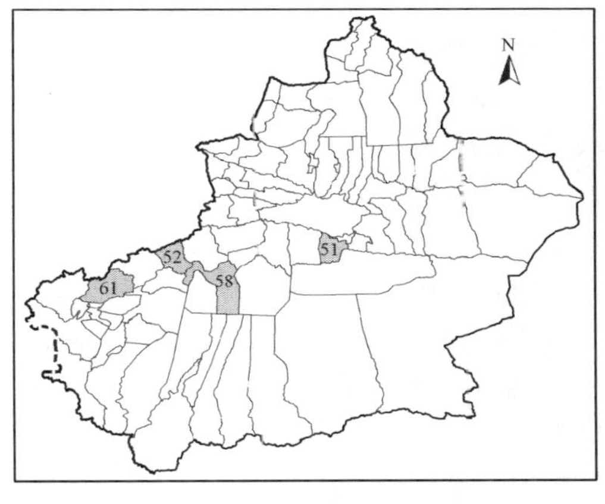

形态特征：落叶乔木或小乔木，高 5～20 米，具细长的刺。幼枝密被银白色鳞片，老枝鳞片脱落，圆柱形，红褐色。叶纸质，窄矩圆形至线状披针形，上面灰绿色，下面银白色；叶柄密被白色鳞片。花白色，略带黄色，常 1～3 朵花簇生于新枝下部叶腋；萼筒漏斗形或钟形，内面黄色，疏生白色星状柔毛；雄蕊 4；花盘顶端有白色柔毛。果实球形或近椭圆形，乳黄色至橙黄色，具白色鳞片；果肉粉质，味甜；果核骨质，椭圆形，具 8 条较宽的淡褐色平肋纹。花期 5～6 月，果期 9～10 月。

保护价值：新疆Ⅱ级重点保护植物。

二十七、伞形科 Apiaceae

1. 三小叶当归 *Angelica ternata* Regel et Schmalh

科属：伞形科 Apiaceae 当归属 *Angelica* L.

生境：生于海拔 2850～3300 米高山河谷的碎石质或砾石质山坡、河谷阶地阴湿处。

地理分布：产于阿图什，阿克陶县、乌恰县、塔什库尔干塔吉克自治县。

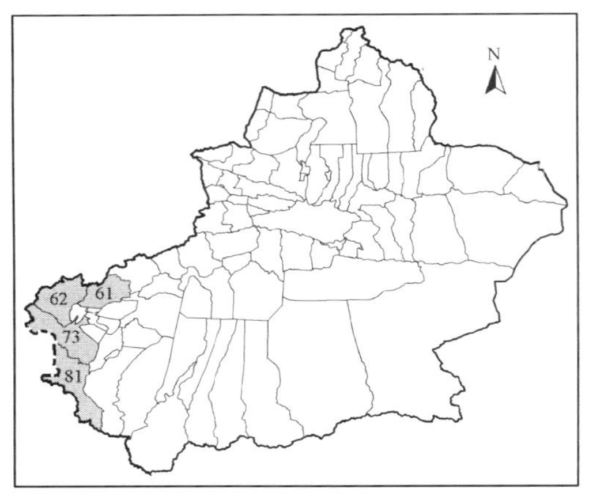

形态特征：多年生草本，高 20～50 厘米，有浓烈的香气。根粗壮，长圆柱形；根颈分叉多头，残存有暗褐色的枯叶鞘。茎直立，有细棱槽。基生叶三出式二至三回全裂或三出式羽状全裂；茎上部无叶片。复伞形花序生于茎枝顶端，伞幅 7～23，总苞片 3～5，早落；小伞形花序有花 15～25 朵，小总苞片多数，果期常反折；花淡绿色或淡黄绿色，花瓣广卵形。果实长圆状椭圆形，淡褐色，果棱具翅，侧棱翅较宽。花期 6～7 月，果期 7～8 月。

保护价值：中国仅产于塔里木盆地，稀有种。

2. 单羽矮伞芹（变种）***Chamaesciadium acaule***（M. B.）Shan et F. T. Pu var. ***simplex***（M. B.）Shan et F. T. Pu

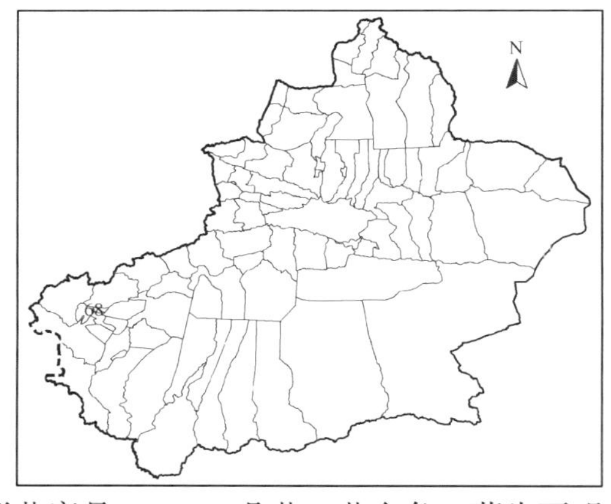

科属：伞形科 Apiaceae 矮伞芹属 *Chamaesciadium* C. A. Mey.

生境：生于海拔 2500～2700 米的高山山坡。

地理分布：产于喀什。

形态特征：多年生矮小草本，高约 10 厘米。茎有棱槽，带紫红色处的棱上粗糙，有短毛。叶较厚，基生叶有柄，叶鞘全部膜质；茎生叶少数，叶片长圆形，一回羽状全裂，羽片 3 对；茎中上部无叶。复伞形花序生枝顶，伞幅 6～12，总苞片 4～6，线形；小伞形花序具 10～15 朵花，花白色，萼齿不明显。果实长卵形，果棱龙骨状突起。

保护价值：塔里木盆地特有种。

3. 少伞山芎 ***Conioselinum schugnanicum*** B. Fedtsch.

科属：伞形科 Apiaceae 山芎属 *Conioselinum* Fisch. ex Hoffm.

生境：生于海拔 2800～4100 米的高山河谷灌丛下和草地中。

地理分布：产于乌恰县、塔什库尔干塔吉克自治县。

形态特征：多年生草本，高 20～50 厘米。根颈上残存有枯叶鞘。茎通常单一，中空，直立，有棱槽。叶无毛；基生叶少数，三角形或长圆状卵形，二至三回羽状全裂，一回羽片 3～5 对，二回羽片 1～3 对，卵形；茎生叶 2～3，简化，渐小，叶鞘长圆状披针形至椭圆形，边缘膜质，基部抱茎。复伞形花序生于茎或茎枝顶端，伞幅5～11，总苞片常缺，有时1，钻形，膜质；小伞形花序有花12～15朵，小总苞片1～7，钻形；花淡绿色至白色，萼齿不明显，花瓣卵形，顶端微凹，具内折的小舌片。果实广椭圆形，背腹略扁压；果棱窄翅状，侧棱较宽。花期6～7月，果期7～8月。

保护价值：中国仅产于塔里木盆地，稀有种。

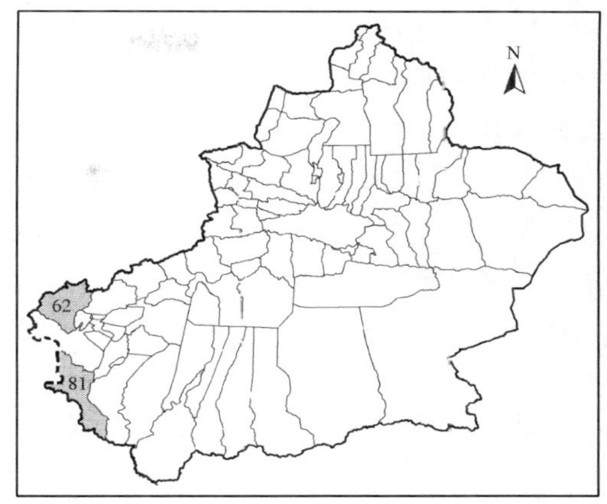

4. 新疆绒果芹 *Eriocycla pelliotii*（H. Boissieu）H. Wolff

科属：伞形科 Apiaceae 绒果芹属 *Eriocycla* Lindl.

生境：生于海拔1800～3200米的石质和砾石质山坡、洪积扇上及河谷石隙中。

地理分布：产于阿克苏、阿图什，库车县、拜城县、阿合奇县、阿克陶县、乌恰县、塔什库尔干塔吉克自治县、策勒县、皮山县。

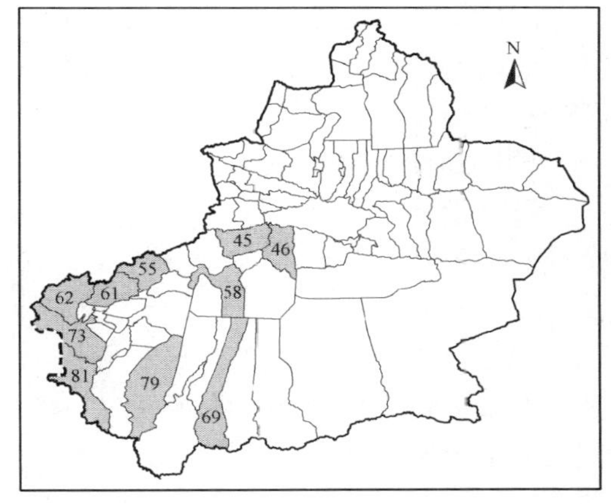

形态特征：多年生草本，高20～40厘米。根圆柱形。根颈分叉，多头。茎较多，直立，有细棱槽，粗糙，被稀疏的短毛。基生叶和茎下部叶有柄，柄的基部扩展成鞘，叶片一回羽状全裂，羽片通常4对；茎上部无叶，简化成苞片状。复伞形花序生于茎枝顶端，伞幅3～8（10），粗糙，被短毛，总苞片2～5，钻形，边缘窄膜质；小伞形花序有花10～20朵，花梗有短毛，小总苞片4～7；花黄色或淡黄色，花瓣卵形或椭圆形，顶端稍向内弯曲，背面密被长柔毛。果实长卵形，密被长柔毛；果棱丝状稍突起。花期6～7月，果期7～8月。

保护价值：中国仅产于塔里木盆地，稀有种。

5. 圆锥茎阿魏 *Ferula conocaula* Korovin

科属：伞形科 Apiaceae 阿魏属 *Ferula* L.

生境：生于海拔2700～3000米的山谷碎石和砾石质山坡及谷地冲沟边。

地理分布：产于乌恰县。

形态特征：多年生草本，高达2米，全株有强烈的葱蒜味。根圆柱形或纺锤形。茎单一，下部枝互生，上部枝轮生。叶质较厚，叶片三角形或菱形，三出式二回羽状全裂，长圆形或披针状椭圆形。复伞形花序生于茎枝顶端，伞幅12～50，无总苞片；侧生花序2～4，花序梗长；小伞形花序有花15朵，小总苞片小，脱落；花瓣黄色，长椭圆形或椭圆形。果实椭圆形；果棱的背棱和中棱明显突起，侧棱增宽成狭翅。花期5～6月，果期6月。

保护价值：中国仅产于塔里木盆地，稀有种；新疆Ⅰ级重点保护植物。

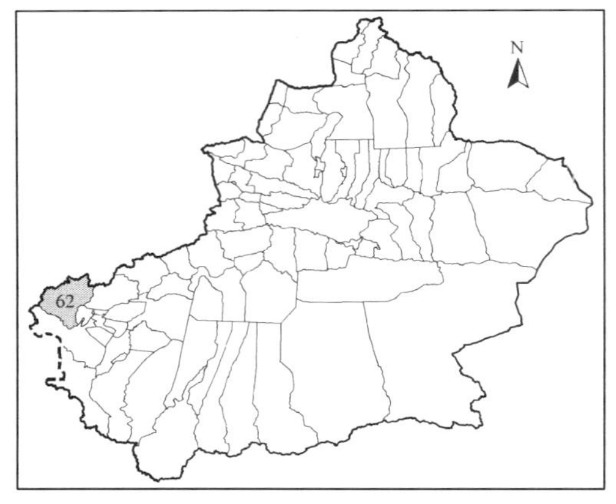

6. 宽叶臭阿魏 *Ferula foetidissim* Rgl. et Schmalh.

科属：伞形科 Apiaceae 阿魏属 *Ferula* L.

生境：生于海拔1200～2300米草原的荒漠碎石沙砾坡地上。

地理分布：产于喀什。

形态特征：多年生草本，高达1.5米，全株有强烈的臭味。茎单一，粗壮，红褐色，从中部分枝，下部枝互生，上部枝若干，集生一处。叶早枯萎；基生叶三回羽状全裂；茎生叶较小，具披针形、偏离茎的叶鞘，末回裂片通常半裂齿状。复伞形花序生于茎枝顶端，伞幅25～30；小伞形花序有花20朵，无小总苞片；萼齿短，三角形；花瓣黄色，宽椭圆形，具向内弯曲的顶端；花柱基平，沿缘稍加厚，波状。果实椭圆形；背棱丝状，侧棱宽翅状。花期4～5月，果期6～7月。

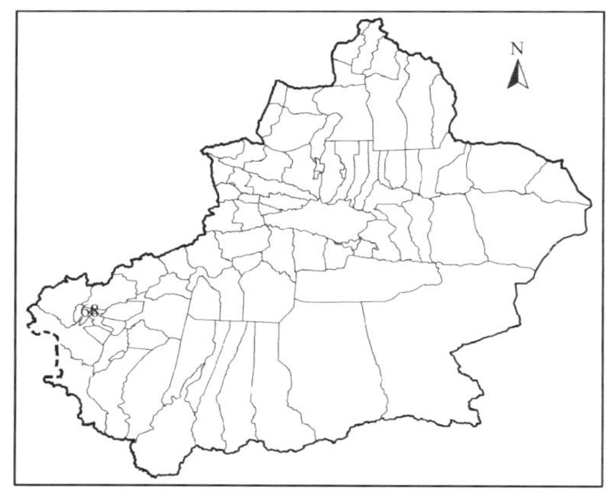

保护价值：中国仅产于塔里木盆地，稀有种。

7. 大叶独活 *Heracleum olgae* Regel et Schmalh

科属：伞形科 Apiaceae 独活属 *Heracleum* L.

生境：生于海拔高达3000米的砾石质山坡。

地理分布：产于乌恰县。

形态特征：多年生草本，高80～100厘米。根粗，圆锥形；根颈不分叉，残存有褐色的枯叶鞘。茎直立，中空，有深棱槽，从中部向上分枝。单叶，基生叶有长柄，叶片广卵形，羽状浅裂；茎生叶向上变小，简化，3～5浅裂或全缘。复伞形花序生于茎枝顶端，被密毛和腺毛，伞幅 25～30，无总苞片；小伞形花序有花 20～30 朵，小总苞片 3～5；花淡黄色，萼齿 4；花瓣圆状倒卵形，顶端向里弯曲。果实倒宽卵形或近圆形，顶端微凹，被稀疏的毛和腺毛；果棱线形，背棱突起，侧棱有宽翅。花期 7～8 月，果期 8～9 月。

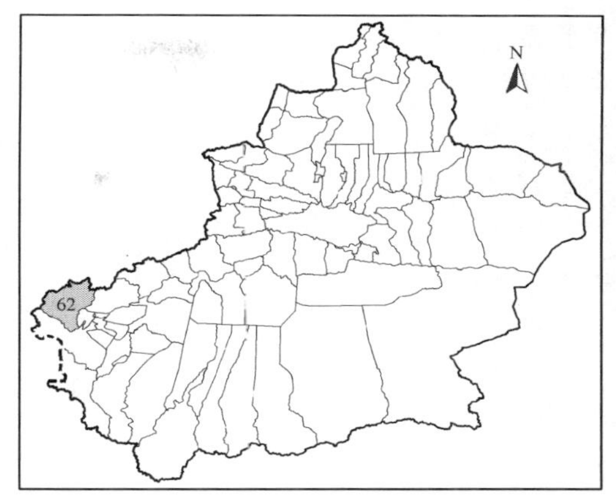

保护价值：中国仅产于塔里木盆地，稀有种。

8. 阔鞘岩风 *Libanotis acaulis* Shan et M. L. Sheh

科属：伞形科 Apiaceae 岩风属 *Libanotis* Hill

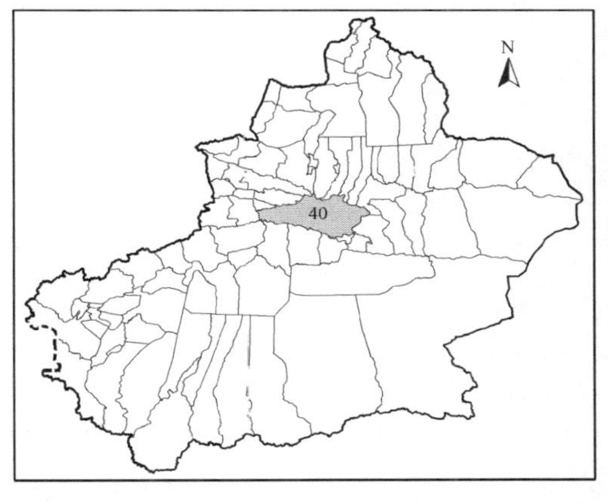

生境：生于海拔 2300～2600 米的山地冲积洪积平原。

地理分布：产于和静县。

形态特征：多年生矮小草本，仅数厘米。根颈粗，密被棕色枯叶鞘纤维。叶全部基生，叶片长圆形，二回羽状全裂或深裂，开花时，花序梗具托叶 2。花序有两种，一种为复伞形花序，从叶丛中间抽出，伞幅 7～10，总苞片 1～2，披针形；另一种为单伞形花序，从中间花序周围发出，具 15～20 朵花或更多，小总苞片 10～20，披针形；花瓣白色，长圆形，顶端内曲。果实长圆形，果棱线形，钝状略突起。花果期 7～8 月。

保护价值：塔里木盆地特有种。

9. 岩生棱子芹 *Pleurospermum rupestre*（Popov）K. T. Fu et Y. C. Ho

科属：伞形科 Apiaceae 棱子芹属 *Pleurospermum* Hoffm.

生境：生于海拔 2500～3500 米的亚高山带岩石山坡。

地理分布：产于和静县。

形态特征：多年生草本，高 20～50（70）厘米，全株无毛。根圆锥状；根颈密被褐色残存枯叶鞘。茎直立，单一或有少数分枝。基生叶多数，有长柄，叶片卵形，二至三回羽状全裂；茎生叶少数，明显较小。复伞形花序生于茎或茎枝顶端，伞幅 4～7，总苞片 4～7，线状披针形，边缘窄膜质；小伞形花序有花 10～20 朵，小总苞片 4～6，卵状披针形或披针形，边缘膜质；花白色，花瓣卵形至倒卵形，顶端微凹，具内弯的小舌片。果实卵形，果棱有宽翅，翅缘微波状。花期 7 月，果期 8 月。

保护价值：中国仅产于塔里木盆地，稀有种。

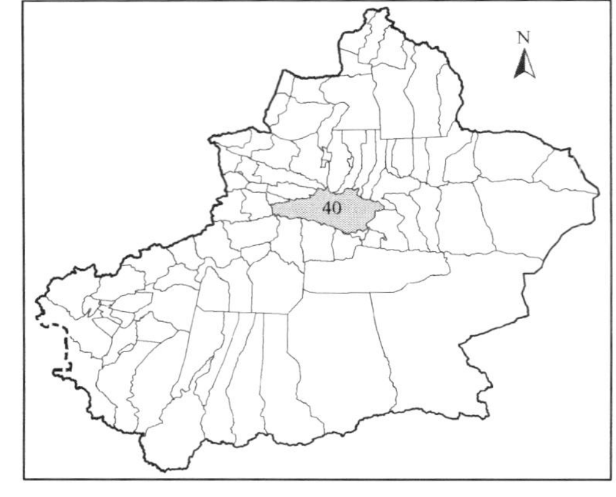

10. 新疆棱子芹 *Pleurospermum stylosum* C. B. Clarke

科属：伞形科 Apiaceae 棱子芹属 *Pleurospermum* Hoffm.

生境：生于海拔 3800～4300 米的亚高山和高山草甸的山坡上。

地理分布：产于塔什库尔干塔吉克自治县。

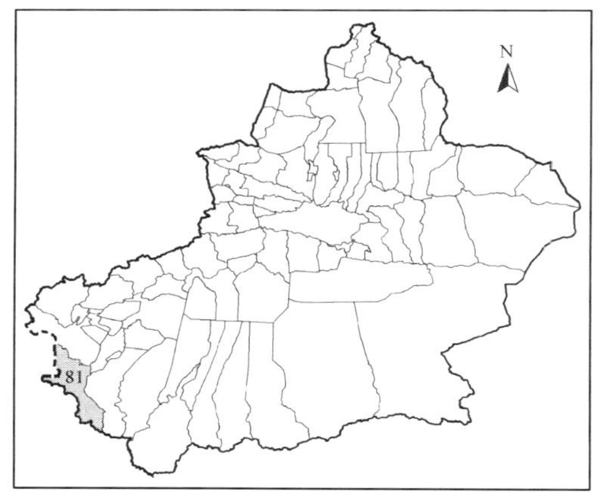

形态特征：多年生草本，高 20～60(150) 厘米。主根纺锤形。根颈不分叉。茎单一，圆柱形，中空，从基部分枝。基生叶多数，有长柄，叶长卵形，一至二回羽状全裂，一回羽片披针形至卵形，末回裂片羽状半裂或有锯齿；茎生叶少，简化，裂片窄而短。复伞形花序生于茎枝顶端，伞幅 10～20（35），总苞片 5～8，披针形或长圆形，全缘或羽状分裂，往下弯曲；小伞形花序有花 20～30 朵，小总苞片 6～10，披针形，宽膜质，全缘或至顶端 3 裂；花白色，花瓣宽披针形或倒卵形，顶端向内弯曲，基部有爪。果实长圆状卵球形或椭圆状；果棱具膜质波状的翅，棱间无瘤。花期 7～8 月，果期 8～9 月。

保护价值：中国仅产于塔里木盆地，稀有种。

11. 密毛大瓣芹 *Semenovia pimpinelloides*（Nevski）Manden.

科属：伞形科 Apiaceae 大瓣芹属 *Semenovia* Regel et Herd.

生境：生于高山带干旱的砾石质山坡。

地理分布：产于乌恰县。

形态特征：多年生草本，高 25～40 厘米。根圆锥形，粗壮。根颈分叉，残存有枯叶鞘分解的纤维。茎有细棱槽，从近基部向上分枝。叶呈灰蓝色；基生叶莲座状，叶柄基部扩展成鞘；叶片长圆形，羽状全裂，羽片 2～5 对；茎生叶向上渐小，简化，有叶片至无叶片，叶鞘近三角形至披针形。复伞形花序生于茎枝顶端，伞幅 5～10，总苞片 4～6；小伞形花序有花 10～20 朵；花淡黄色，花瓣不等大，椭圆形或倒卵形。果实椭圆形，背腹扁压，被毛；背部果棱丝状突起，侧棱具窄翅。花期 7 月，果期 8 月。

保护价值：中国仅产于塔里木盆地，稀有种。

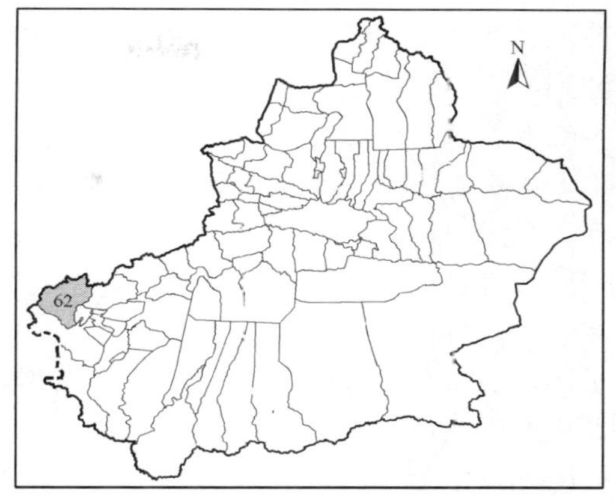

12. 艾叶芹 *Zosima korovinii* Pimenov

科属：伞形科 Apiaceae 艾叶芹属 *Zosima* Hoffmann

生境：生于海拔 1200～2700 米的亚高山松柏林带和草原带的石质黏土山坡上。

地理分布：产于乌恰县。

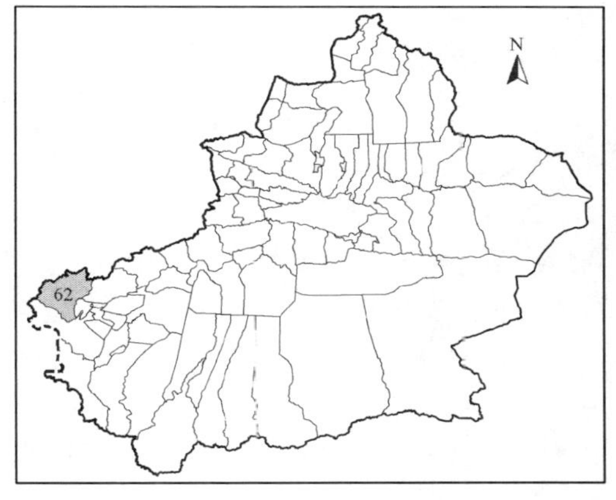

形态特征：多年生草本，高 40～80 厘米。根纺锤形；根颈不分叉，残存有枯叶鞘分解的纤维。茎单一，具棱，从下部向上分枝。叶灰绿色；基生叶多数，叶片长圆形，一回羽状全裂，羽片再羽状深裂或浅裂；叶柄基部增宽成叶鞘。复伞形花序生于茎枝顶端，伞幅 5～25，总苞片和小总苞片 4～9，线状披针形，几完全膜质，密被长柔毛，呈灰白色；小伞形花序有花 20～25 朵；萼齿小，三角形；花瓣淡黄色，花柱外弯。果实宽椭圆形，背部果棱线状，侧棱增宽。花期 7 月，果期 8 月。

保护价值：中国仅产于塔里木盆地，稀有种。

二十八、报春花科 Primulaceae

1. 阿克点地梅 *Androsace akbaitalensis* Derg.

科属：报春花科 Primulaceae 点地梅属 *Androsace* L.

生境：生于帕米尔高原海拔 2200～4230 米的高山草原、山谷、河滩、碎石质山坡。

地理分布：产于阿克陶县、乌恰县、叶城县、塔什库尔干塔吉克自治县。

形态特征：多年生草本。植株由根出茎上的莲座状叶丛中抽出，形成间断的莲座状

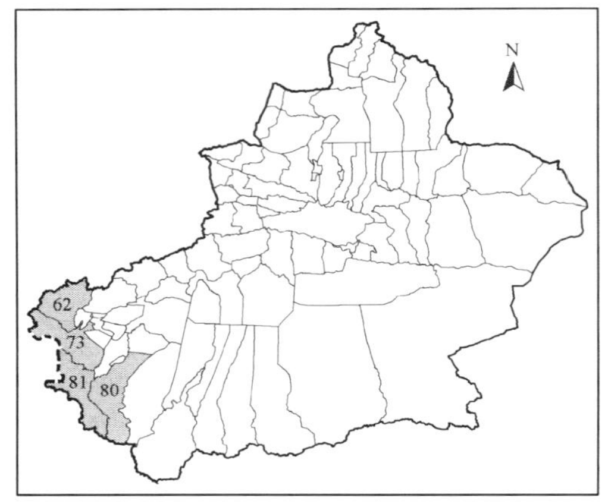

疏丛。叶丛中的老叶宿存，绿色；外层叶倒卵形，先端钝，短于内层叶，内层叶长圆状披针形，叶片边缘被长的睫毛，下面疏被柔毛。花葶高 2～6 厘米，被稀疏的柔毛或近无毛；伞形花序 6～10 朵花；苞片长圆状披针形，边缘和上面被柔毛；花梗与苞片近等长或短于苞片；花萼钟状，疏被短柔毛，分裂近达全长的 1/3，萼齿卵状三角形，先端钝圆；花冠白色或粉红色至深紫红色，冠檐直径 7～8 毫米，花冠裂片倒卵形。花果期 7～8 月。

保护价值：中国仅产于塔里木盆地，稀有种。

2. 南疆点地梅（黄花点地梅）*Androsace flavescens* Maxim.

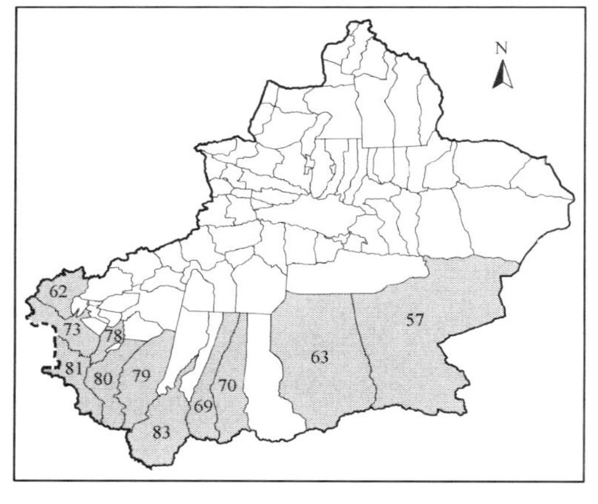

科属：报春花科 Primulaceae 点地梅属 *Androsace* L.

生境：生于昆仑山、阿尔金山、帕米尔高原海拔 2900～4100 米的山地草原、河谷、石质山坡、河滩卵石地、高山草原石缝。

地理分布：产于若羌县、且末县、阿克陶县、乌恰县、莎车县、叶城县、塔什库尔干塔吉克自治县、于田县、策勒县、和田县、皮山县。

形态特征：多年生草本。植株由根出茎上的莲座状叶丛中抽出。根出茎 3～4，近先端疏被柔毛，下部近无毛，老茎呈枣红色或深紫褐色。叶呈不明显的两型，外层叶长圆状倒披针形，先端钝，上半部被粗毛状长毛，无柄；内层叶倒披针形，上面几无毛，下面被稀疏的粗毛，边缘被开展的长缘毛；叶柄极短。花葶 1～3，被开展的长柔毛，近先端毛被极密；伞形花序 6～10 朵花，密被灰白色柔毛；苞片长圆形；花梗短于苞片；花萼钟状，分裂近达中部，萼狭卵形；花冠淡黄色，冠筒稍长于花萼，花冠边缘微呈波状。花期 6 月。

保护价值：塔里木盆地特有种。

3. 高山点地梅 *Androsace olgae* Ovcz.

科属：报春花科 Primulaceae 点地梅属 *Androsace* L.

生境：生于阿尔金山、帕米尔高原、天山南坡山地海拔 2200～3500 米的草原至亚高山草原。

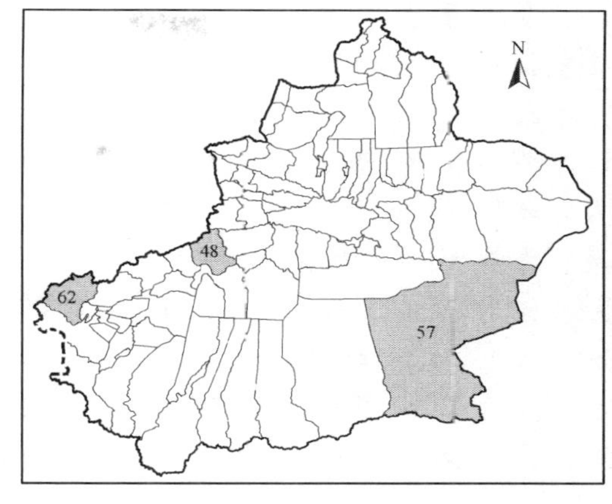

地理分布：产于若羌县、温宿县、乌恰县。

形态特征：多年生草本。植株由根出茎上的莲座状叶丛中抽出，根出茎2～5。叶呈不明显的两型，外层叶卵状披针形，内层叶狭披针形；不育枝上的叶披针形，大小不等。花葶疏被向下贴生的短柔毛，后期无毛；伞形花序3～5（8）朵花；苞片卵状披针形、卵形至长圆形；花梗密被柔毛和小腺毛；花萼钟状，密被绢毛；花冠白色或淡粉红色，喉部紫红色或深紫色，冠檐直径6毫米，花冠裂片长圆状倒卵形。花期6～7月。

保护价值：中国仅产于塔里木盆地，稀有种。

4. 鳞叶点地梅 *Androsace squarrosula* Maxim.

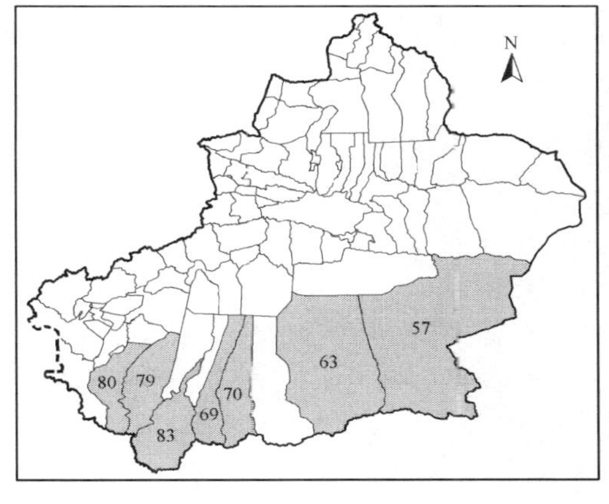

科属：报春花科 Primulaceae 点地梅属 *Androsace* L.

生境：生于昆仑山、阿尔金山海拔2900～4200米的高山草甸、砾石质山坡、山沟石地、半荒漠。

地理分布：产于若羌县、且末县、叶城县、于田县、策勒县、和田县、皮山县。

形态特征：多年生草本。地上部分由多数根出茎组成疏丛。莲座状叶丛直径3～4.5毫米，外层叶卵形至宽卵圆形，先端向外反折；内层叶披针形，先端灰白色。花葶短，苞片2；花单生，近无梗；花萼钟状，分裂近中部，萼齿边缘具缘毛；花冠白色，稀粉红色，冠檐直径6～7毫米，冠筒稍长于花萼。花期5～6月。

保护价值：塔里木盆地特有种。

5. 帕米尔报春 *Primula pamirica* Fed.

科属：报春花科 Primuliceae 报春花属 *Primula* L.

生境：生于天山南坡、阿尔金山、昆仑山、帕米尔高原海拔2500～4200米的沼泽化草甸、河漫滩、淡水湖边。

地理分布：产于和静县、若羌县、温宿县、阿克陶县、乌恰县、塔什库尔干塔吉克自治县、策勒县、皮山县。

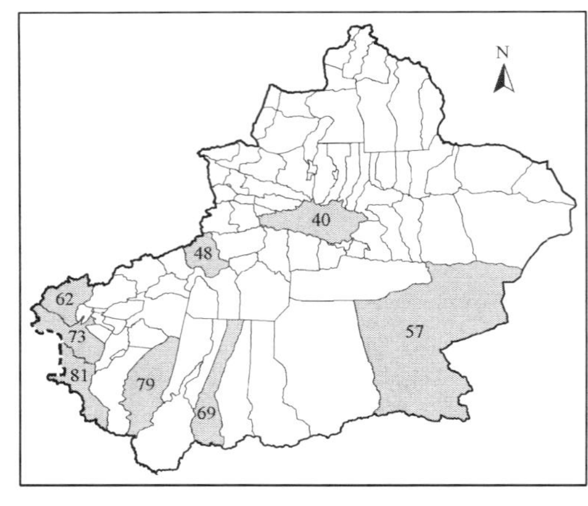

形态特征：多年生草本。根状茎短，具多数须根。全株无粉。叶莲座状，叶片倒卵形至匙形，全缘。花葶高15～20（30）厘米，具不明显纵棱，在花后期增粗，伸长；伞形花序多花，6～14朵；苞片长圆形，被腺毛；花梗不等长，被黑色小腺毛；花萼筒状，密被黑色小腺毛，分裂至全长的1/3处，萼齿长圆形或披针形；花冠淡红色，稀白色，冠筒长于花萼1倍，花冠裂片倒心形，先端深裂。蒴果椭圆形，成熟时顶端开裂。花期5～6月，果期7月。

保护价值：中国仅产于塔里木盆地，稀有种。

二十九、白花丹科 Plumbaginaceae

1. 细叶彩花 *Acantholimon borodinii* Krasn.

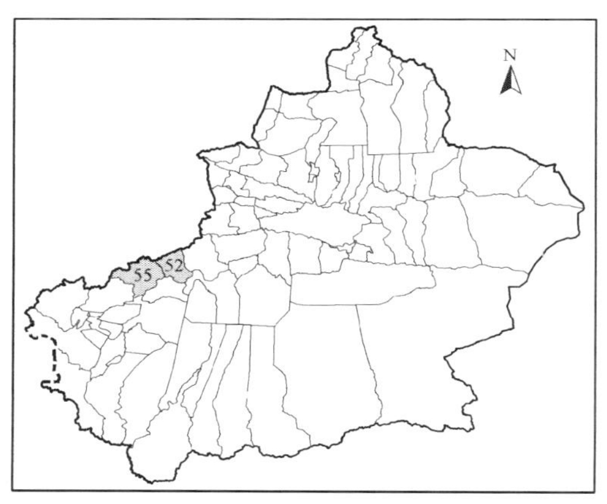

科属：白花丹科 Plumbaginaceae 彩花属 *Acantholimon* Boiss.

生境：生于天山南坡海拔1700～2800米的干旱砾石山坡。

地理分布：产于乌什县、阿合奇县。

形态特征：垫状小灌木。新枝可见，长2～5毫米。叶淡灰绿色，无毛，常略有钙质颗粒，线状披针形或线形。花序轴明显，不分枝，被密毛，略伸出叶外，小穗4～7个排成两列组成穗状花序；小穗含花1～2朵；外苞宽卵形或长圆状卵形，先端近圆形或截形，长约4毫米，第一内苞长约6毫米；花萼漏斗状，萼筒长4～5毫米，沿脉和脉间密被短毛，萼檐白色，先端有大小相间的10个裂片，脉紫褐色，伸达或几达萼檐顶缘；花冠粉红色。花期6～7月，果期7～8月。

保护价值：中国仅产于塔里木盆地，稀有种。

2. 小叶彩花 *Acantholimon diapensioides* Boiss.

科属：白花丹科 Plumbaginaceae 彩花属 *Acantholimon* Boiss.

生境：生于天山南坡、帕米尔高原海拔2600～4300米的高山石质荒漠。

地理分布：产于喀什，乌恰县、阿合奇县、塔什库尔干塔吉克自治县。

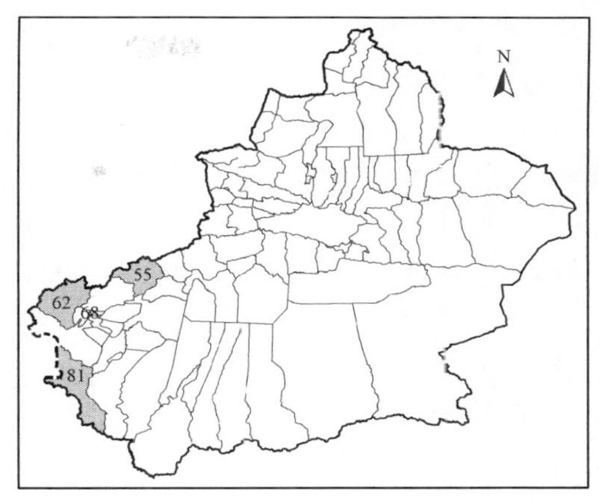

形态特征：紧密垫状小灌木。小枝上每年增长极短，只具几层紧密贴伏的新叶。叶淡灰绿色，两面无毛，披针形至线形，横切面近扁平，先端急尖或钝。花序无轴，仅 2～3 个小穗直接簇生新枝基部叶腋，全露于枝端叶外；小穗含花 1～2 朵，外苞和第一内苞无毛；外苞宽卵形，第一内苞与外苞相似；花萼漏斗状，萼筒脉棱间毛稀少或几无毛，萼檐白色，无毛，先端有 10 个不明显的浅圆裂片或近截形，脉紫褐色，在接近萼檐顶缘处变淡或无色；花冠淡红色。花期 6～8 月，果期 7～9 月。

保护价值：中国仅产于塔里木盆地，稀有种。

3. 彩花 ***Acantholimon hedinii*** Ostenf.

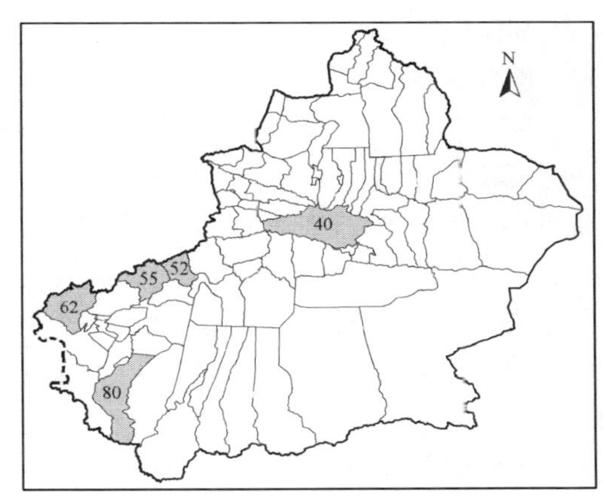

科属：白花丹科 Plumbaginaceae 彩花属 *Acantholimon* Boiss.

生境：生于天山南坡、帕米尔高原高山海拔 3000～4000 米的草原带。

地理分布：产于和静县、乌什县、乌恰县、阿合奇县、叶城县。

形态特征：紧密垫状小灌木。小枝具几层紧密贴伏的新叶。叶披针形至线形。2～3 个小穗直接簇生在新枝叶腋，全部露于枝端叶外；小穗含 1～2 朵花，花冠粉红色；第一内苞与外苞相似，长约为外苞的 1 倍，皆被毛；花萼漏斗状，萼筒脉上和脉棱间常密被短毛，萼檐白色，脉紫褐色。花果期 6～9 月。

保护价值：塔里木盆地特有种。

4. 浩罕彩花 ***Acantholimon kokandense*** Bunge ex Regel

科属：白花丹科 Plumbaginaceae 彩花属 *Acantholimon* Boiss.

生境：生于帕米尔高原海拔 1800～2500 米的山地砾石荒漠。

地理分布：产于乌恰县。

形态特征：垫状小灌木。新枝可见，长 3～7 毫米。叶灰绿色，质硬，有细小钙质颗粒，线状针形，横切面扁三棱形；夏叶长，春叶略宽，通常不到夏叶长度的一半。花序轴明显，不分枝，被毛，小穗 4～7 个在上部排成两列组成穗状花序，有时只具 1 个顶生小穗；小穗单花；外苞长圆状卵形，先端渐尖；第一内苞较外苞大，长 7～8 毫米；花萼漏斗状，萼筒长 6～7 毫米，上部脉间被疏毛；萼檐无毛，白色，有伸达萼檐顶缘的紫褐色脉纹；花冠粉红色。花期 6～8 月，果期 7～9 月。

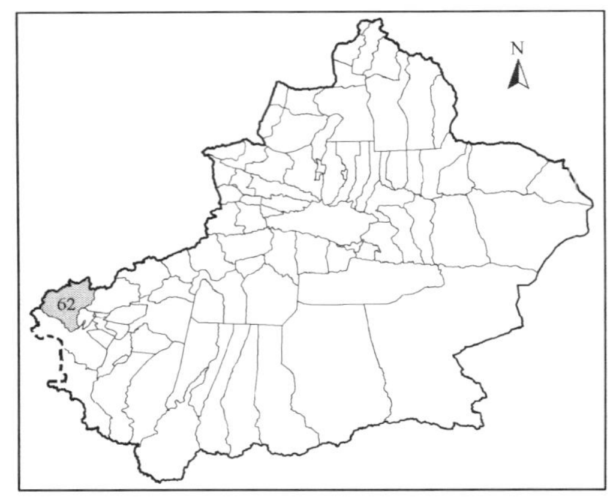

保护价值：中国仅产于塔里木盆地，稀有种。

5. 乌恰彩花 ***Acantholimon popovii*** Czerniak.

科属：白花丹科 Plumbaginaceae 彩花属 *Acantholimon* Boiss.

生境：生于帕米尔高原海拔 1800～2000 米的石质荒漠草原。

地理分布：产于喀什，乌恰县。

形态特征：疏松垫状小灌木。新枝长 3～5 毫米。叶线形，有小钙质颗粒。花序轴明显，不分枝，高 4.5～6 厘米，2～4 个小穗常偏于一侧排成近头状的穗状花序；小穗具 2～3 朵花，花冠粉红色；花萼漏斗状，萼筒沿脉被密毛，萼檐白色。花果期 6～9 月。

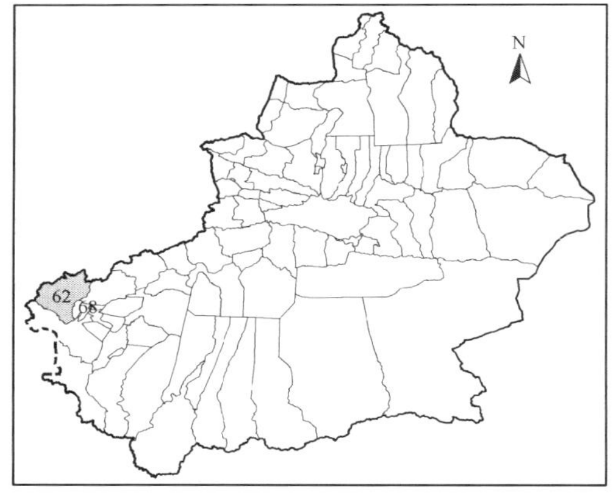

保护价值：塔里木盆地特有种。

6. 天山彩花 ***Acantholimon tianschanicum*** Czerniak.

科属：白花丹科 Plumbaginaceae 彩花属 *Acantholimon* Boiss.

生境：生于天山南坡、帕米尔高原海拔 1700～3500 米的石质荒漠、干旱砾石山坡。

地理分布：产于阿合奇县、拜城县、乌恰县。

形态特征：紧密垫状小灌木。小枝上每年增长极短，只被几层紧密贴伏的新叶。叶淡灰绿色，无毛，常有小钙质颗粒，披针形至线状披针形，横切面扁三棱形或近扁平。花序无轴，一般仅为单个小穗直接着生在新枝基部叶腋；小穗含花 1～3 朵，外苞和第一内苞无毛；外苞宽卵形，第一内苞与外苞相似，长约为外苞的 1 倍；花萼漏斗状，萼筒脉上被疏短毛或几无毛，萼檐暗紫红色，无毛，先端具 10 个不明显的浅圆裂片或近截形，脉儿伸达萼檐边缘；花冠淡紫红色或淡红色。花期 6～9 月，果期 7～10 月。

保护价值：中国仅产于塔里木盆地，稀有种。

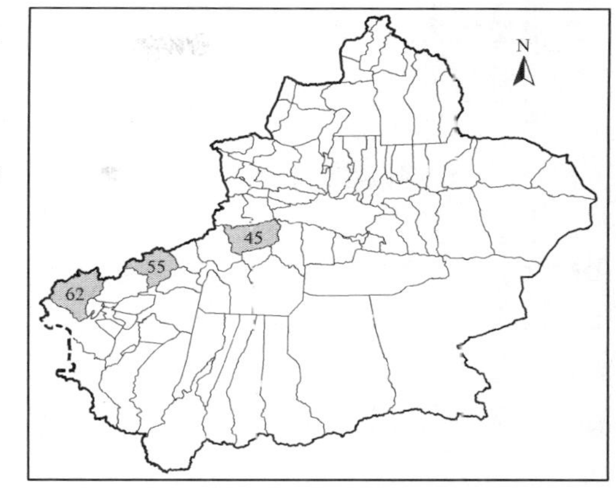

7. 喀什补血草 *Limonium kaschgaricum*（Rupr.）Ikonn.-Gal.

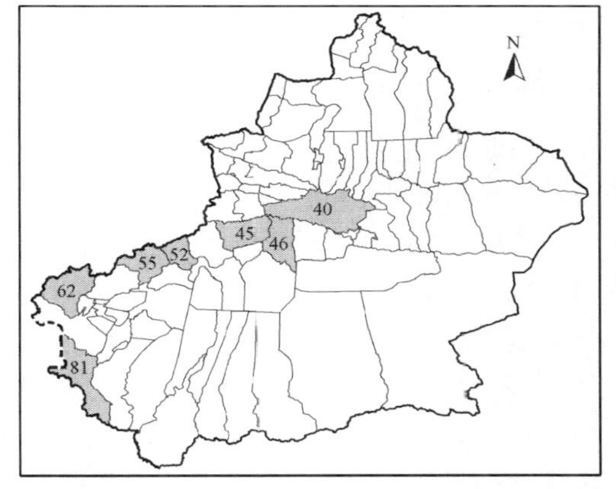

科属：白花丹科 Plumbaginaceae 补血草属 *Limonium* Mill.

生境：生于天山南坡、帕米尔高原海拔 1300～3000 米的山地草原至高山草原、草原、碎石山坡。

地理分布：产于和静县、库车县、拜城县、乌什县、阿合奇县、乌恰县、塔什库尔干塔吉克自治县。

形态特征：多年生草本，高 10～25 厘米。根较粗壮，皮黑褐色，不开裂。茎基木质，肥大多头，密被残存的枯叶柄基和白色膜质鳞片。叶基生，长圆状匙形至倒披针形，早枯。花序伞房状，数回叉状分枝，具多数不育枝；穗状花序较紧密，由 3～7 个小穗组成；小穗含花 2～3 朵；外苞宽卵形，边缘膜质，长 1.5～3 毫米，第一内苞长为外苞的 2～3 倍；花萼宽漏斗形，沿脉和脉间密被长柔毛，长 6～10 毫米，萼筒直径约 1 毫米，长 4～5 毫米，萼檐淡紫红色或淡紫色，干后渐变白色，5 裂，常有间生小裂片；花冠淡紫红色。花期 6～7 月，果期 7～8 月。

保护价值：中国仅产于塔里木盆地，稀有种。

8. 灰杆补血草 *Limonium lacostei*（Danguy）Kamelin

科属：白花丹科 Plumbaginaceae 补血草属 *Limonium* Mill.

生境：生于帕米尔高原海拔 200～2500 米的荒漠和荒漠草原带洪积扇、戈壁及石质荒漠。

地理分布：产于乌恰县、疏附县。

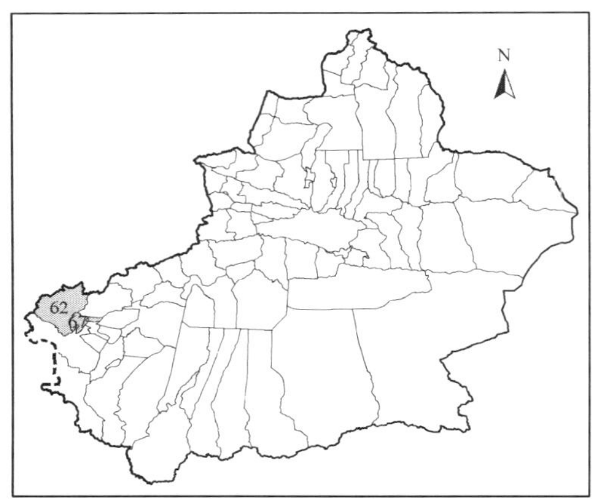

形态特征：多年生草本，高 20～40 厘米，全株（除萼外）无毛。茎基肥大，多头，分枝略木质，枝端密被白色膜质鳞片和残存的黄褐色叶柄。叶簇集于茎基分枝的顶端，早凋，匙形至长圆状倒卵形。花序伞房状，花序轴多数，中部或上部一至三回叉状分枝，不育枝多；2～3 个小穗生于花序分枝顶端，小穗含花 2～3 朵，花冠橙黄色；萼漏斗状，沿脉和脉间密被长毛，萼檐黄色。花果期 6～8 月。

保护价值：塔里木盆地特有种。

三十、龙胆科 Gentianaceae

1. 穗状百金花 *Centaurium spicatum*（L.）Fritsch.

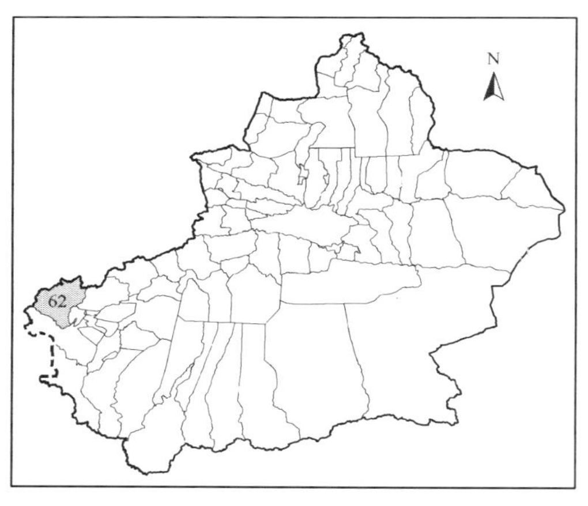

科属：龙胆科 Gentianaceae 百金花属 *Centaurium* Hill.

生境：生于帕米尔高原低山带河谷、水边。

地理分布：产于乌恰县。

形态特征：一年生草本，高 4～40 厘米。茎四棱形，常从茎基部分枝。基生莲座状叶早期枯落，宽卵形；茎生叶长圆状椭圆形或长圆状披针形，先端渐尖。花单生或两个顶生或腋生成为穗状花序，小苞片 2 线形；花萼短管状；花冠长 1～1.4 厘米，细管状，花冠裂片粉红色，有时白色，长卵状圆形，先端钝。蒴果长圆形，长约 1 厘米。种子细小，多数，圆盘状，具疣状突起，棕褐色。花期 6～7 月，果期 8～10 月。

保护价值：中国仅产于塔里木盆地，稀有种。

2. 细花獐牙菜 *Swertia graciliflora* Gontsch.

科属：龙胆科 Gentianaceae 獐牙菜属 *Swertia* L.

生境：生于帕米尔高原海拔 2500～4500 米的高山草原、河谷、水边。

地理分布：产于阿克陶县、乌恰县。

形态特征：多年生草本，高 10～20 厘米。茎直立，黄绿色，有时带紫红色，中空，基部直径 2～5 毫米，被黑褐枯老叶柄。基生叶 3～4 对，具长柄，叶片狭矩圆形或线状椭圆形；茎中部常光裸无叶。圆锥状复聚伞花序密集，具多花；花梗黄绿色，近直立；花萼长为花冠的1/2～2/3，裂片披针形，长7～8毫米；花冠蓝色，裂片矩圆形，啮蚀状，基部具2个腺窝；花丝基部具少数流苏状短毛；花药蓝色，狭矩圆形；子房近无柄，披针形或椭圆形，花柱不明显，柱头2裂，裂片半圆形。蒴果无柄，椭圆状披针形。种子褐色，宽矩圆形，表面具纵皱褶。花果期7～8月。

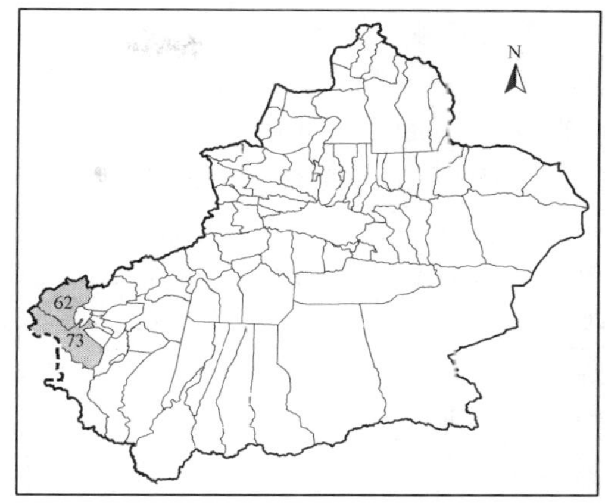

保护价值：中国仅产于塔里木盆地，稀有种。

三十一、夹竹桃科 Apocynaceae

1. 白麻 *Apocynum pictum* Schrenk

科属：夹竹桃科 Apocynaceae 罗布麻属 *Apocynum* L.

生境：生于海拔1000～1730米的盐碱湖畔、荒地、沙漠边缘及河流、渠道沿岸。

地理分布：产于塔里木盆地各地。

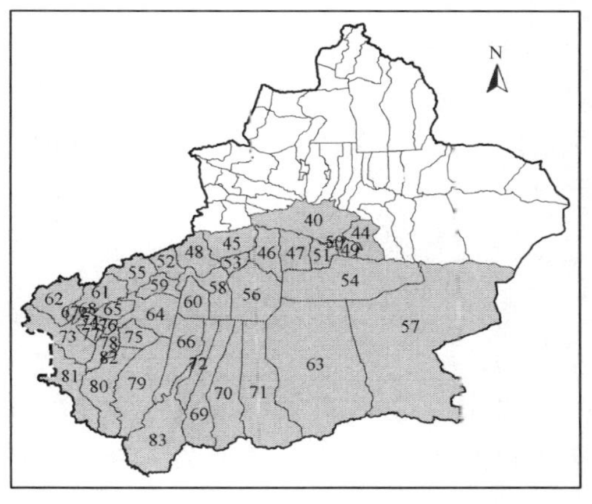

形态特征：直立半灌木或草本，高0.5～2米。茎黄绿色，有条纹。叶线形至线状披针形，边缘具细齿，坚纸质，互生，稀，在茎的上部对生。圆锥状的聚伞花序1至多数，顶生；苞片及小苞片披针形；花萼5裂，下部合生，内无腺体；花冠辐状，直径1.5厘米，粉红色，裂片5，每裂片具3条深紫色条纹；副花冠着生于花冠筒的基部，裂片5；雄蕊5，花丝短，被茸毛，花药箭头状；花盘肉质环状；子房半下位，由2枚离生心皮所组成，柱头2裂，基部盘状。蓇葖果2，倒垂，外果皮灰褐色，有细纵纹。种子红褐色，长圆形，顶端具一簇白色绢质种毛；种毛长约2厘米。花期5～7月，果期7～9月。

保护价值：新疆Ⅰ级重点保护植物。

2. 罗布麻 *Apocynum venetum* L.

科属：夹竹桃科 Apocynaceae 罗布麻属 *Apocynum* L.

生境：生于海拔约1100米的沙漠盐碱地、河岸、塔里木盆地各河岸。

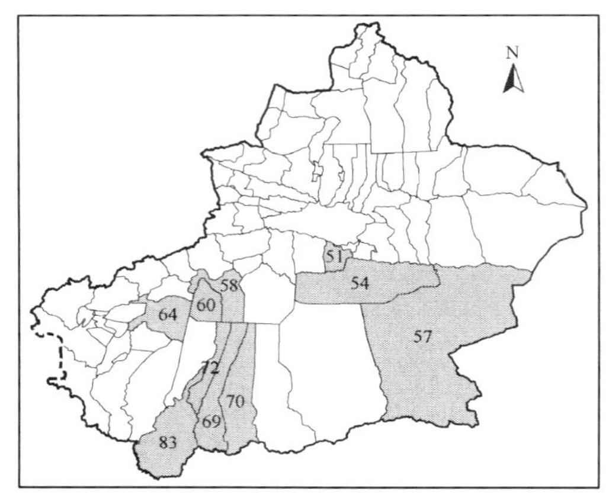

地理分布：产于库尔勒、阿克苏，若羌县、尉犁县、巴楚县、阿瓦提县、策勒县、和田县、洛浦县、于田县。

形态特征：直立半灌木或多年生草本，高 1～3 米，全株含有白色乳汁。茎直立，无毛。单叶对生或互生，椭圆形或长圆状披针形，长 1～5 厘米，宽 0.5～1.5 厘米，基部圆形或楔形，先端钝，具由中脉延长的刺尖，平滑无毛；叶柄短。聚伞花序生于茎端或分枝上；苞片小，膜质，披针形，先端尖；萼 5 裂，裂片披针形或三角状卵形，长约 2 毫米，被短毛；花冠粉红色或浅紫色，钟形，下部筒状，上端 5 裂，花冠里面基部有副花冠 5；花盘边缘有蜜腺；雄蕊 5，花药孔裂；雌蕊 1，柱头 2 裂，绿色。蓇葖果长角状，熟时黄褐色，带紫晕，成熟后沿粗脉开裂，散出种子。种子多数，黄褐色，近似枣核形，顶端簇生白色细长毛。花期 5～7 月，果期 8～9 月。

保护价值：新疆 I 级重点保护植物。

三十二、萝藦科 Asclepiadaceae

1. 喀什牛皮消 *Cynanchum kashgaricum* Liou f.

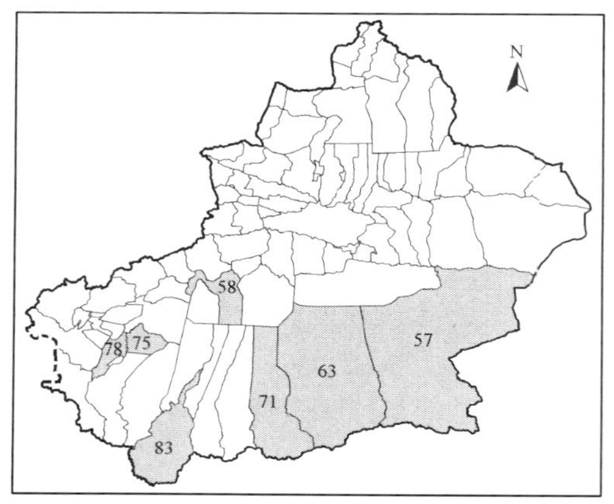

科属：萝藦科 Asclepiadaceae 鹅绒藤属 *Cynanchum* L.

生境：生于天山南坡及阿尔金山海拔 980～1200 米的山地半荒漠及荒漠。

地理分布：产于阿克苏，若羌县、且末县、麦盖提县、莎车县、民丰县、和田县。

形态特征：多年生草本，高 40～50 厘米。茎直立，多分枝。单叶对生，叶三角状卵形至宽心形。伞房状聚伞花序生于中上部叶腋；花小，花梗被鳞毛和腺点；果时花序轴及总花梗粗壮；花萼背部密被鳞毛或腺点，绿色；花冠暗紫色，被鳞毛和腺点，副花冠 2 轮。蓇葖果单一，生花序轴顶端，窄披针形。花期 5～6 月，果期 8～9 月。

保护价值：塔里木盆地特有种；新疆 II 级重点保护植物。

三十三、紫草科 Boraginaceae

1. 软紫草 *Arnebia euchroma*（Royle）I. M. Johnst.

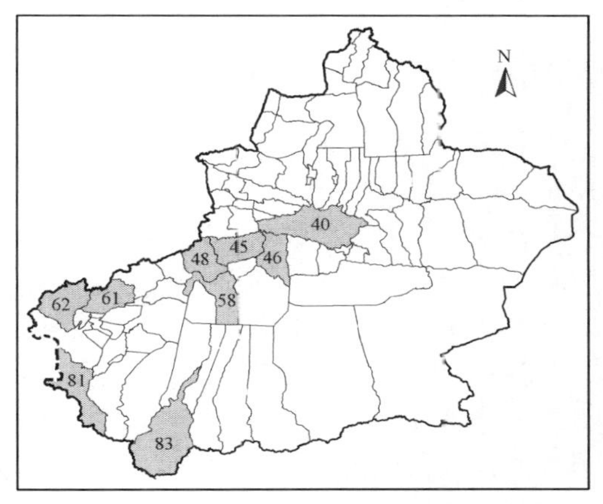

科属：紫草科 Boraginaceae 软紫草属 *Arnebia* Forsk.

生境：生于阿尔泰山、天山、帕米尔高原及昆仑山海拔 1000～4000 米的洪积扇、前山和中山带山坡。

地理分布：产于阿图什、阿克苏，和静县、库车县、拜城县、温宿县、乌恰县、塔什库尔干塔吉克自治县、和田县。

形态特征：多年生草本。根粗壮，富含紫色物质。茎 1 或 2，直立，高 15～40 厘米，仅上部花序分枝，基部有残存叶基形成的茎鞘，被开展的白色或淡黄色长硬毛。叶无柄，两面均疏生半贴伏的硬毛；基生叶线形至线状披针形；茎生叶披针形至线状披针形，较小。镰状聚伞花序生茎上部叶腋，含多数花；苞片披针形；花萼裂片线形，两面均密生淡黄色硬毛；花冠筒状钟形，深紫色，有时淡黄色带紫红色，筒部直，檐部直径 6～10 毫米，裂片卵形，开展；雄蕊着生于花冠筒中部（长柱花）或喉部（短柱花）；花柱长达喉部或仅达花筒中部，柱头 2。小坚果宽卵形，黑褐色，有粗网纹和少数疣状突起，背面凸，腹面略平，中线隆起，着生面略呈三角形。花果期 6～8 月。

保护价值：新疆 I 级重点保护植物。

2. 蓝蓟 *Echium vulgare* L.

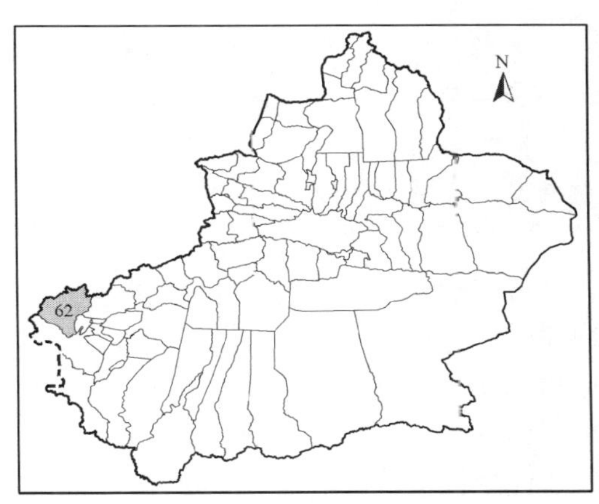

科属：紫草科 Boraginaceae 蓝蓟属 *Echium* L.

生境：生于阿尔泰山、塔尔巴哈台山及天山的山地草原和山坡。

地理分布：产于乌恰县。

形态特征：二年生草本。茎高 100 厘米，有开展的长硬毛和短密伏毛，通常多分枝。基生叶和茎下部叶线状披针形，基部渐狭成短柄，两面有长糙伏毛；茎上部叶较小，披针形，无柄。花序狭长，花多数，较密集；苞片狭披针形；花萼 5 裂至基部，外面有长硬毛，裂片披针状线形，果期增大至 10 毫米；花冠斜钟状，两侧对称，蓝紫色，外面有短伏毛，檐部不等浅裂，上方 1 裂片较大；雄蕊 5，花药短，长圆形；花柱顶端 2 裂，柱头顶生，细小。小坚果卵形，表面有疣状突起，着生面居果的基部。

保护价值：分布于新疆的稀有种。

3. 灰毛齿缘草 *Eritrichium canum*（Benth.）Kitag.

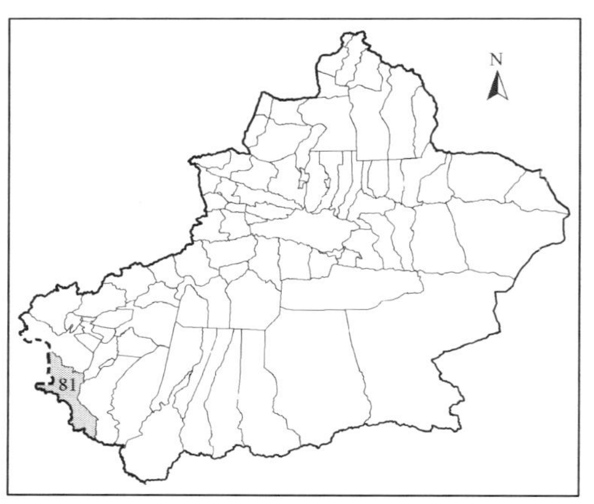

科属：紫草科 Boraginaceae 齿缘草属 *Eritrichium* Schrad.

生境：生于帕米尔高原海拔 2700～5600 米的砾石山坡、沙河岸和草地。

地理分布：产于塔什库尔干塔吉克自治县。

形态特征：多年生草本，高 15～40 厘米。茎基部常木质化，密被平伏白色绢毛。基生叶叶柄 5 厘米，被柔毛，叶片窄披针形，密被白色绢毛；茎生叶 1 至数个，无柄，披针形或卵状披针形，向上变窄。花序分叉，2 或 3 个，花期伞房状花序，长 15 厘米，被短柔毛；花萼裂片卵形，长 1～2 毫米，被平伏柔毛；花冠亮蓝色，钟状，筒部较短，喉部黄色或橙色，附属物梯形，裂片近圆形，宽约 3 毫米。小坚果近陀螺状无毛或被短柔毛或具小瘤，脱落痕在基部内侧。花果期 6～7 月。

保护价值：中国仅产于塔里木盆地，稀有种。

4. 三角刺齿缘草 *Eritrichium deltodentum* Y. S. Lian et J. Q. Wang

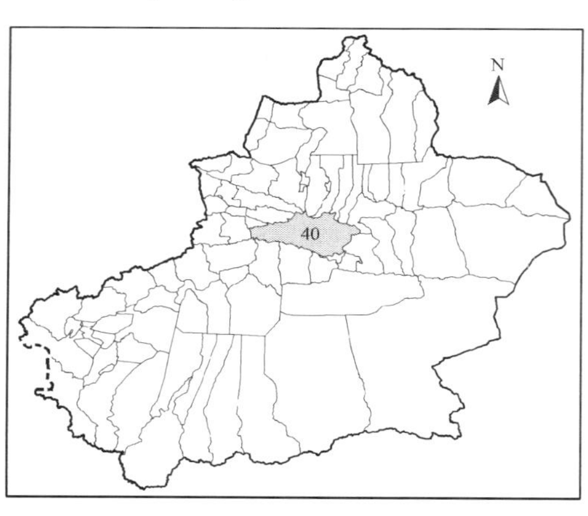

科属：紫草科 Boraginaceae 齿缘草属 *Eritrichium* Schrad.

生境：生于天山中部河谷草地。

地理分布：产于和静县。

形态特征：多年生草本，高 25 厘米。茎多数丛生，全株被白色短柔毛。基生叶莲座状，长披针形，茎生叶宽披针形。花序生茎或分枝顶端；花冠白色，小，漏斗状喉部具 5 附属物；萼片 5 深裂，两面被毛，平展。小坚果 4，卵形，背面微凸，边缘有 1 行长 0.2～0.3 毫米的锚状刺。花果期 7～8 月。

保护价值：塔里木盆地特有种。

5. 宽叶齿缘草 *Eritrichium latifolium* Kar. et Kir.

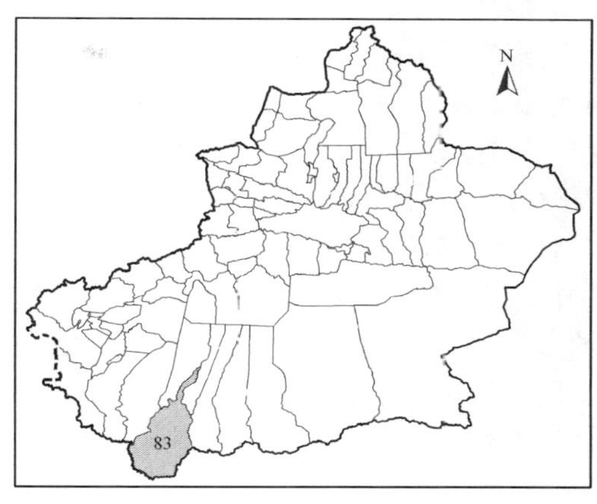

科属：紫草科 Boraginaceae 齿缘草属 *Eritrichium* Schrad.

生境：生于昆仑山海拔 2000～3200 米的高山带山坡灌丛及林缘。

地理分布：产于和田县。

形态特征：多年生草本，高 25 厘米。全株被有密丛生直立的毛。基生叶宽披针形，基部渐狭成柄；茎生叶披针形，自下而上逐渐减小，无柄。花序 2～3 个生于茎顶；花冠白色，冠檐直径 3～4 毫米；苞片叶状，由下而上逐渐减小；萼片 5 深裂，结果时反折；花梗结果时长达 1 厘米，纤细；雌蕊基矮金字塔形，雌蕊基上花柱长 0.5 毫米，内藏于小坚果之间。小坚果 4，背腹扁压，小坚果着生面位于果中下部，小坚果侧面具短的锚状刺，刺长约 0.5 毫米。花期 6～7 月，果期 7～8 月。

保护价值：中国仅产于塔里木盆地，稀有种。

6. 联刺齿缘草 *Eritrichium longifolium* Decne.

科属：紫草科 Boraginaceae 齿缘草属 *Eritrichium* Schrad.

生境：生于帕米尔高原海拔 3500～4000 米的砾石山坡。

地理分布：产于阿克陶县、塔什库尔干塔吉克自治县。

形态特征：多年生垫状草本，高 5～15 厘米。茎基部分枝，被白色糙伏毛。叶倒披针形或线状矩圆形，两面被糙伏毛。花序顶生，簇生、腋生或腋外生，果期排成总状花序；花被糙伏毛；花萼裂片倒披针形，果期略增大；花冠淡蓝色，宽钟状。小坚果背腹扁压，密被短糙毛，刺卵状三角形，顶端具锚状头，基部联合成翅，腹面具龙骨状突起。

保护价值：塔里木盆地特有种。

7. 疏刺齿缘草 *Eritrichium oligacanthum* Y. S. Lian et J. Q. Wang

科属：紫草科 Boraginaceae 齿缘草属 *Eritrichium* Schrad.

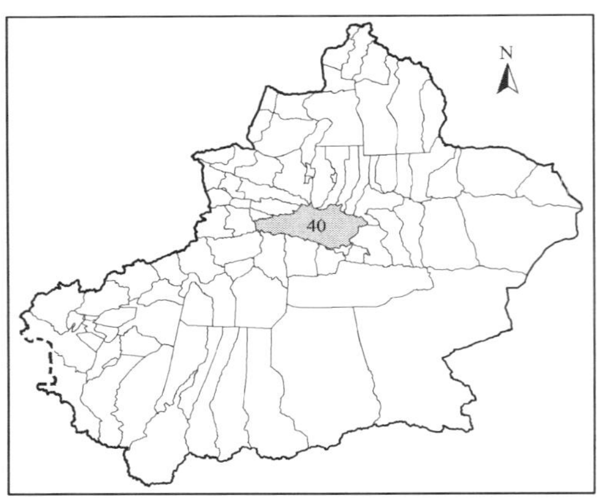

生境：生于天山中部海拔 700～1200 米的低山带山坡。

地理分布：产于和静县。

形态特征：多年生草本，高 22 厘米。茎 4 至多条簇生，被灰白色的短毛。基生叶莲座状，披针形，茎生叶似基生叶，向上逐渐小。花序 2 或 3 孪生或集生茎顶；花冠白色，漏斗状，喉部具 5 个附属物；花萼 5 深裂，缘部被白色柔毛，果期平展。小坚果卵形，长约 2 毫米，背盘粗糙，边缘有 1 行极短的锚状刺着生于小坚果中下部。

保护价值：塔里木盆地特有种。

8. 帕米尔齿缘草 *Eritrichium pamiricum* B. Fedtsch.

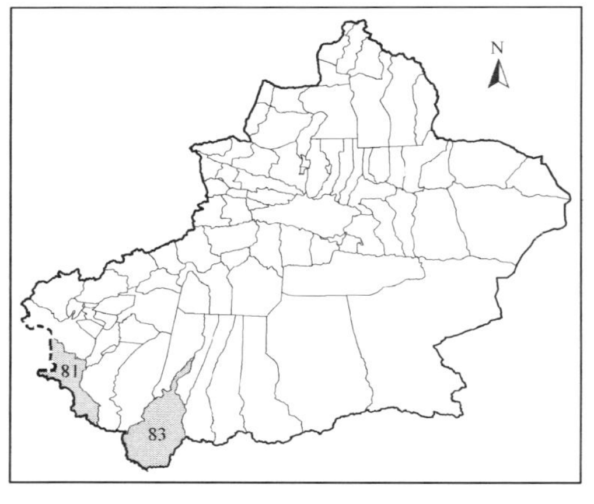

科属：紫草科 Boraginaceae 齿缘草属 *Eritrichium* Schrad.

生境：生于帕米尔高原海拔 3000～3300 米的山坡草原。

地理分布：产于和田县、塔什库尔干塔吉克自治县。

形态特征：多年生草本，高 15～30 厘米。茎数条，丛生，被稀疏柔毛，基部枯枝、枯叶宿存。基生叶叶柄长 3～6 厘米，茎生叶叶柄长 1 厘米，叶片披针形或椭圆状披针形。2～4 个花序着生于茎顶，通常 4～10 个形成 1 或 2 个聚伞花序；花梗长 3～6 毫米，被稀疏柔毛；花萼裂片直立，卵状长圆形，被糙伏毛；花冠白色，辐射状钟形，筒部长 0.7～1 毫米，附属物新月形，具小乳突，先端 2 裂，檐部宽约 6 毫米，裂片卵圆形；花药宽椭圆形；花柱长约 1 毫米；雄蕊基长约 1 毫米。小坚果背腹扁压，具细小瘤，略被粗硬毛。花果期 6～7 月。

保护价值：中国仅产于塔里木盆地，稀有种。

9. 垂果齿缘草 *Eritrichium pendulifructum* Y. S. Lian et J. Q. Wang

科属：紫草科 Boraginaceae 齿缘草属 *Eritrichium* Schrad.

生境：生于天山中部海拔 2000～2500 米的山地草原及亚高山草甸。

地理分布：产于和硕县。

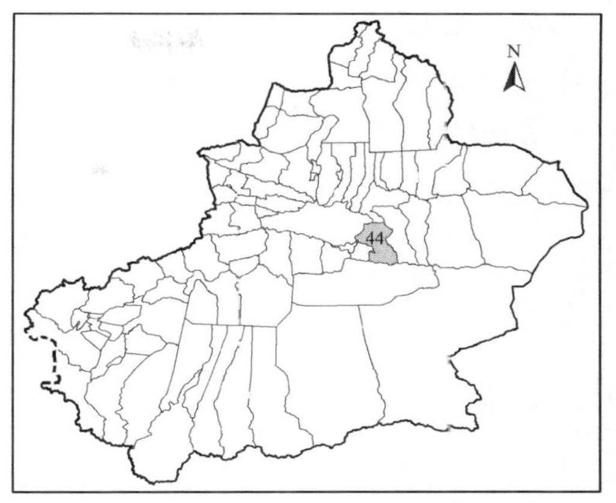

形态特征：多年生草本，高 40～50 厘米。茎直立，多分枝。单叶对生，叶三角状卵形至宽心形。伞房状聚伞花序生于中上部叶腋；花小，花梗被鳞毛和腺点；果时花序轴及总花梗粗壮；花萼背部密被鳞毛或腺点，绿色；花冠暗紫色，被鳞毛和腺点，副花冠 2 轮。蓇葖果单一，生花序轴顶端，窄披针形。花期 5～6 月，果期 8～9 月。

保护价值：塔里木盆地特有种。

10. 对叶齿缘草 *Eritrichium pseudolatifolium* Popov

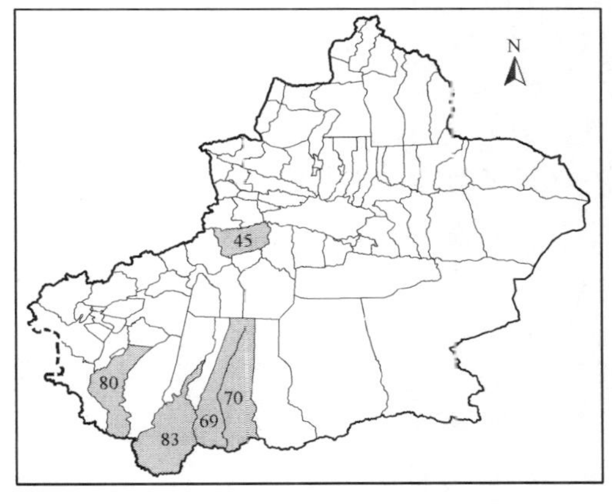

科属：紫草科 Boraginaceae 齿缘草属 *Eritrichium* Schrad.

生境：生于天山南麓及昆仑山海拔 3000～3400 米的河谷湿地或高山石缝。

地理分布：产于和田县、拜城县、叶城县、策勒县、于田县。

形态特征：多年生草本，高 10～15 厘米。茎基被厚的叶柄残留物，有分枝 2～4。基生新叶卵圆形、长圆形，有叶柄；茎生叶对生，长圆形，近无柄。花腋生或腋外生；花梗长 0.4～0.7 厘米；白色；花萼 5 深裂，果期长 1 毫米，反折，果梗细长；花冠白色，冠檐直径 6 毫米；花冠裂片矩圆形，被贴伏毛；雌蕊基矮金字塔形，雌蕊基上之花柱长 0.5 毫米。小坚果 4，卵形，着生面位于小坚果腹面的中部，小坚果背面有 1 行锚状刺，刺长约 0.5 毫米，背面还有许多短柔毛。花果期 6 月。

保护价值：中国仅产于塔里木盆地，稀有种。

11. 无梗齿缘草 *Eritrichium sessilifructum* Y. S. Lian et J. Q. Wang

科属：紫草科 Boraginaceae 齿缘草属 *Eritrichium* Schrad.

生境：生于昆仑山海拔 2000～2300 米的山地荒漠草原及河谷。

地理分布：产于和田县。

形态特征：一年生草本，高 15～20 厘米。茎纤细，近基部二叉分枝。叶矩圆形至线状倒披针形，两面被糙伏毛。花单生叶腋，被糙伏毛，果期不伸长；花萼裂片披针形，果期稍增大，水平扩展；花冠钟状，冠檐直径约 0.5 毫米。小坚果近陀螺形，背面卵状三角形，被短柔毛，刺长约 1.2 毫米，刺具锚状头。

保护价值：塔里木盆地特有种。

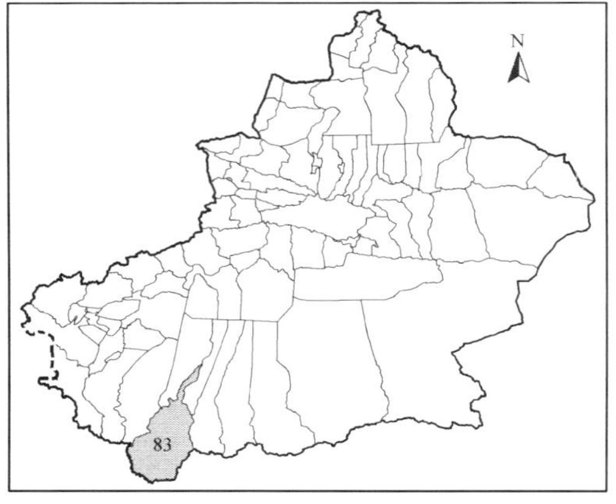

12. 小果齿缘草 *Eritrichium sinomicrocarpum* W. T. Wang

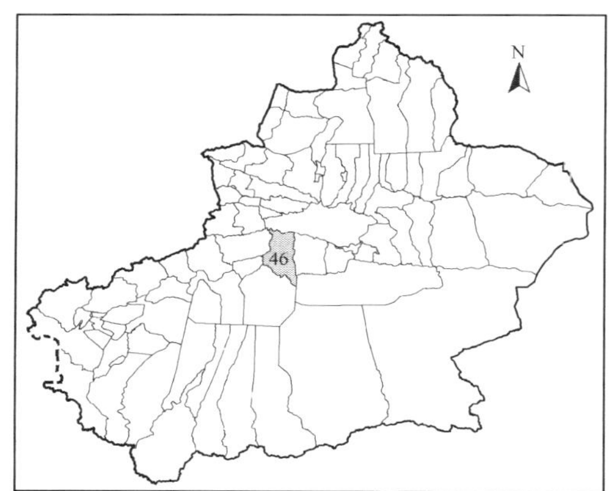

科属：紫草科 Boraginaceae 齿缘草属 *Eritrichium* Schrad.

生境：生于天山南麓海拔 4500～5200 米的高山垫状植被带及高山草原。

地理分布：产于库车县。

形态特征：多年生草本，高 3～5 厘米。茎密集丛生，呈垫状。叶匙形，两面均密被白色柔毛。3～5 朵花排成总状花序，顶生；萼片披针状线形；花冠淡蓝色，钟状，裂片卵形，附属物新月形。小坚果两面体形，微被毛，着生面位于腹面中部以下，边缘锚状刺稀少。花果期 7～8 月。

保护价值：塔里木盆地特有种。

13. 新疆齿缘草 *Eritrichium subjacquemontii* Popov

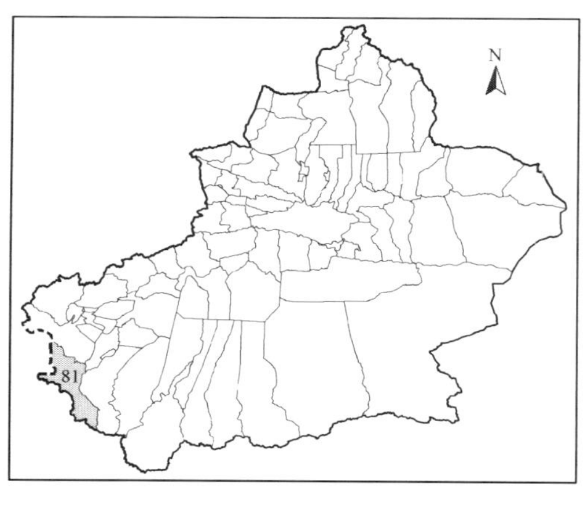

科属：紫草科 Boraginaceae 齿缘草属 *Eritrichium* Schrad.

生境：生于帕米尔高原海拔 3000～3800 米的砾石山坡。

地理分布：产于塔什库尔干塔吉克自治县。

形态特征：多年生低矮丛生草本。根圆锥形。茎数十条丛生，高 8 厘米，茎基部残留枯死的棕色叶柄。叶披针形，两面被有白色的柔毛，先端钝尖，基部无柄。花序顶生，短，花稀疏；花冠淡蓝色，檐部直径 3 毫米，筒部长 1.5 毫米，5 裂，喉部附属物 5，雄蕊 5；内藏；花萼裂片 5，条状披针形，果期略增大，直立，两面被有白色的短柔毛，果梗长 2～3 毫米。小坚果 4，背腹扁压；边缘具短刺；雌蕊基在小坚果脱落后，其上留有孔穴。

保护价值：中国仅产于塔里木盆地，稀有种。

14. 硬翅鹤虱 *Lappula alatavica*（Popov）Golosk.

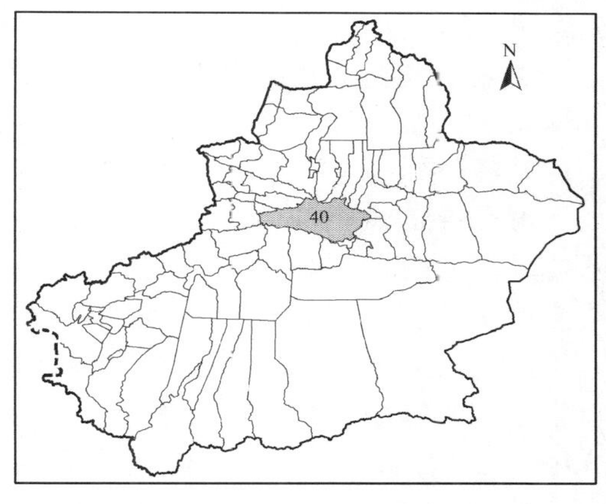

科属：紫草科 Boraginaceae 鹤虱属 *Lappula* V. Wolf

生境：生于天山中部海拔 2500 米的冲积平原干旱阶地。

地理分布：产于和静县。

形态特征：二年生草本。主根粗壮，圆锥状。茎高 10～14 厘米，被灰色糙伏毛。基生叶莲座状，线状匙形，被糙伏毛；茎生叶较小，长圆形。花序在果期伸长，长达 12 厘米；苞片下部者叶状，长圆形，上部者线形；果梗短，长 1.5～2.5 毫米；花萼 5 深裂，裂片线形，长 2～2.5 毫米；花冠淡蓝色，长 4～5 毫米，裂片倒卵形，喉部附属物明显。小坚果 4，异形，具颗粒状突起；雌蕊基高出小坚果约 0.8 毫米。花果期 7～8 月。

保护价值：中国仅产于塔里木盆地，稀有种。

15. 宽翅鹤虱（费尔干鹤虱）*Lappula ferganensis*（Popov）Kamelin et G. L. Chu

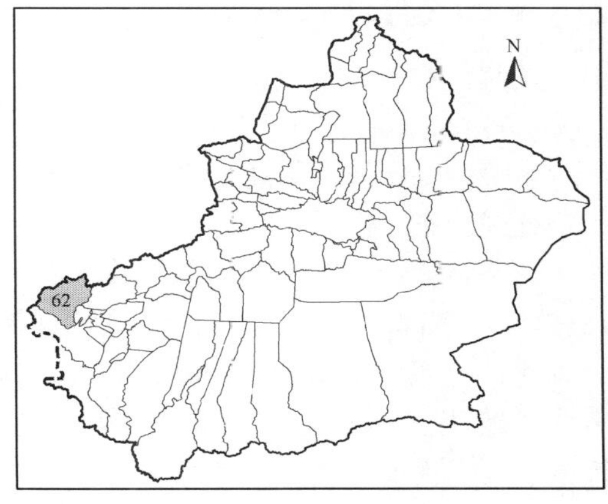

科属：紫草科 Boraginaceae 鹤虱属 *Lappula* V. Wolf

生境：生于天山南坡海拔 3000～3500 米的高山草原及高山石质山坡。

地理分布：产于乌恰县。

形态特征：二年生草本。根状茎横生，根颈上簇生莲座状叶。茎高约 30 厘米。莲座状叶条形至条状披针形，茎生叶下部条形，果期多枯萎，上部狭卵形。花序顶生，苞片下部叶状，狭卵形，较果长，上部条形，与果梗近等长；花萼果期稍增大，两面均被绢状毛；花冠小，淡蓝色，檐部直径约 3 毫米，喉部附属物梯形。果实轮廓扁球形，小坚果具宽翅呈蝙蝠状，有皱褶并疏生颗粒状突起，背盘卵形，边缘具 2 行锚状刺；花柱极短，内藏于小坚果之间。花果期 6～9 月。

保护价值：塔里木盆地特有种。

三十四、唇形科 Labiatae

1. 喀什兔唇花 *Lagochilus kaschgaricus* Rupr.

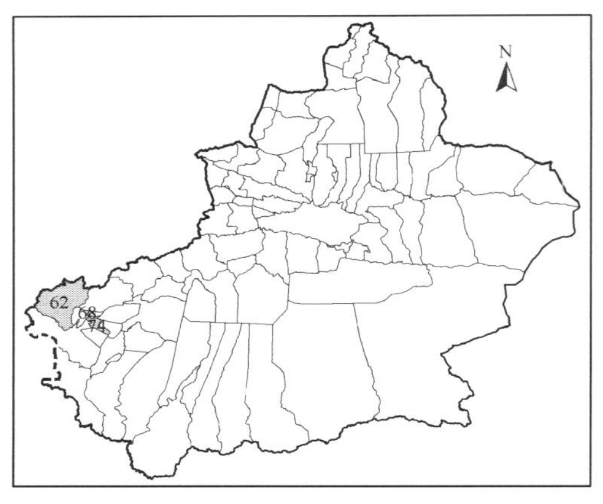

科属：唇形科 Labiatae 兔唇花属 *Lagochilus* Bunge

生境：生于昆仑山及帕米尔高原的干山坡。

地理分布：产于喀什，疏勒县、乌恰县。

形态特征：多年生草本，高 10～20 厘米。根粗壮，多扭曲，灰褐色。茎由基部分枝，直立或微斜生，4 棱，密被白色短柔毛。叶阔菱形，羽状深裂，裂片长圆形，具短而宽的叶柄。轮伞花序 4～6 朵花；苞片粗，锥刺状，无毛；花萼管状钟形，萼筒被稀疏的糙伏毛，萼齿 5，阔卵圆形；花冠为萼长的 2 倍，粉红色，冠檐二唇形，上唇直立，先端深 2 裂，外面被稀疏的白柔毛，下唇 3 浅裂，中裂片成 2 短齿状裂片，侧裂片长圆形；雄蕊 4，不伸出花冠之外，雌蕊顶端微 2 裂，几等于雄蕊。小坚果黑褐色，顶端截形。花期 7 月，果期 8 月。

保护价值：中国仅产于塔里木盆地，稀有种。

2. 帕米尔扭藿香 *Lophanthus subnivalis* Lipsky.

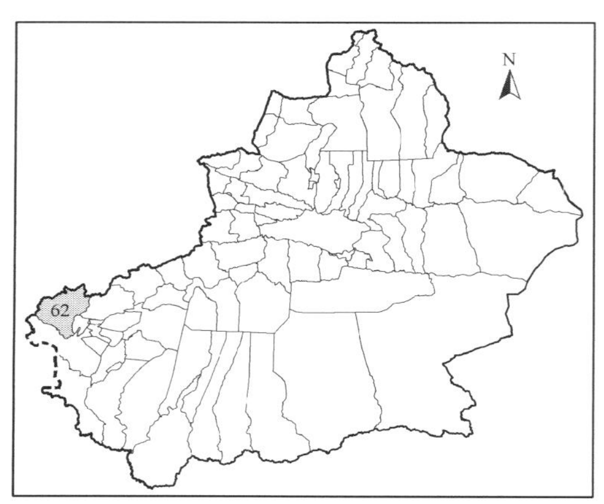

科属：唇形科 Labiatae 扭藿香属 *Lophanthus* Adans.

生境：生于帕米尔高原的低山砾石山坡。

地理分布：产于乌恰县。

形态特征：多年生草本。茎多数，高 10～15 厘米。下部的叶具柄，上部近无柄；叶片卵圆形，叶表面大部分波皱状；苞叶小，通常线状披针形。聚伞花序稀疏，腋生，小苞片极小，线状披针形；花萼管状，长 6～9 毫米，外面密被柔毛和腺点，里面喉部被毛环，萼檐上唇 3 齿较高，下唇 2 齿较低；花冠淡紫蓝色，长 10～15 毫米，冠檐二唇形，上唇 3 裂，下唇 2 裂；雄蕊 4，后对伸出花冠许多，药室略叉开；花柱伸出花冠许多，顶端 2 裂，裂片细小。小坚果长圆形，褐色。花期 6 月，果期 7～9 月。

保护价值：中国仅产于塔里木盆地，稀有种。

3. 腺荆芥 *Nepeta glutinosa* Benth.

科属：唇形科 Labiatae 荆芥属 *Nepeta* L.

生境：生于帕米尔高原海拔 3500～4000 米的石质山坡。

地理分布：产于乌恰县、塔什库尔干塔吉克自治县。

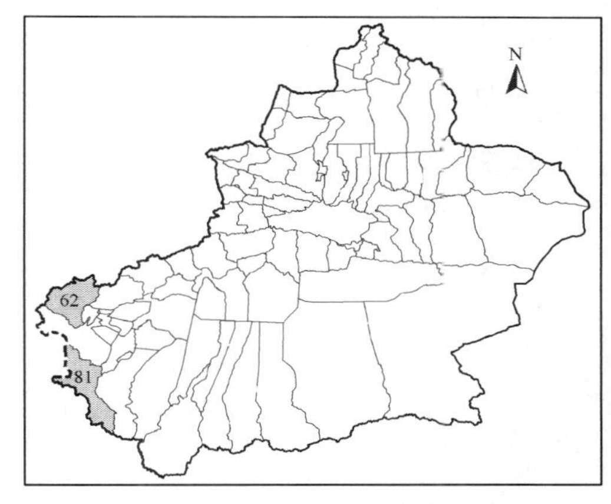

形态特征：多年生草本。根木质化，根茎上密被褐色坚硬鳞片状叶。茎高 40～70 厘米。叶被腺状柔毛及密布无柄腺体，无柄，叶基半抱茎；下部茎叶褐色，茎中部叶最大，心状卵形，上部茎叶卵形。轮伞花序（2）4～5 朵花，生于顶部 4～8 对叶腋内，花序下面的叶与茎叶相同；苞片、小苞片狭披针形至线形；花梗长 1～2.5 毫米；花萼倒圆锥形，具 13～15 条明显突出的粗脉，外面密被无柄腺体及腺毛；花冠浅蓝色或淡青色，上唇直立，深裂至中部，下唇 3 裂，中裂片肾形；雄蕊 4，后对比上唇短 1/3，前对比后对短许多，具较小的花药；花柱几与上唇等长，仅雌花具有，雌花的退化雄蕊藏于冠筒内。小坚果椭圆形，浅绿褐色至棕色，微具横皱纹，长 2～3 毫米，宽 1～1.3 毫米。花期 7～8 月，果期 8～9 月。

保护价值：中国仅产于塔里木盆地，稀有种。

4. 绢毛荆芥 *Nepeta kokamirica* Regel

科属：唇形科 Labiatae 荆芥属 *Nepeta* L.

生境：生于帕米尔高原海拔 3000～4000 米的高山石质山坡。

地理分布：产于乌恰县、塔什库尔干塔吉克自治县。

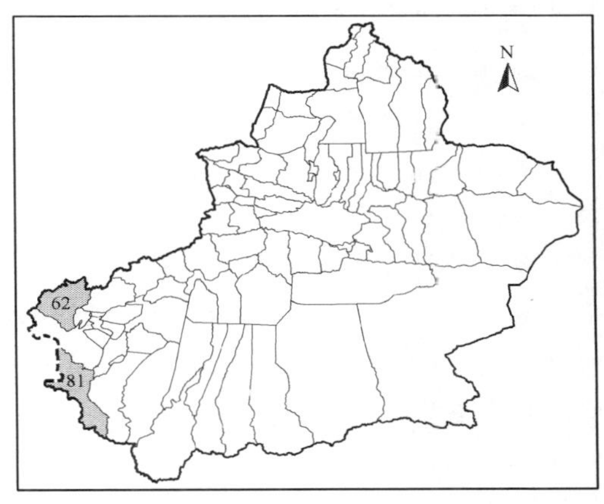

形态特征：多年生草本。根多节开裂，根茎及茎基部均被褐色鳞片状叶。茎高 15～50 厘米，密被平展具节波皱状的单毛，腋生分枝多数，多数具花序。叶两面被星状绒毛，茎生叶卵形或菱状卵形，侧枝上的叶长圆状卵形，稀达披针形或长圆形。轮伞花序全部聚集成顶生的花序；苞叶披针形及线状披针形，苞叶、苞片及萼均蓝紫色，且密被平展绢丝状具节长毛；花萼齿长圆状三角形；花冠浅蓝色，外被短柔毛，冠檐二唇形，上唇深裂呈纯裂片，下唇 3 裂，中裂片变狭呈爪，侧裂片扁三角形；后对雄蕊不超过上唇。小坚果长圆状椭圆形，黑褐色。花期 6～7 月，果期 8 月。

保护价值：中国仅产于塔里木盆地，稀有种。

5. 绒毛荆芥 *Nepeta kokanica* Regel

科属：唇形科 Labiatae 荆芥属 *Nepeta* L.

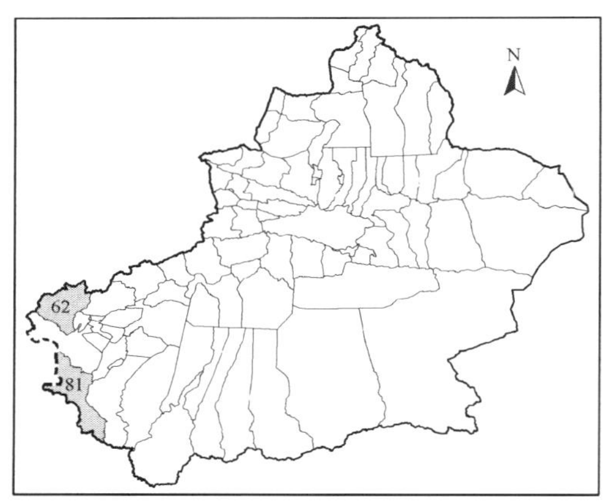

生境：生于帕米尔高原的高山石质山坡。

地理分布：产于乌恰县、塔什库尔干塔吉克自治县。

形态特征：多年生草本。根较粗，暗褐色，分枝较多，根茎及茎基部均被鳞片状叶。茎高 10～30 厘米，密被短柔毛。叶具短柄；叶片圆形或菱状卵形，密被白色绵毛。头状花序顶生；苞叶与茎叶相似，较小；苞片比萼短，狭线形，具较密且长的卷曲白绒毛；萼管状，微弯，二唇形，长 7～7.5 毫米，齿狭三角形或筒状披针形，多少为紫色，顶端具硬尖，被白绒毛，后齿长为萼筒的 1/2～2/3；花冠蓝色，外微被短柔毛及腺毛，冠檐二唇形，上唇长先端深裂至 1/3 而成钝的倒卵形裂片，下唇 3 裂，中裂片先端具宽的凹缺，侧裂片近半圆形。小坚果暗褐色，三棱形。花期 7 月，果期 9 月。

保护价值：中国仅产于塔里木盆地，稀有种。

6. 刺尖荆芥 *Nepeta pungens*（Bunge）Benth.

科属：唇形科 Labiatae 荆芥属 *Nepeta* L.

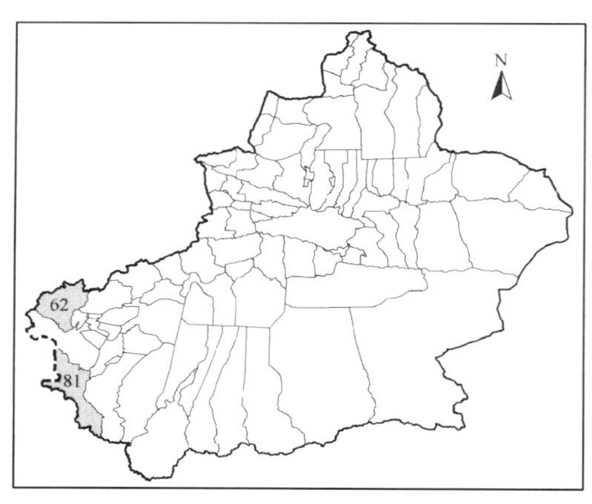

生境：生于帕米尔高原的山地草原带。

地理分布：产于乌恰县、塔什库尔干塔吉克自治县。

形态特征：一年生草本。茎高 6～28 厘米，密被白色单毛，灰蓝色。叶片近圆形至宽卵形，中部叶与下部叶相似或较狭，披针形，叶全部超过花序。聚伞花序 3～5 朵花，上部 3～4 对，聚集成头状花序，其余分离；苞片绿色或多少带紫色，狭披针形；花无梗；花萼狭圆筒形，具 13～15 脉，萼齿 5，披针状钻形；花冠天蓝色，外面被疏柔毛，冠檐以下或喉的中部以下藏于萼内，冠筒细长，冠檐二唇形；后对雄蕊长达花冠上唇中部，前对雄蕊位于花冠喉部几不超出，花药浅蓝色。小坚果椭圆状倒卵形，浅褐色。花期 5～6 月，果期 7～8 月。

保护价值：中国仅产于塔里木盆地，稀有种。

7. 喀什荆芥（塔什库尔干荆芥）*Nepeta taxkorganica* Y. F. Chang

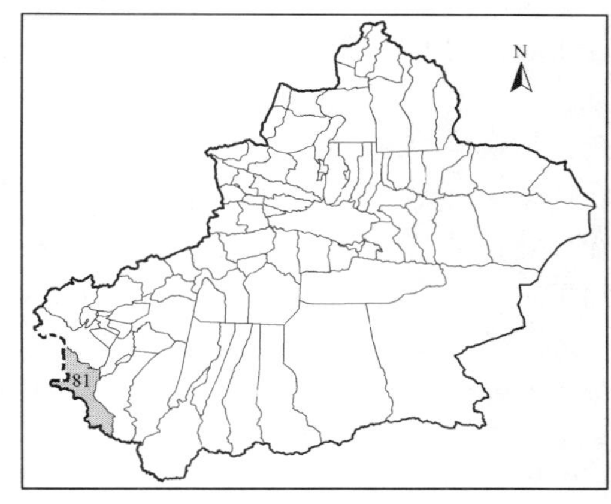

科属：唇形科 Labiatae 荆芥属 *Nepeta* L.

生境：生于帕米尔高原海拔 3000～4500 米的高山石质山坡。

地理分布：产于塔什库尔干塔吉克自治县。

形态特征：多年生草本。根粗壮，木质化。茎高 15～25 厘米，基部节间处生出许多细弱的不育侧枝。叶卵圆形至宽卵圆形，两边常具外向微反卷的锯齿。花顶生，密集成圆锥花序或间断的假圆锥花序；苞叶顶端多变成硬刺尖，边缘被白色长睫毛；苞片狭线形，与萼均满布白色短柔毛；花萼狭筒状，外被具节的长毛及腺毛；花冠淡紫色，冠筒伸出萼筒很多。花期 7 月。

保护价值：塔里木盆地特有种。

8. 滨藜叶分药花 *Perovskia atriplicifolia* Benth.

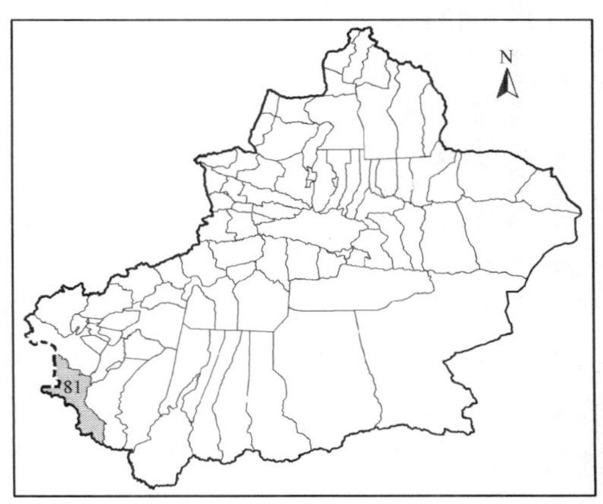

科属：唇形科 Labiatae 分药花属 *Perovskia* Karel.

生境：生于帕米尔高原的石质和砾石质山坡及河谷中。

地理分布：产于塔什库尔干塔吉克自治县。

形态特征：半灌木。茎高 50 厘米，通常基部分枝，具纵沟纹，密被星状毛和稀疏的黄色腺点。叶狭披针形，羽状深裂；苞叶线形。花多数，由 2～8 朵花组成假轮伞花序，再由假轮伞花序组成稀疏的总状花序或圆锥花序；苞片淡紫色，小，膜质，易落；花萼管状钟形，淡紫色；花冠蓝色，长 1 厘米，无毛，有稀疏的腺点。小坚果倒卵形，长 2 毫米，淡褐色。花期 6～7 月。

保护价值：塔里木盆地特有种。

9. 乌恰黄芩 *Scutellaria jodudiana* B. Fedtsch.

科属：唇形科 Labiatae 黄芩属 *Scutellaria* L.

生境：生于帕米尔高原山坡草地。

地理分布：产于乌恰县。

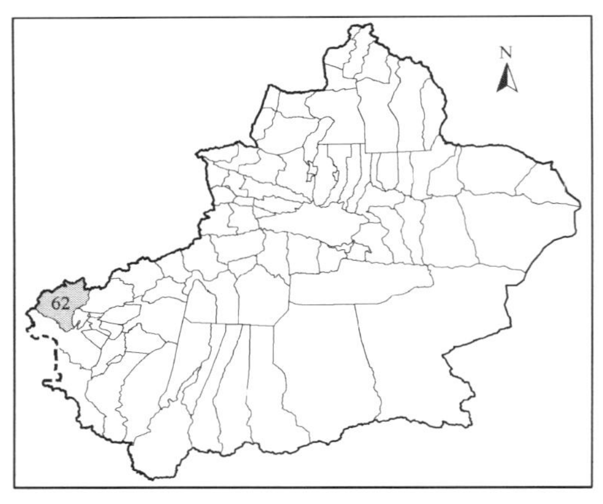

形态特征：多年生草本。根木质；根茎多分枝，常纤细。茎长 5～20 厘米，被短而细平展的柔毛，大部分稍淡紫色。叶半圆形或宽卵圆形；叶柄长被短柔毛；叶两面灰绿色，被贴伏的白色柔毛，叶片表面略呈皱纹状。花序穗状，多花；苞片宽卵形至椭圆形；花萼被长柔毛和腺点，通常淡紫色，花冠冠筒黄色，冠檐二唇形，上唇盔状，下唇中裂片近圆形；雄蕊 4，前对较长，后对较短，具全药，药室裂口具白色髯毛；花柱先端微裂，子房 4 裂，裂片等大。小坚果疏被星状微柔毛。花期 6～7 月，果期 8～9 月。

保护价值：中国仅产于塔里木盆地，稀有种。

10. 平卧黄芩 *Scutellaria prostrata* Jacquem. ex Benth.

科属：唇形科 Labiatae 黄芩属 *Scutellaria* L.

生境：生于帕米尔高原的低山带、干山坡。

地理分布：产于乌恰县。

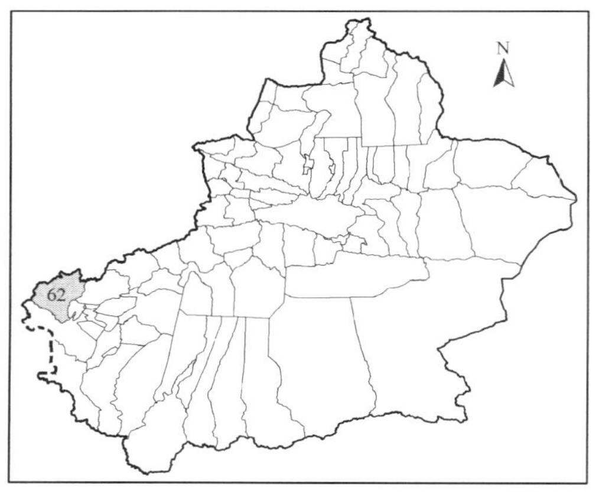

形态特征：多年生草本。根茎木质。茎高约 10 厘米，钝四棱形。上部的叶近无柄，叶片长卵圆形，上面疏被微柔毛，下面近无毛但具腺点；轮伞花序，在茎顶组成长 4 厘米的穗状花序；苞片宽卵圆形，上部带紫色，密被疏柔毛；花萼被短柔毛；花冠长约 3 厘米，淡黄色，上唇及下唇两侧裂片顶端紫色，下唇 3 裂，上唇盔状，外被短柔毛，下唇中裂片近圆形；雄蕊 4，前对较长，微伸出，具能育半药，后对较短，具全药，花药外面及药室裂口被髯毛，花丝无毛；花柱先端微裂；花盘肥厚；子房 4 裂，裂片等大。

保护价值：中国仅产于塔里木盆地，稀有种。

11. 高山百里香 *Thymus diminutus* Klok.

科属：唇形科 Labiatae 百里香属 *Thymus* L.

生境：生于帕米尔高原海拔 3500～3800 米的砾石质山坡。

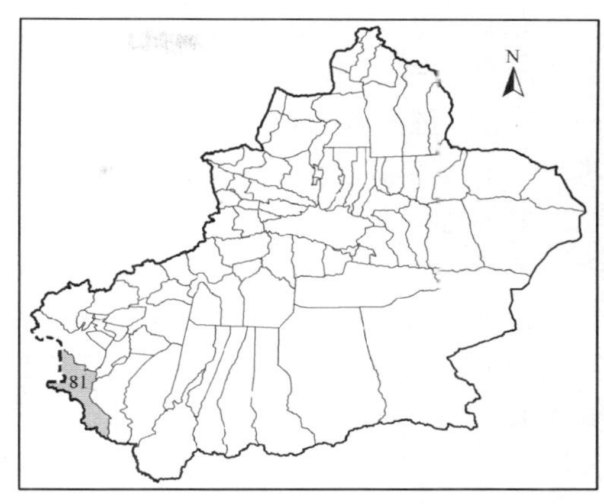

地理分布：产于塔什库尔干塔吉克自治县。

形态特征：半灌木。具匍匐的枝条，细弱，顶端具不育侧枝，花枝直立或斜生，高 2～4 厘米，紫红色，被稀疏的向下伏毛。叶对生，2～3 对着生在花枝上，卵圆形、倒卵圆形或椭圆形，基部具稀疏的睫毛，背面具分散的黄色腺点，叶脉 2 对。花着生在茎顶端，形成头状花序；苞叶长圆形，边缘具睫毛；花萼狭钟状，紫红色，上齿披针形，具稀疏的小刚毛及为数不多的小缘毛，下齿边缘具长睫毛；花冠紫红色，外面被白柔毛，冠檐二唇形，上唇，先端微凹，下唇 3 裂，裂片近相等；雄蕊 4，伸出花冠之外；花柱顶端 2 裂，裂片等长。花期 6～7 月，果期 8 月。

保护价值：中国仅产于塔里木盆地，稀有种。

12. 乌恰百里香 *Thymus seravschanicus* Klok.

科属：唇形科 Labiatae 百里香属 *Thymus* L.

生境：生于帕米尔高原高山带及亚高山带的砾石质山坡或河谷阶地。

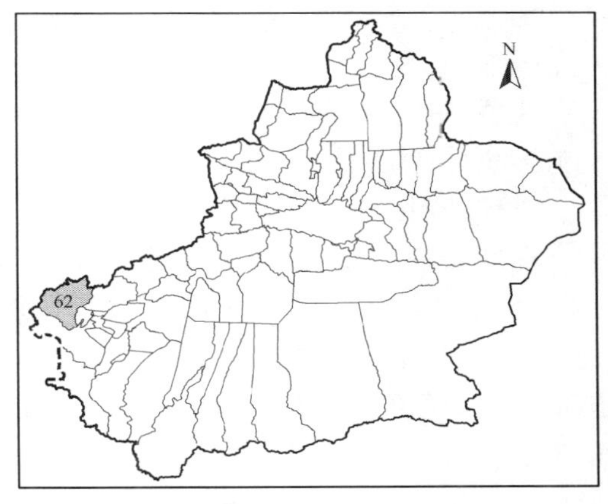

地理分布：产于乌恰县。

形态特征：半灌木。茎匍匐，粗壮，先端具不育枝条，花枝直立或斜生，近四棱形，紫红色，被稀疏的向下伏毛，花序下部较密。叶对生，3～4 对，长圆形、长椭圆形或卵圆形，具稀疏的睫毛，叶脉 2～3 对，背面的腺点明显。花序头状，聚集在茎顶端；苞叶卵形，基部边缘被长睫毛及短刚毛，背面被白柔毛；花萼狭钟状，背面被稀疏的白柔毛，上部淡紫色或绿色；花冠紫红色，冠檐二唇形，上唇先端微缺刻，下唇 3 裂，裂片长圆形，近相等；雄蕊 4，前对较长，伸出冠外；花柱先端 2 等裂。花期 7 月，果期 8 月。

保护价值：中国仅产于塔里木盆地，稀有种。

13. 南疆新塔花（帕米尔新塔花）*Ziziphora pamiroalaica* Juz. ex Nevski

科属：唇形科 Labiatae 新塔花属 *Ziziphora* L.

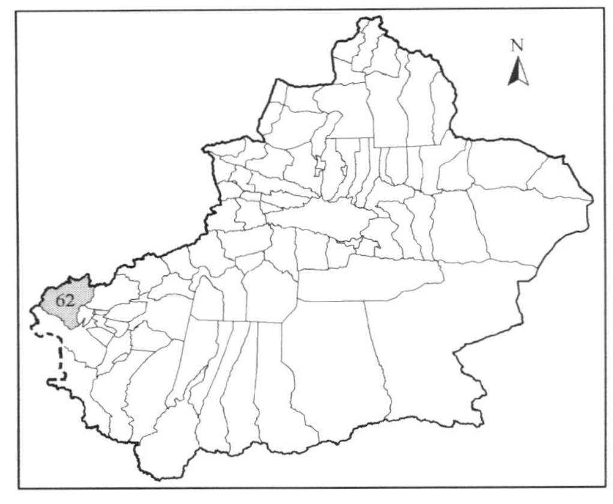

生境： 生于帕米尔高原的砾石质坡地。

地理分布： 产于乌恰县。

形态特征： 半灌本，高 20～50 厘米。具粗壮，木质而曲折的根及木质茎。茎从基部长出多数的枝条，四棱形，被疏短毛。叶对生，长圆状卵圆形至近圆形，背面脉明显突起，具黄色腺点。花序头状或球形；苞叶较小，常反折，具密集的白色长毛；花萼筒形，长约 6 毫米，绿色或淡紫红色，密被白毛，萼脉 13；花冠紫红色，伸出于萼外，冠檐二唇形，上唇直立，先端微凹，两侧裂片近卵圆形；前对雄蕊能育，着生在上唇，伸出花冠之外；后对雄蕊退化，很短；花柱先端 2 浅裂。小坚果卵球形，光滑。花期 6～7 月，果期 8～9 月。

保护价值： 中国仅产于塔里木盆地，稀有种。

三十五、玄参科 Scrophulariaceae

1. 帕米尔柳穿鱼 *Linaria kulabensis* B. Fedtsch.

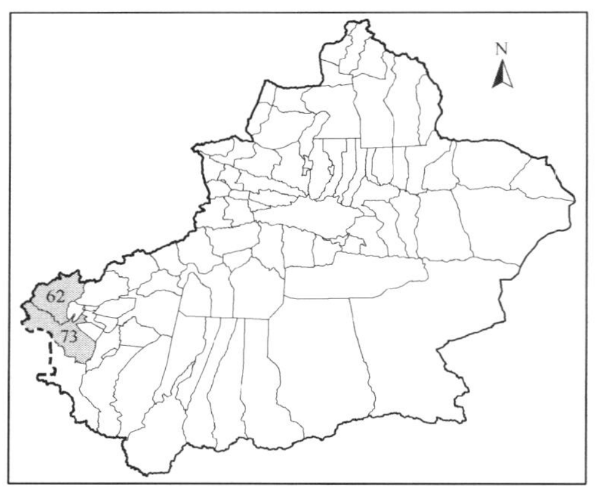

科属： 玄参科 Scrophulariaceae 柳穿鱼属 *Linaria* Mill.

生境： 生于帕米尔高原海拔 2000～3000 米的砾石山坡。

地理分布： 产于阿克陶县、乌恰县。

形态特征： 多年生草本，全株无毛，高 15～20 厘米。茎宿存的部分位于地下，直径 1 厘米，当年生茎基部分枝。叶互生，条状椭圆形，两端急尖，有模糊的 3 条脉。花序花期长 7 厘米，有花多达 10 朵，苞片卵状披针形，长于花梗；花梗花期长 2 毫米；花萼下部疏生粗腺毛，裂片长矩圆形，顶端钝或圆钝；花冠紫红色，长（除距）14 毫米，上唇凹口深 1.8 毫米，裂片中部宽 3 毫米，下唇比上唇短 2 毫米，侧裂片短，宽 3 毫米，中裂中部稍狭窄，顶端钝，距尖端稍弯曲。花期 5～6 月。

保护价值： 中国仅产于塔里木盆地，稀有种。

2. 短花柱婆婆纳 *Veronica alpina* L. subsp. *pumila*（All.）Dostál

科属： 玄参科 Scrophulariaceae 婆婆纳属 *Veronica* L.

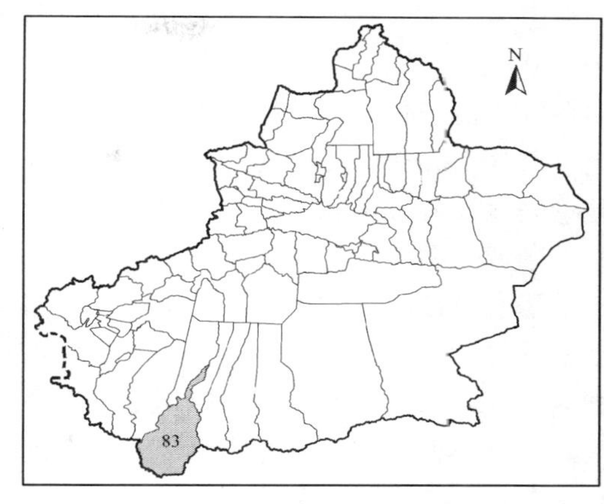

生境：生于昆仑山海拔 2500～3500 米的高山草原。

地理分布：产于和田县。

形态特征：多年生草本。根状茎短而细。茎不分枝，稍倾卧，高 10～20 厘米，疏被绵毛。叶对生，无柄，卵形，两端圆钝，边缘具圆齿或近于全缘，两面有疏柔毛。总状花序花期短，果期伸长 2～3 厘米，各部分均被多细胞长毛；苞片倒披针形；花梗上升；花萼具 4 枚裂片椭圆形，另有后方一枚小或缺失；花冠稍长于萼，裂片宽圆形，顶端平截，具齿状缺刻，筒部白色，檐部深蓝色或蓝紫色；花柱长 0.5 毫米。蒴果倒心状卵形，稍扁，被多细胞长硬毛。种子长约 0.5 毫米。花期 7～8 月。

保护价值：中国仅产于塔里木盆地，稀有种。

3. 半抱茎婆婆纳（长梗婆婆纳）*Veronica deltigera* Wall. ex Benth.

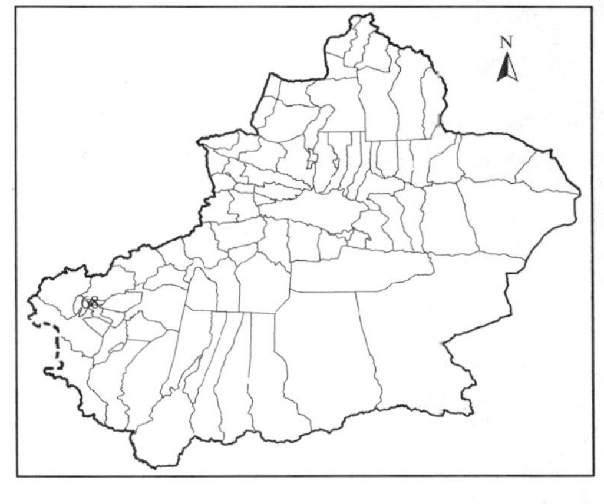

科属：玄参科 Scrophulariaceae 婆婆纳属 *Veronica* L.

生境：生于帕米尔高原海拔 2800～3500 米的高山草原。

地理分布：产于喀什。

形态特征：多年生草本。根状茎木质化。茎上升，高 20～35 厘米，不分枝或上部分枝，被白色长柔毛。叶对生，下部的鳞片状，正常叶无柄或具极短之柄，卵状披针形至披针形，两面无毛或疏被多细胞长柔毛。总状花序疏花而伸长，果期长 20 厘米，花序轴及花梗被长柔毛或腺毛；下部苞片与叶同形；花梗花期长约 3 毫米，果期长 1.5 厘米，稍弯曲；花萼 5 深裂，少 4 深裂，裂片边缘有长柔毛；花冠蓝色，筒部极短，内面被毛，裂片宽大于长或圆形；雄蕊短于花冠或近等长。蒴果稍尖略有凹缺，花柱宿存。花期 7～8 月。

保护价值：中国仅产于塔里木盆地，稀有种。

三十六、列当科 Orobanchaceae

1. 盐生肉苁蓉 *Cistanche salsa*（C. A. Mey.）Beck

科属：列当科 Orobanchaceae 肉苁蓉属 *Cistanche* Hoffmg. et Link.

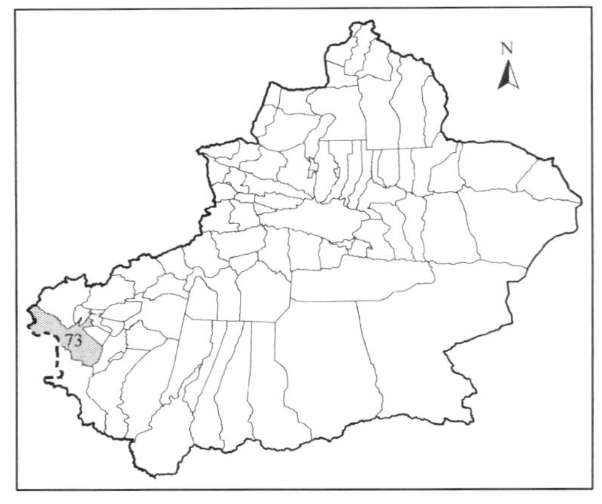

生境：生于准噶尔盆地、塔里木盆地海拔 700～920 米的沙漠边缘。常寄生于盐爪爪属（*Kalidium* Moq.）、假木贼属（*Anabasis* L.）、猪毛菜属（*Salsola* L.）、白刺属（*Nitraria* L.）、琵琶柴属（*Reaumuria* L.）等植物上。

地理分布：产于阿克陶县。

形态特征：草本植物，高 13～27 厘米。茎不分枝。叶片卵状长圆形或卵状长三角形。穗状花序；苞片卵形或长圆状披针形，外面被柔毛，里面毛较少；小苞片 2，披针形，与花萼等长或稍长，外面及边缘被疏柔毛；花萼钟状，顶端 5 浅裂，裂片近圆形或卵形；花冠筒状钟形，花筒淡黄色，顶端 5 浅裂，裂片淡紫色，近圆形；花药基部具小尖头，连同花丝基部密被白色皱曲长柔毛。蒴果卵形或椭圆形。种子近球形，黑褐色，外面有网纹，有光泽。花期 5～6 月，果期 7～8 月。

保护价值：塔里木盆地珍稀种；新疆 I 级重点保护植物。

2. 管花肉苁蓉 *Cistanche tubulosa*（Schrenk）Wight

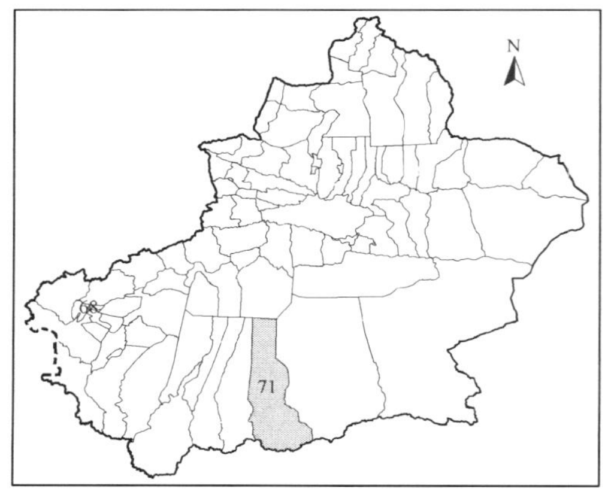

科属：列当科 Orobanchaceae 肉苁蓉属 *Cistanche* Hoffmg. et Link.

生境：生于准噶尔盆地、塔里木盆地海拔 600～900 米的沙漠边缘。寄生于柽柳属（*Tamarix* L.）植物的根上。

地理分布：产于喀什，民丰县。

形态特征：草本植物，高 60～75 厘米。茎不分枝。叶三角状披针形，向上渐窄。穗状花序，苞片三角状披针形；小苞片 2，线状披针形；花萼筒状，顶端 5 裂至中部，裂片近等大，长卵形或长椭圆形；花冠筒状漏斗形，顶端 5 裂，近等大，近圆形，无毛；雄蕊 4，花丝着生于筒基部，基部稍膨大，密被黄白色长柔毛，花药卵圆形，密被黄白色柔毛，基部钝圆，不具小尖头。蒴果长圆形。种子多数，近圆形，黑褐色，外面网状，有光泽。花期 5～6 月，果期 7～8 月。

保护价值：《中国植物红皮书》列为渐危种；新疆 I 级重点保护植物。

3. 多齿列当 *Orobanche uralensis* Beck

科属：列当科 Orobanchaceae 列当属 *Orobanche* L.

生境：生于塔里木盆地绿洲。

地理分布：产于尉犁县。

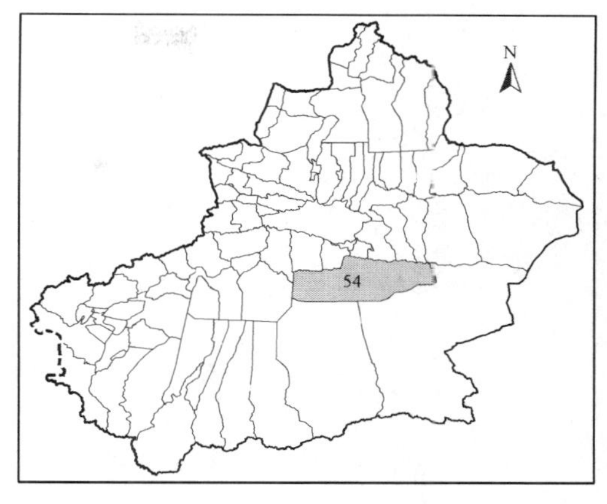

形态特征：多年生寄生草本，高 15 厘米。茎较细弱，不分枝，密被黄白色短腺毛。叶卵状披针形，连同苞片、小苞片、花萼及花冠外面和边缘被黄白色至白色短腺毛。花序穗状，具稀疏的少数花；苞片卵状披针形，比花萼短；小苞片线状披针形；花萼钟状，常 4～5 裂达近中部，裂片披针形，稍不等大；花冠蓝紫色，长 2～2.2 厘米，不明显的二唇形，上唇 2 裂，下唇 3 裂，全部裂片近圆形，边缘被短腺毛，具不整齐的小圆齿；花丝着生于距筒基部 2～3 毫米处，近无毛，花药长卵形，具白色长绵柔毛；雌蕊长 1.5～1.6 厘米，子房长椭圆形，花柱长约 1 厘米，疏被短柔毛，柱头 2 浅裂。花期 7～9 月。

保护价值：中国仅产于塔里木盆地，稀有种。

三十七、茜草科 Rubiaceae

1. 染色茜草 *Rubia tinctorum* L.

科属：茜草科 Rubiaceae 茜草属 *Rubia* L.

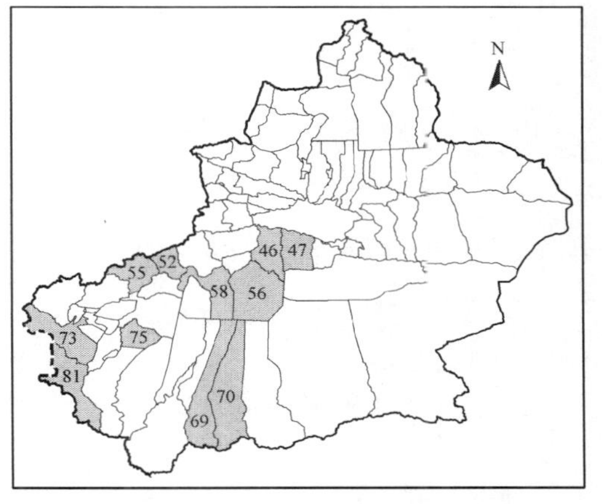

生境：生于天山、帕米尔高原和昆仑山海拔 1200～3800 米的山地灌丛、沙地。

地理分布：产于阿克苏，轮台县、库车县、沙雅县、乌什县、阿合奇县、阿克陶县、麦盖提县、塔什库尔干塔吉克自治县、于田县、策勒县。

形态特征：攀缘草本，高 0.2～0.5 米。根粗壮，红色。茎通常数条簇生，方柱形，有 4 条锐棱，棱上有皮刺或粗糙。叶通常 4 片、或很少亦有 6 片轮生，椭圆形或椭圆状披针形；中脉下面有皮刺，侧脉纤细；叶柄极短或近无柄。聚伞圆锥花序顶生和腋生；苞片 2，对生，叶状，椭圆形或披针形，顶端短尖，边缘有皮刺；花梗长 1.5～2 毫米，有小苞片；萼管球状，萼檐截平；花冠通常黄色，辐状漏斗形，裂片 5，披针形；雄蕊 5，花丝短。果球形或近球形，成熟时黑色，干后有皱纹。花期 6～7 月，果期 7～9 月。

保护价值：中国仅产于塔里木盆地，稀有种。

三十八、忍冬科 Caprifoliaceae

1. 灰毛忍冬 *Lonicera cinerea* Pojark.

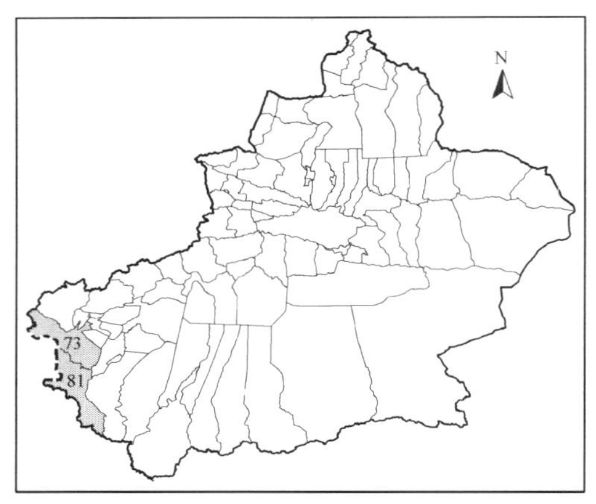

科属：忍冬科 Caprifoliaceae 忍冬属 *Lonicera* L.

生境：生于帕米尔高原海拔 2100～2900 米的山地草原、林缘、河谷、灌丛。

地理分布：产于阿克陶县、塔什库尔干塔吉克自治县。

形态特征：落叶多枝矮灌木，有时呈垫状。幼枝短，连同叶柄和总花梗均密被灰色短柔毛和开展长毛，有时夹杂具柄腺毛。冬芽小，长 2～3 毫米。叶卵状椭圆形或椭圆形，长 6～18 毫米，密被浅灰色短柔毛，混生腺毛，边缘具糙毛；叶柄极短。总花梗出自幼枝基部叶腋；苞片披针形，有时卵形，被毛；萼筒无毛，萼檐极短疏生糙伏毛；花冠黄色，外有密毛，内被微毛，具距形囊状突起，上唇裂片宽卵形，下唇裂片狭椭圆形或矩圆形；雄蕊略短于花冠，花丝无毛；花柱略短于雄蕊。果实近圆形。花期 5～6 月，果期 7～8 月。

保护价值：中国仅产于塔里木盆地，稀有种。

三十九、败酱科 Valerianaceae

1. 新缬草 *Valerianella cymbocarpa* C. A. Mey.

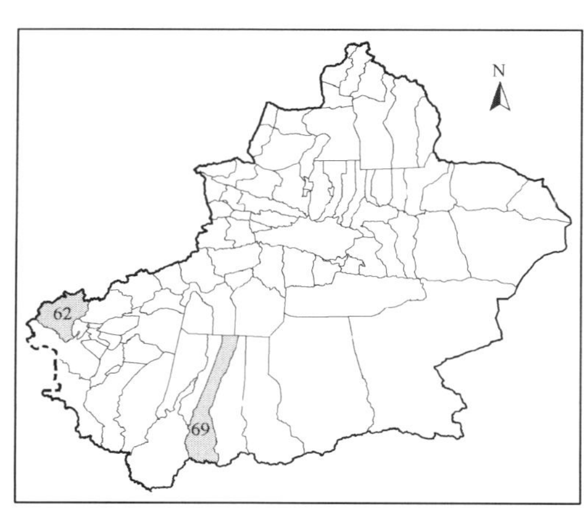

科属：败酱科 Valerianaceae 新缬草属 *Valerianella* Mill.

生境：生于帕米尔高原、昆仑山的干旱石质山坡。

地理分布：产于策勒县、乌恰县。

形态特征：一年生草本，高 10～20 厘米。茎有棱，疏被绒毛，常自中部二歧状分枝。单叶对生，长圆形或长圆状匙形，长 2～4 厘米，宽 4～6 毫米，全缘。聚伞花序顶生；花瓣白色，细小。果实线状四棱形，长 2～3 毫米，弧状弯，背部有柔毛，腹部具深沟，萼管短，偏斜，具网状脉，其中 1 枚萼齿长约 1 毫米。花期 7～8 月，果期 8～9 月。

保护价值：中国仅产于塔里木盆地，稀有种。

四十、桔梗科 Campanulaceae

1. 南疆风铃草 *Campanula austro-xinjiangensis* Y. K. Yang，J. K. Wu et J. Z. Li

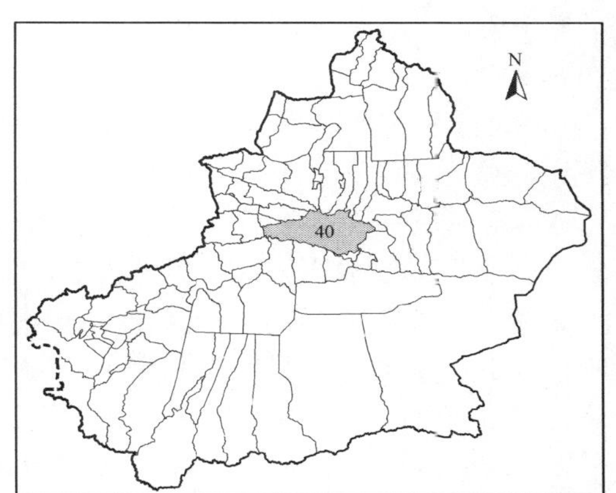

科属：桔梗科 Campanulaceae 风铃草属 *Campanula* L.

生境：生于天山北坡中部山地草原、亚高山草甸、林带阳坡、河谷、灌丛。

地理分布：产于和静县。

形态特征：多年生小草本，高约 10 厘米。茎单一，被稀疏短柔毛。基生叶簇生，椭圆形，叶片叶基下延成柄翅；茎生叶卵形或椭圆形。花常 3～5 朵集成头状花序，无苞片，顶生或腋生；花萼绿色；花冠筒钟形，为不均匀蓝色，花冠裂片近条状披针形，具天蓝色不规则的网纹。花果期 6～8 月。

保护价值：塔里木盆地特有种。

四十一、菊科 Compositae

1. 策勒亚菊 *Ajania qiraica* Z. X. An et Dilxat

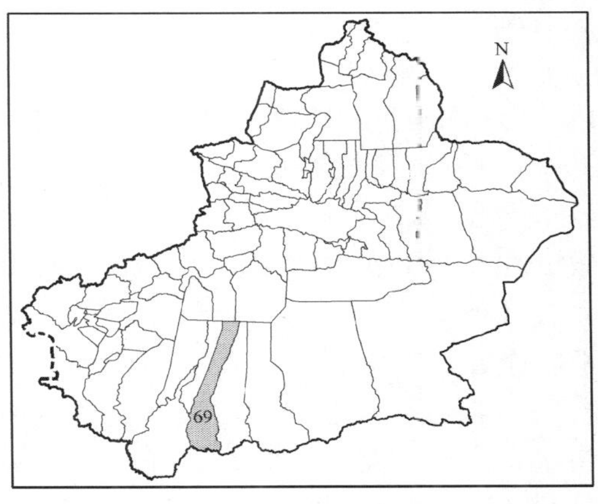

科属：菊科 Compositae 亚菊属 *Ajania* Poljak.

生境：不详。

地理分布：产于策勒县。

形态特征：半灌木，高约 25 厘米，全株被贴伏的短柔毛。茎自基部多分枝，中上部有较多的花序分枝。无基生叶；中部叶半圆形或圆形，二回掌式羽状 3 裂，叶基部常有 2 裂或不裂的假托叶，上部叶较小；叶上面绿色，下面白色或灰白色，被稠密顺向贴伏的短柔毛。头状花序多数，在茎顶排列成复伞房状；总苞宽钟状，总苞片约 4 层，苞片中央淡黄色，边缘具宽膜质；花冠均为黄色，边缘雌花约 11 朵，筒状；中央两性花多数，筒状。瘦果倒楔形，淡黄色或淡棕色。花果期 9 月。

保护价值：塔里木盆地特有种。

2. 矮亚菊 *Ajania trilobata* Poljakov

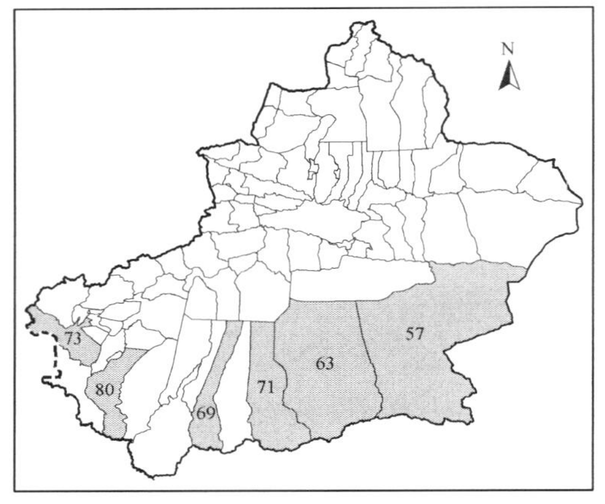

科属：菊科 Compositae 亚菊属 *Ajania* Poljak.

生境：生于海拔 2800～4800 米的高山河谷石缝中。

地理分布：产于且末县、若羌县、阿克陶县、叶城县、策勒县、民丰县。

形态特征：多年生草本或小半灌木，高 5～13 厘米。根木质化程度弱，较细，直径约 6 毫米。茎灰白色，被密的贴伏状短柔毛。叶半圆形或扇形，二回掌式羽状或近掌状分裂，一回侧裂片 3～7 出，二回 2～3 出，均为全裂，末回裂片卵形或椭圆形，叶灰白色，被稠密的短柔毛，具柄，柄长 1～2 毫米。头状花序在枝顶端排列成伞房状，总苞钟状；总苞片 4 层，中外层被稀疏短毛，全部苞片边缘黄褐色、宽、膜质；边缘雌花花筒细筒状。瘦果长约 2.2 毫米。花果期 7～8 月。

保护价值：中国仅产于塔里木盆地，稀有种。

3. 银叶蒿（原变种）*Artemisia argyrophylla* Ledeb.

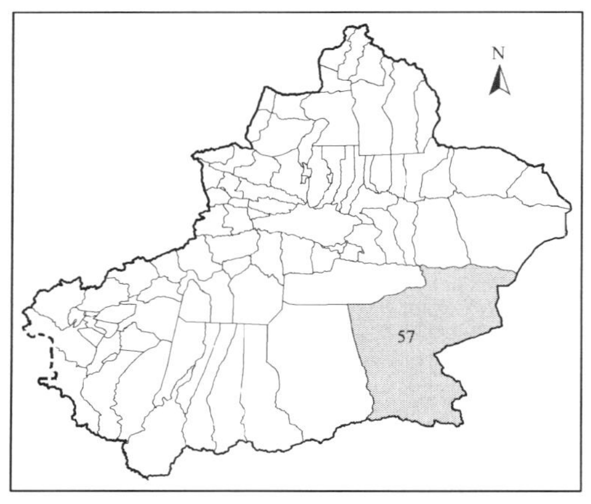

科属：菊科 Compositae 蒿属 *Artemisia* L.

生境：生于海拔 2000～4000 米的干旱草原及河滩、灌丛。

地理分布：产于若羌县。

形态特征：多年生草本或近半灌木，高 30～45 厘米。主根稍粗，木质。茎直立，基部稍木质化，具多数斜向上的细分枝，全株密被银白色略带绢质的短柔毛。茎下部、中部及营养枝叶倒卵状椭圆形或卵圆形，一至二回羽状全裂，每侧裂片 2～3，上部裂片常再次 2～4 全裂；上部叶与苞叶羽状全裂。头状花序半球形，具短梗，下垂，排列成总状，茎上组成中等开展的圆锥状；总苞片 3～4 层，外层、中层卵形，内层边宽膜质；边花 5～10 朵，雌性，花冠狭锥形；两性花 20～40 朵，管状，檐部紫色，被白色短柔毛。瘦果长圆形，常有不对称的膜质冠状边缘。花果期 8～10 月。

保护价值：塔里木盆地特有种。

4. 小银叶蒿（变种）*Artemisia argyrophylla* Ledeb. var. *brevis*（Pamp.）Y. R. Ling

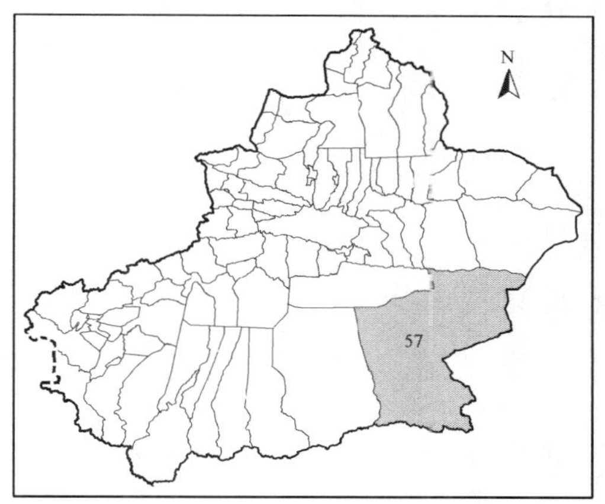

科属：菊科 Compositae 蒿属 *Artemisia* L.

生境：生于海拔 2000～3000 米的干旱山坡。

地理分布：产于若羌县。

形态特征：与原变种银叶蒿的区别在于本变种茎多扭曲向上，常不分枝或有短分枝，初时被短柔毛，后无毛；头状花序有短梗，梗长 0.5～1 厘米，在茎上排列成总状或狭圆锥状。

保护价值：塔里木盆地特有种。

5. 昆仑沙蒿 *Artemisia saposhnikovii* Krasch. ex Poljak.

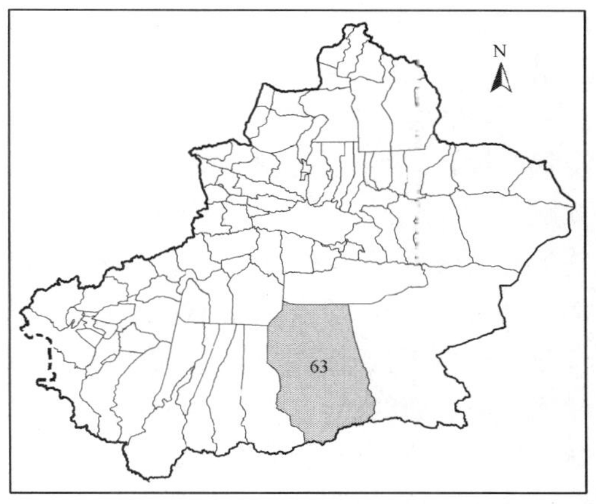

科属：菊科 Compositae 蒿属 *Artemisia* L. Sensu stricto，excl. Sect. Seriphidium Bess.

生境：生于海拔 4000 米的河谷、戈壁、沙质地。

地理分布：产于且末县。

形态特征：半灌木状草本或小灌木状，高 10～30 厘米。主根粗而长，木质；根状茎粗，木质。茎多数，成丛，半木质。茎下部和中部叶卵形，一（至二）回羽状全裂，每侧裂片 2，有柄，基部有线形的假托叶；上部叶羽状全裂，每侧有裂片 1～2，近无柄；苞片叶 3 全裂或不分裂。头状花序卵形，在分枝上排列成穗状，再组成狭窄的圆锥状；总苞片 3～4 层，外层、中层总苞片卵形或长卵形，边缘膜质，内层总苞片长圆形，半膜质；雌花 4～5 朵，花冠狭筒状；两性花 4～6 朵，不育，花冠筒状，子房退化。瘦果长圆形。花果期 8～10 月。

保护价值：中国仅产于塔里木盆地，稀有种。

6. 若羌紫菀 *Aster ruoqiangensis* Y. Wei et Z. X. An

科属：菊科 Compositae 紫菀属 *Aster* L.

生境：生于海拔 4450～4850 米的高山草甸。

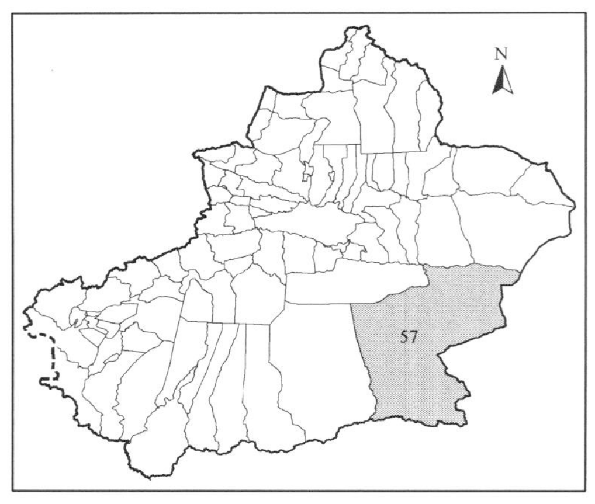

地理分布：产于若羌县。

形态特征：多年生草本，高 5～10 厘米。根状茎横走或斜升。茎丛生，被绵毛，基部被枯叶柄包裹。叶厚质，两面被薄绵毛；基生叶莲座状，匙形，下部茎生叶与基生叶同型，中部叶长圆状匙形，半抱茎。头状花序单生于茎顶；总苞片 2 层，外层长圆状披针形，被厚绵毛，内层线状披针形，被疏长毛；缘花雌性，35～45 朵，紫色，舌状；中央两性花筒状，黄色。瘦果黄色，长圆状条形。花果期 7～9 月。

保护价值：塔里木盆地特有种。

7. 高山短星菊 *Brachyactis alpinus* Y. Wei et Z. X. An

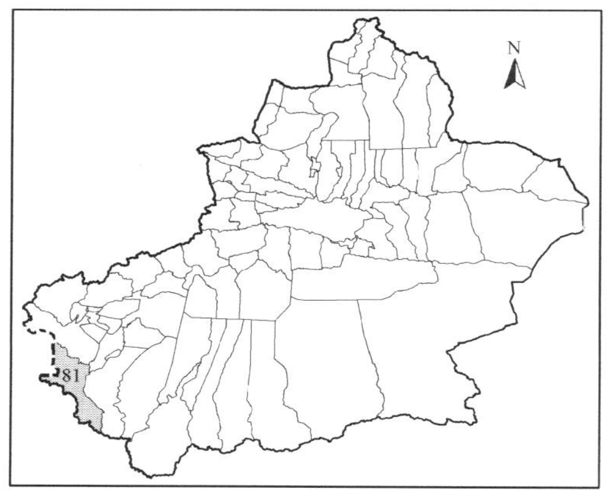

科属：菊科 Compositae 短星菊属 *Brachyactis* Ledeb.

生境：生于海拔约 4550 米的砾石山坡。

地理分布：产于塔什库尔干塔吉克自治县。

形态特征：多年生草本，高 4～10 厘米。根状茎粗壮，有丛生的茎和莲座状叶丛。茎直立或斜升，不分枝，全株密被黄褐色腺状柔毛。基生叶莲座状，倒卵形，中下部叶和基部叶同形，上部叶渐小，两面被腺状柔毛和腺毛。头状花序单生于枝顶；总苞半球形，2～3 层，绿色或顶端紫红色，披针形；花部结实，缘花雌性，舌状，舌片极窄，黄色；中央两性花细筒状，黄色。瘦果倒卵状长圆形扁压，被微毛。花期 7 月。

保护价值：塔里木盆地特有种。

8. 天山小甘菊 *Cancrinia tianschanica*（Krasch.）Tzvelev

科属：菊科 Compositae 小甘菊属 *Cancrinia* Kar. et Kir.

生境：生于海拔 3200～3800 米高山草甸的山坡多石地。

地理分布：产于和硕县。

形态特征：多年生草本，高 3～10 厘米，被疏松的长绵毛。茎极短，向上转变成花葶；营养枝短缩成叶丛。叶多数，叶片轮廓为长圆形，密被白色绵毛，羽状深裂，裂片 3～4 对，线状长圆形，常全部或部分再次 2～4 深裂或浅裂：无茎生叶或有 1～

2 对极退化的茎叶。头状花序球形，单生于花葶上，直立；总苞半球形，密被长绒毛；总苞片 3～4 层，覆瓦状排列，外层披针形，中内层长椭圆形，内部总苞片具较宽的黑褐色膜质边缘；全部小花两性，筒状，黄色。瘦果卵形，具 5 条纵肋，被稀疏的短柔毛，顶端具膜质冠状冠毛。花果期 7～9 月。

保护价值：中国仅产于塔里木盆地，稀有种。

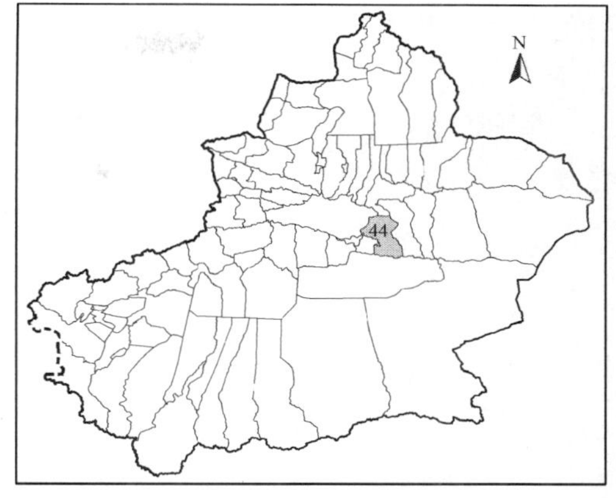

9. 腺毛菊苣 *Cichorium glandulosum* Boiss. et Huet.

科属：菊科 Compositae 菊苣属 *Cichorium* L.

生境：不详。

地理分布：产于阿克苏，且末县、乌恰县、和田县。

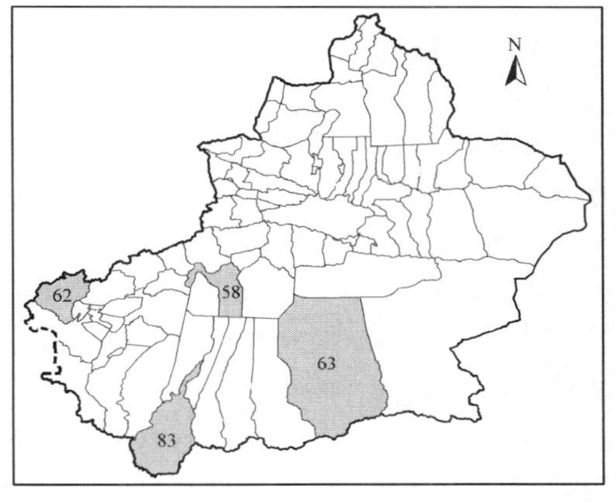

形态特征：一年生或二年生草木，高 20～70 厘米。根粗壮，圆锥状。茎被疣毛状腺毛，即毛基部及顶端均膨大。基生叶与下部茎生叶长圆形，羽状深裂，基部渐窄，下延于叶柄成窄翅，早枯，茎生叶无柄，两面及叶缘有毛。头状花序 2～3 个成穗状，生于叶腋，外观似簇生；总苞圆柱状，总苞片两层，外层 5，宽卵形，被腺毛，内层 8，披针形；舌状花蓝色。瘦果倒卵形，无毛，有锈色斑；冠毛淡褐色，鳞片状。花期 6～8 月。

保护价值：中国仅产于塔里木盆地，稀有种。

10. 丛生刺头菊 *Cousinia caespitosa* C. G. A. Winkl.

科属：菊科 Compositae 刺头菊属 *Cousinia* Cass.

生境：生于海拔达 3200 米的高山砾石质山坡。

地理分布：产于乌恰县。

形态特征：多年生草本，高 8～14（20）厘米。根粗壮，木质，直伸；根颈多头，被残存枯叶柄。茎直立，少分枝，禾秆黄色，被蛛丝状柔毛。叶灰绿色，被蛛丝状柔毛；基生叶有狭翅的短柄，叶片长椭圆形，羽状全裂，沿缘反卷，顶端有长 1～2 毫米的针刺。头状花序单生茎端；总苞碗状，被稀疏的蛛丝状柔毛；总苞片 5 层，外层和中层的总苞片长三角形或披针形，先端渐尖成针刺，内层总苞片线形；托毛糙毛状；小花紫红色，花冠长达 1.2 厘米。瘦果倒披针形，压扁，

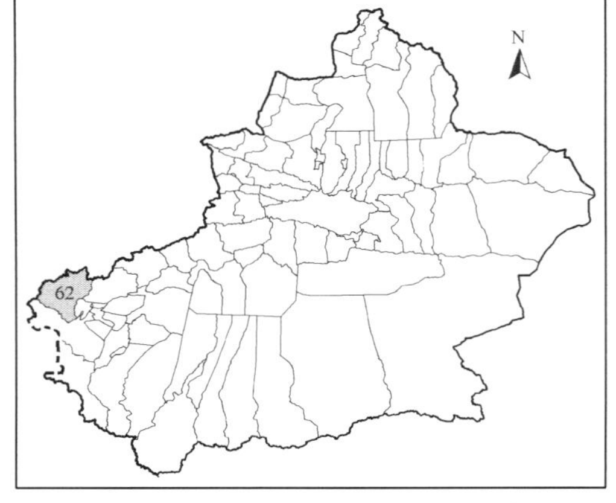

褐色，具细纵纹，顶端延伸成微齿。花果期 7～9 月。

保护价值：中国仅产于塔里木盆地，稀有种。

11. 丝毛刺头菊 *Cousinia lasiophylla* C. Shih

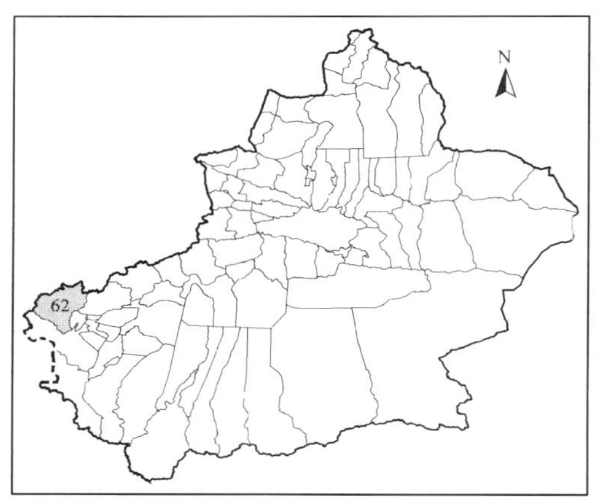

科属：菊科 Compositae 刺头菊属 *Cousinia* Cass.

生境：生于海拔 3000～3250 米的山坡草地、河滩及冲沟边。

地理分布：产于乌恰县。

形态特征：二年生草本，高约 50 厘米。茎直立，中部以上分枝。叶硬，上面有稀疏的蛛丝状柔毛，下面被薄层蛛丝状绒毛；中部叶无柄，长椭圆形，顶端具硬针刺，沿缘具刺齿；茎上部叶窄披针形或线状披针形，沿缘有刺齿。头状花序单生茎枝顶端；总苞宽钟状，被膨松的蛛丝状柔毛，总苞片 7 层；小花紫红色。瘦果倒卵形，压扁，有褐色斑，果端圆形平滑。花果期 7～9 月。

保护价值：塔里木盆地特有种。

12. 硬苞刺头菊 *Cousinia sclerolepis* C. Shih

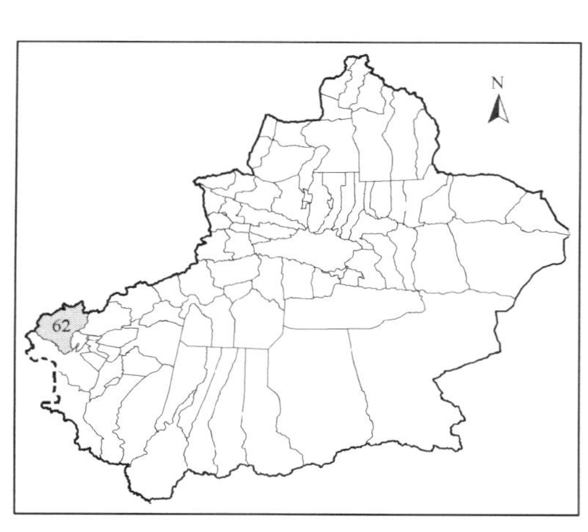

科属：菊科 Compositae 刺头菊属 *Cousinia* Cass.

生境：生于海拔 3000～3200 米的山沟、山坡。

地理分布：产于乌恰县。

形态特征：二年生草本，高 30 厘米。茎簇生，不分枝，密被蛛丝状柔毛。叶两面灰绿色，被蛛丝状柔毛；基生叶长椭圆形，羽状深裂或半裂，裂片 5～6 对；茎下部和中部的叶与基生叶同形，向上叶渐小，披针形，沿缘有大小不等的三角形刺齿。头状花序单生茎端；总苞宽钟状，被蛛丝状柔毛，总苞片6～7层；小花紫红色。瘦果偏斜倒卵形，压扁，浅黑色。花果期7月。

保护价值：塔里木盆地特有种。

13. 细叶还阳参（变种）*Crepis flexuosa*（Ledeb.）Clarke var. *tenuifolia* Z. X. An

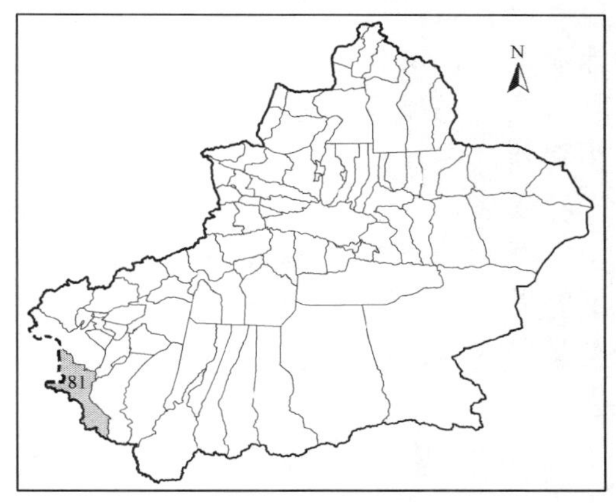

科属：菊科 Compositae 还阳参属 *Crepis* L.

生境：生于海拔约4000米的干旱戈壁。

地理分布：产于塔什库尔干塔吉克自治县。

形态特征：弯茎还阳参（*Crepis flexuosav*（Lecleb.）C. B. Clarke）为原变种，本种与原变种不同之处在于分枝纤细；叶众多，裂片稀疏，细小，宽不及1毫米，其上也有稀疏之齿；瘦果之棱直达于冠毛盘。

保护价值：塔里木盆地特有种。

14. 红花还阳参 *Crepis lactea* Lipsch.

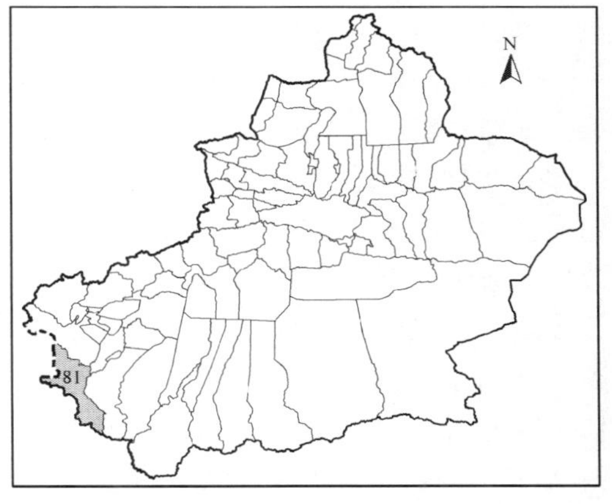

科属：菊科 Compositae 还阳参属 *Crepis* L.

生境：生于海拔3100～3500米的高山草甸。

地理分布：产于塔什库尔干塔吉克自治县。

形态特征：多年生草本，高5～10厘米，全株无毛。根状茎分枝。茎外倾或仰卧而成丛。基生叶与茎生叶具长柄，在叶柄中上部成窄翅，全缘；向上叶渐小，于花序中成倒披针形苞叶。头状花序于枝端成聚伞状伞房状，其上有数枚丝状苞叶；总苞粗柱状，外层总苞片小，披针状三角形，长为内层的1/6～1/5，黑绿色，内层总苞片6～8，窄披针形，边缘有白色膜质边缘，或膜质部分带紫红色；舌状花红紫色顶端截形，5裂。瘦果柱状，稍弧曲，淡黄色，有10棱；冠毛白色，细毛状。花期7～8月。

保护价值：中国仅产于西藏和塔里木盆地，稀有种。

15. 矮蓝刺头 *Echinops humilis* Bieb.

科属：菊科 Compositae 蓝刺头属 *Echinops* L.

生境：生于海拔达3400米的砾石山坡和山谷。

地理分布：产于阿克陶县、塔什库尔干塔吉克自治县。

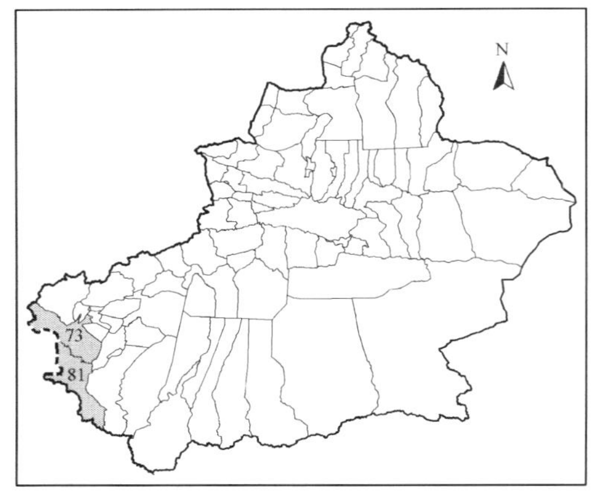

形态特征：多年生草本，高7～16厘米。根粗壮，直伸；根颈增粗，多头。茎直立，单一或少数，通常不分枝，被白色绒毛。叶质地薄，灰白色，密被白色绒毛；基生叶多数，莲座状，有短叶柄，叶片通常大头羽状浅裂，少顶端具针刺；茎生叶与基生叶同形，但无柄，基部半抱茎，叶片羽状半裂，顶端具针刺，沿缘具刺齿。复头状花单生茎、枝顶端；头状花序基毛白色，不等长；外层总苞片披针形，内层总苞片线状披针形，所有总苞片具锯齿状缘毛；小花淡蓝色，具光滑的花冠筒和淡蓝色的花药。瘦果被长毛；冠毛不等长，基部联合。花果期7～8月。

保护价值：中国仅产于塔里木盆地，稀有种。

16. 腺毛飞蓬（变种）***Erigeron elongatus*** Ledeb. var. ***glandulosus*** Y. Wei et Z. X. An

科属：菊科Compositae飞蓬属*Erigeron* L.

生境：生于海拔约3000米的河滩、林缘。

地理分布：产于叶城县。

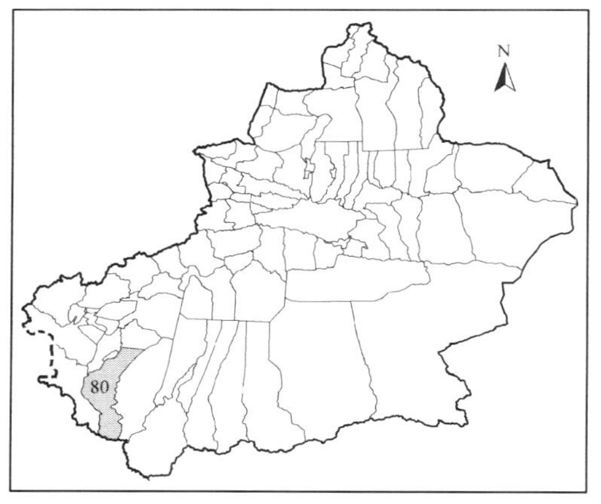

形态特征：二年生至多年生草本，高15～50厘米。根状茎斜上升，具分枝。茎数个，紫色，上部分枝。叶质稍厚，仅边缘具疏睫毛状长节毛；基生叶密集成莲座状，倒披针形至长圆状倒披针形，下部茎生叶和基生叶同形，中上部叶倒披针形或披针形。头状花序少数，在枝端排成伞房状或圆锥状；总苞半球形，总苞片3层，短于花盘，线状披针形，常紫红色，外层长为内层的一半；缘花雌性，2层，外层舌状，舌片紫红色，内层雌花细筒状，无色；中央两性花筒状，黄色，顶端裂片紫红色。瘦果长圆形，扁压。花果期6～9月。长茎飞蓬（*Erigeron elongatus* Ledeb. var. *elongates*）为原变种，本种与原变种的主要区别为茎、叶和总苞仅被具柄腺毛而无短毛；叶革质，绿色，叶基部紫色。

保护价值：塔里木盆地特有种。

17. 蓝舌飞蓬 *Erigeron vicarius* Botsch.

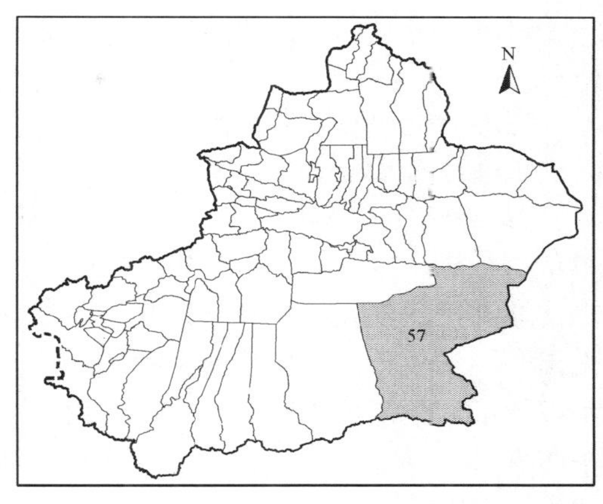

科属：菊科 Compositae 飞蓬属 *Erigeron* L.

生境：生于海拔 4500 米的高山草甸。

地理分布：产于若羌县。

形态特征：多年生草本，高 3～20 厘米。根状茎短，有分枝，上部被残存叶基。茎数个，直立或斜升，密被开展的软长节毛杂，具头状腺毛。基生叶密集成莲座状，披针形，茎生叶和基生叶同形，无柄，全缘，边缘稍皱褶，两面密被开展的软长节毛，杂具柄腺毛。头状花序单生于茎顶；总苞半球形，总苞片 3 层，近等长，线状披针形，外层绿色，带紫色，被密而软的乱长节毛，内层革质，顶端天蓝色；缘花雌性，舌片蓝色，线形，直而开展；中央的两性花筒状，黄色，上部疏被微毛；冠毛 2 层，白色。瘦果倒披针形，扁压。花期 7～9 月。

保护价值：中国仅产于塔里木盆地，稀有种。

18. 新疆乳菀（原变种）*Galatella songorica* Novopokr.

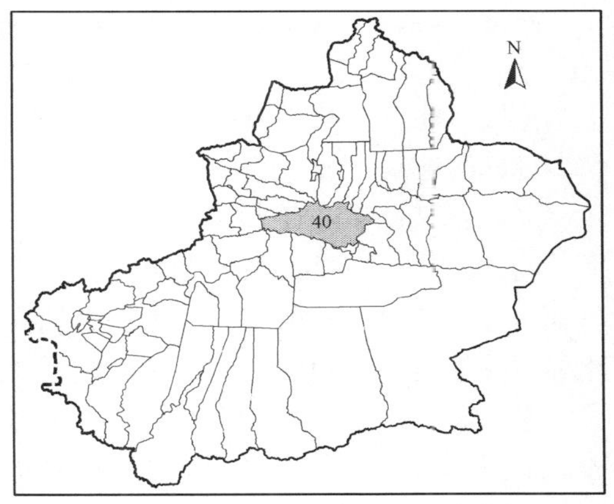

科属：菊科 Compositae 乳菀属 *Galatella* Cass.

生境：生于海拔 1500～1900 米的林缘和砾质山坡。

地理分布：产于和静县。

形态特征：多年生草本。根状茎粗壮。茎单生或数个丛生，高 50～90 厘米，茎绿色，基部略带紫色。叶较密集，无柄，两面被腺点和乳头状毛，边缘粗糙，下部茎叶早枯，中部叶长圆状披针形至披针形，上部叶渐小。头状花序大，多数在枝顶排列成疏伞房状，常有 1～3 个线形苞叶；总苞倒锥形或近球形，3～4 层，外层小，披针形，内层较大，长圆形，近膜质；缘花雌性，舌状，蓝紫色，舌片开展，长圆形；中央两性花筒状，黄色。瘦果长圆形，密被白色长毛。花果期 7～10 月。

保护价值：塔里木盆地特有种。

19. 天山乳菀 *Galatella tianschanica* Novopokr.

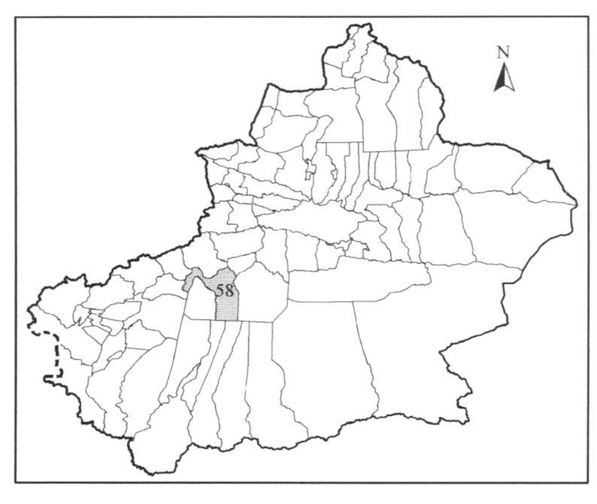

科属：菊科 Compositae 乳菀属 *Galatella* Cass.

生境：生于海拔 1200 米的河谷沼泽。

地理分布：产于阿克苏。

形态特征：多年生草本，高 15～30 厘米。根状茎粗壮。茎多数，少单生，纤细无毛或上部被蛛丝状毛。叶常密集于茎的下部，且偏向于一侧生长；基生叶莲座状，长圆形或倒披针形，下部茎生叶线状披针形或线形。头状花序较大，单生或数个排列成疏伞房状；总苞半球形，总苞片 3 层，覆瓦状排列，常具白膜质的边缘，外层短，披针形，内层较长，长圆状披针形；缘花雌性，舌状，15～20 朵，淡紫色，长圆形；中央两性花筒状，多数，45～60 朵，黄色；冠毛淡白色。瘦果长圆形，密被白色长毛。花果期 7～9 月。

保护价值：中国仅产于塔里木盆地，稀有种。

20. 喀什蜡菊 *Helichrysum kashgaricum* Z. X. An

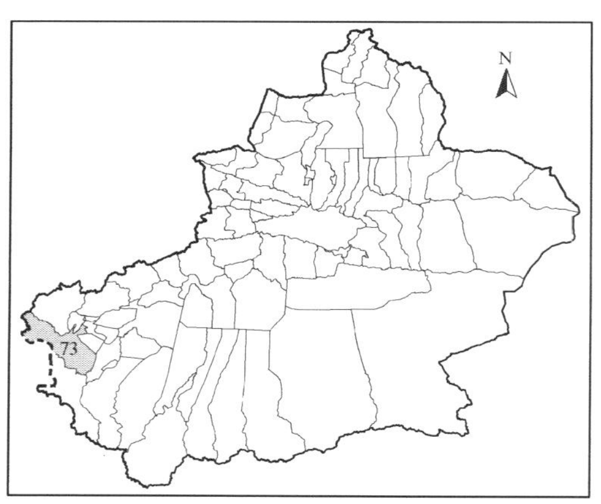

科属：菊科 Compositae 蜡菊属 *Helichrysum* Mill.

生境：生于海拔 2000 米的河谷。

地理分布：产于阿克陶县。

形态特征：多年生草本，高 10～15 厘米，全株密被白色绵毛。根状茎不分枝，基部有不育枝及宿存枯叶。叶长圆状倒披针形，半抱茎。头状花序在茎端排成伞房状；总苞片 4～5 层，卵状披针形或披针形，干膜质，外层基部黑褐色，长为内层的 1/3 或更多；花序中雌花少数，藏于总苞片内侧，窄漏斗状，两性花上部 1/2 为窄漏斗状，下部柱状，淡黄褐色。花期 8 月。

保护价值：塔里木盆地特有种。

21. 喀什女蒿 *Hippolytia kaschgarica*（Krasch.）Poljak.

科属：菊科 Compositae 女蒿属 *Hippolytia* Poljak.

生境：生于海拔 1700～2200 米的干旱砾质山坡。

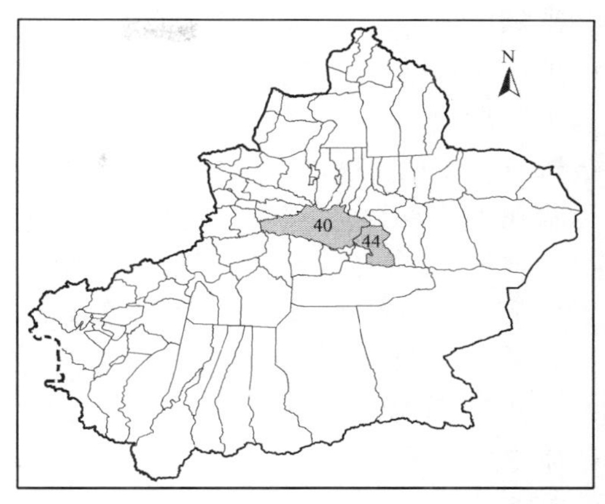

地理分布：产于和硕县、和静县。

形态特征：半灌木，高 20～30 厘米。茎多分枝，基部枝节处膝曲，中上部枝二叉分枝。叶在短枝上近簇生，圆形或椭圆形，羽状深裂至浅裂，侧裂片 2～3 对，嫩枝上的叶近互生，全缘，倒披针形。头状花序分枝二叉状，分枝近直角，5～8 个生于枝顶，排列成羽状；头状花序卵形；总苞片 3～4 层，膜质，外层卵形，中层、内层椭圆形或倒披针形；小花两性，筒状，散生腺点。瘦果卵圆形或楔形。花果期 8～9 月。

保护价值：塔里木盆地特有种。

22. 大花女蒿 ***Hippolytia megacephala***（Rupr.）Poljak.

科属：菊科 Compositae 女蒿属 *Hippolytia* Poljak.

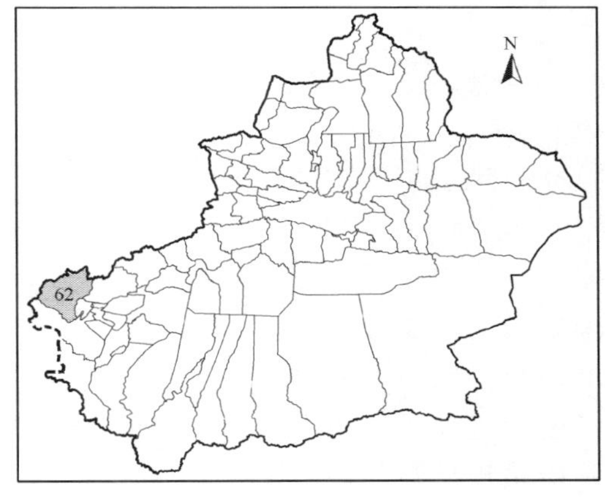

生境：生于海拔 3300 米的亚高山草甸。

地理分布：产于乌恰县。

形态特征：多年生草本，高 10～25 厘米。具根状茎。茎直立，不分枝，下部常呈紫红色，具细的棱，被稀疏短柔毛，花序下较密。基生叶多数，轮廓为长椭圆形，2 回羽状全裂，被稀疏短柔毛，叶柄长 4.5～5.5 厘米；中部茎生叶 1～2，二回羽状全裂，柄长 2～2.5 厘米，基部抱茎；上部叶 1～2，一回羽状全裂。头状花序少数，在茎顶排成伞房状；总苞半球形，苞片 3 层，覆瓦状排列，宽披针形，被稀疏短柔毛，边缘褐色，膜质；全部小花两性，筒状，被少数腺点，顶端 5 齿裂，黄色。瘦果卵圆形，具窄的黄色边肋。花果期 7～9 月。

保护价值：中国仅产于塔里木盆地，稀有种。

23. 矮小苓菊 ***Jurinea algida*** Iljin

科属：菊科 Compositae 苓菊属 *Jurinea* Cass.

生境：生于海拔高达 3020 米的高山和亚高山砾石质山坡。

地理分布：产于乌恰县。

形态特征：多年生草本，高 2～10 厘米或几无茎。根直伸；根颈增粗，被残存

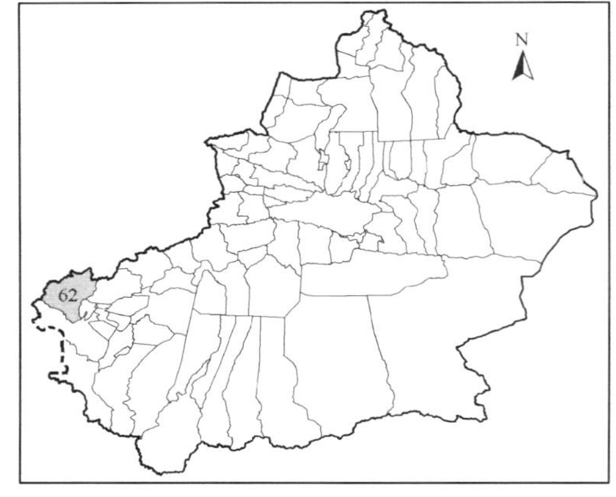

的褐色柄鞘。叶上面被稀疏的蛛丝状柔毛和黄色小腺点，下面灰白色，密被绒毛；基生叶成莲座状，有短柄，羽状或大头羽状深裂；或莲座状叶丛中含有不分裂的叶。头状花序单生茎端或花葶的顶端；总苞碗状，苞片 3～4 层，外层总苞片披针形，中层总苞片长椭圆形，内层总苞片宽线形，所有总苞片先端渐尖，外层总苞片先端芒针状，反折或向外开展；小花紫红色，外面被稀疏腺点。瘦果长椭圆形，褐色，上部有稀疏刺瘤，顶端具齿状果缘；冠毛白色，基部联合成环，整体脱落。花果期 7～8 月。

保护价值：中国仅产于塔里木盆地，稀有种。

24. 南疆苓菊 *Jurinea kaschgarica* Iljin

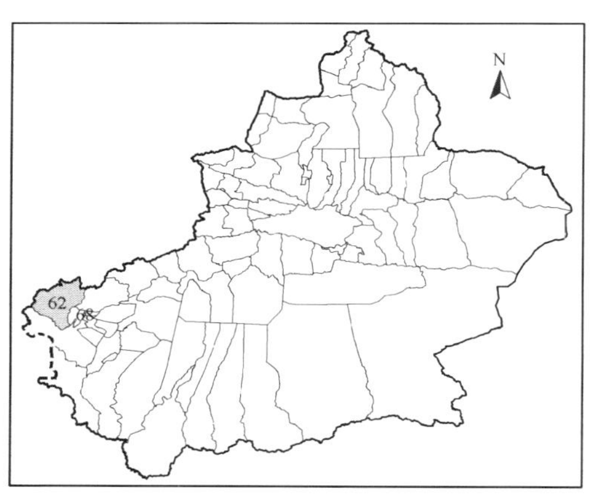

科属：菊科 Compositae 苓菊属 *Jurinea* Cass.

生境：生于海拔约 2300 米的石砾山沟及水旁。

地理分布：产于喀什，乌恰县。

形态特征：多年生草本，高 10～18 厘米。根直伸；根颈分叉，密被残存的叶柄。茎被蛛丝状柔毛和腺点。叶厚，质硬，上面绿色，被蛛丝状柔毛，下面密被绒毛；基生叶莲座状，叶腋有白色团状绵毛，叶片线状长椭圆形，羽状浅裂或缺刻状齿裂；茎生叶少数，最上面叶小，钻形，不裂。头状花序单生茎端；总苞碗状，被稀疏的蛛丝状柔毛；总苞片 4～5 层，顶端有芒状刺，向下反折或开展，外层和中层苞片三角状披针形或披针形，灰绿色，内层总苞片线形，紫红色；小花红紫色，外面具腺点。瘦果倒圆锥形，褐色，上面有小瘤状突起或小刺瘤，顶端有齿状果缘。花果期 6 月。

保护价值：塔里木盆地特有种。

25. 帕米尔苓菊 *Jurinea pamirica* C. Shih

科属：菊科 Compositae 苓菊属 *Jurinea* Cass.

生境：生于海拔约 2850 米的砾石戈壁和山坡。

地理分布：产于乌恰县。

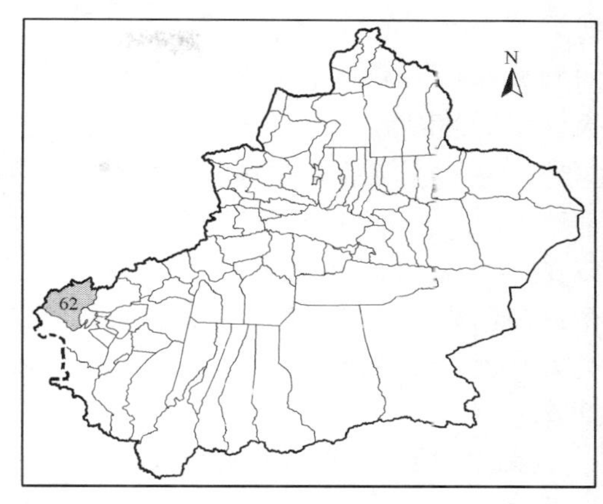

形态特征：多年生草本，矮小。根粗壮，直伸。无茎或近无茎。叶簇生成莲座状，基部鞘状扩大，鞘内有绵毛，叶片长椭圆形、披针形或倒披针形，羽状深裂，侧裂片沿缘反卷，上面绿色，无毛，下面密被白色绒毛。头状花序单生于莲座状叶中抽出的花葶上，花葶短或极短；总苞碗状；总苞片 5 层，向内渐长，外层线状披针形，中层椭圆状披针形，内层披针形，中外层总苞片顶端渐尖成芒刺状；小花紫色，檐部先端 5 裂。瘦果黑褐色，上部有稀疏的刺瘤，顶端具齿状果喙。花果期 7～8 月。

保护价值：塔里木盆地特有种。

26. 昆仑山橐吾 *Ligularia kunlunshanica* Z. X. An

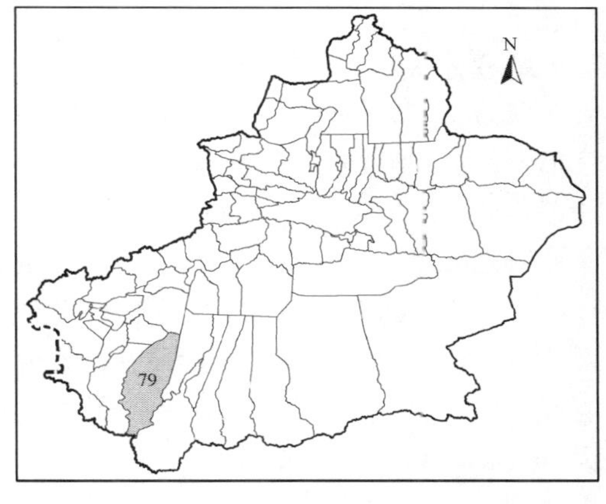

科属：菊科 Compositae 橐吾属 *Ligularia* Cass.

生境：生于海拔 3200 米的圆柏灌丛间。

地理分布：产于皮山县。

形态特征：多年生草本，高 50～70 厘米，全株被白色丛卷状绵毛。茎直立，单一，基部被驼色柔毛及枯叶柄组成的纤维。基生叶及下部茎生叶具长柄，抱茎；下部茎生叶椭圆形，基部下延成窄翅，不对称；中部以上叶小，最上部叶则成条形或线形。头状花序约 10 朵排列成圆锥状；总苞钟状或杯状，总苞片 2 层，条状披针形，具褐色短绒毛；边缘舌状花黄色，雌性，多数，舌片倒卵状长圆形；中央筒状花两性，多数，黄色。未成熟瘦果柱状，略扁压。花期 6 月。

保护价值：塔里木盆地特有种。

27. 九眼菊 *Olgaea lanipes*（C. G. A. Winkl.）Iljin

科属：菊科 Compositae 蝟菊属 *Olgaea* Iljin

生境：生于海拔 1825～2100 米的山谷砾石河滩及山坡。

地理分布：产于和硕县、库车县、温宿县。

形态特征：多年生草本，高 30～60 厘米。茎直立，粗壮，不分枝，密被白色蛛丝状柔毛。叶近革质，上面淡绿色，无毛，下面密被蛛丝状柔毛；基生叶线状长椭圆形至披针状长椭圆形，具长柄，叶片羽状浅裂或深裂；茎生叶与基生叶同形，有短柄，茎上部叶小，无柄。头状花序5～9个集生于茎端成复头状花序；总苞宽钟状，直径4～5厘米，密被白色绵毛；总苞片多层，向内渐长；小花紫红色。瘦果圆柱形，压扁，褐色。花果期6～8月。

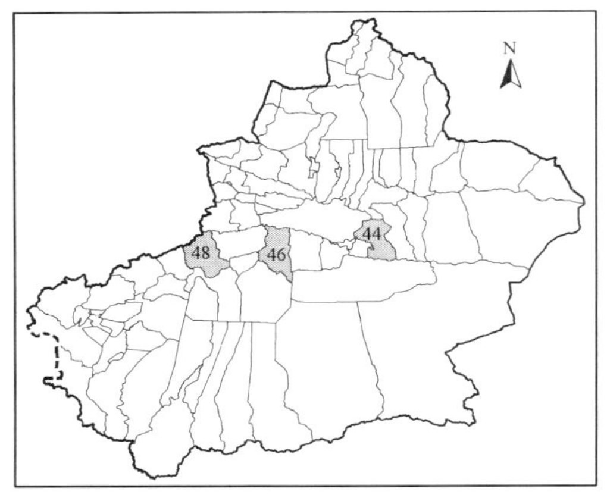

保护价值：塔里木盆地特有种。

28. 新疆蝟 *Olgaea pectinata* Iljin

科属：菊科 Compositae 猬菊属 *Olgaea* Iljin

生境：生于海拔约2900米的砾石质山坡。

地理分布：产于乌恰县。

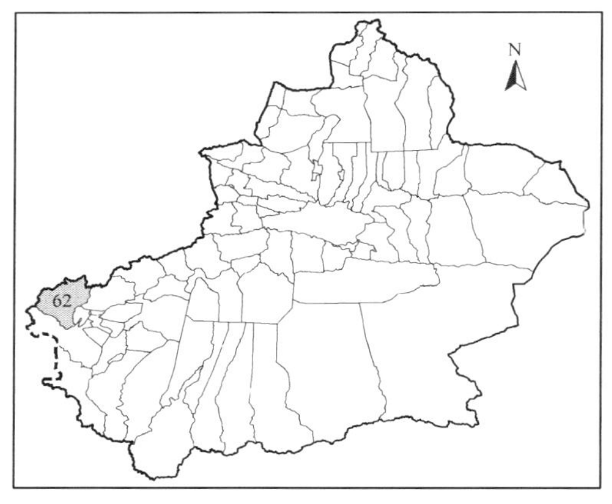

形态特征：多年生草本，高30～70厘米。茎单一，上部分枝，有棱槽，密被白色绵毛。叶近革质，上面淡绿色，无毛，下面灰白色，密被白色绵毛；基生叶和茎下部叶长椭圆形，有柄，叶片羽状浅裂或深裂；茎中部叶较小，无叶柄，叶片与茎下部叶同形，并同样分裂；茎端花序下部的叶窄小，沿缘有篦齿状针刺。头状花序单生于茎枝顶端；总苞宽钟状，被稀疏的蛛丝状柔毛；总苞外层叶状，近革质，椭圆形或披针形，沿缘有刺齿和针刺，中层总苞片长椭圆形或披针形，上部钻状渐尖，有短缘毛，内层总苞片线状披针形，沿缘有缘毛；小花淡紫色，先端5裂，裂片线形。瘦果圆柱形，不成熟时淡褐色；冠毛淡黄色或污白色，多层，不等长，全部刚毛锯齿状，基部联合成环。花果期7～9月。

保护价值：中国仅产于塔里木盆地，稀有种。

29. 假九眼菊 *Olgaea roborowskyi* Iljin

科属：菊科 Compositae 蝟菊属 *Olgaea* Iljin

生境：生于海拔达2730米的砾石荒漠及山坡。

地理分布：产于乌恰县。

形态特征：多年生草本，高20～25厘米。茎直立，不分枝，被绵毛。叶革质，上面绿色，无毛，下面密被绵毛；茎中部叶长椭圆形，羽状半裂或深裂，茎上部叶与中部叶沿缘有大小不等的三角形刺齿或篦齿状针刺。头状花序 3～8 个集生于茎端成复头状，密被膨松的长绵毛；总苞卵形或钟状，总苞片多层，向内渐长，有缘毛；小花紫色，宽的檐部 5 裂到中部。瘦果楔状，长椭圆形压扁，淡灰色，有黑色色斑。花果期 7 月。

保护价值：塔里木盆地特有种。

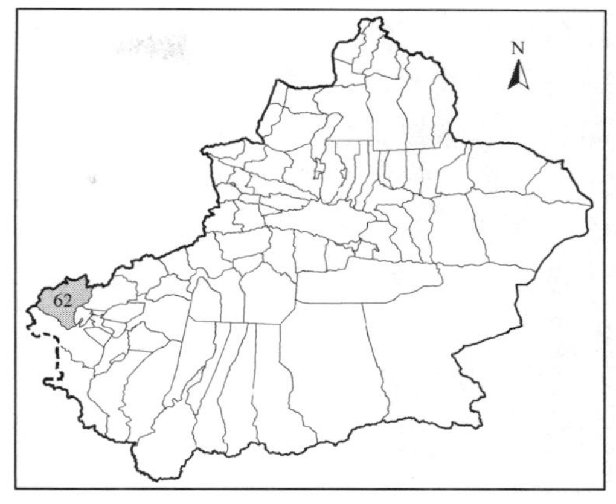

30. 光滑匹菊 *Pyrethrum arrasanicum*（C. Winkl.）O. Fedtsch. et B. Fedtsch.

科属：菊科 Compositae 匹菊属 *Pyrethrum* Zinn.

生境：生于海拔 3100～3800 米的山坡。

地理分布：产于乌恰县。

形态特征：多年生草本，高 4～12 厘米，全株光滑无毛，有分枝的根状茎。茎簇生，很少有单生，直立，不分枝。基生叶椭圆形，二回或几三回羽状分裂；茎生叶少数，与基生叶同形并等样分裂；全部叶绿色或暗绿色，光滑无毛。头状花序单生茎顶，有长的花序梗，总苞直径 1～1.5 厘米，总苞片 4 层，中外层披针形，内层倒披针形；苞片边缘黑褐色，膜质；边缘雌花白色，舌片倒卵圆形；中央两性花黄色，筒状。瘦果圆柱形，棕色，具 8 条纵肋；冠状冠毛分裂几达基部。花果期 6～8 月。

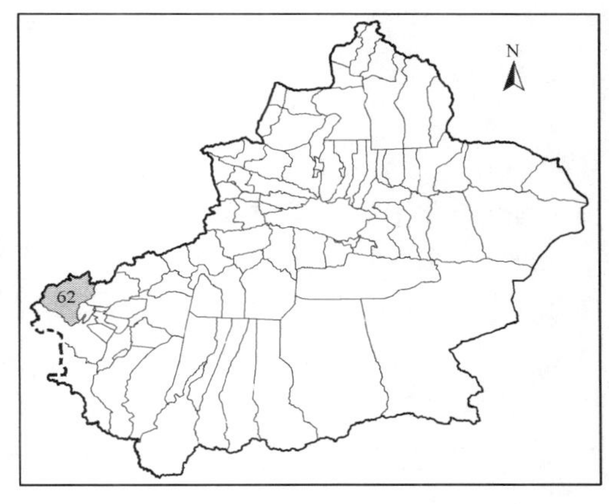

保护价值：中国仅产于塔里木盆地，稀有种。

31. 白花匹菊 *Pyrethrum transiliense*（Herb.）Regel et Schmalh.

科属：菊科 Compositae 匹菊属 *Pyrethrum* Zinn.

生境：生于海拔 2000～2800 米的山坡砾石处、林缘草甸。

地理分布：产于阿克苏，和静县、库车县、阿瓦提县。

形态特征：多年生草本，高 10～20 厘米，具细长的根状茎。茎簇生，少单生，被稀疏弯曲的单毛，近头状花序处毛稍多。基生叶与下部叶长椭圆形或线状长椭圆形，二回羽状全裂，一回侧裂片 4～7 对，末回裂片长椭圆形；茎生叶少数，与基生叶同形，无柄；全部叶被稀疏的单毛。头状花序单生于茎顶，总苞直径 10～15 毫米；

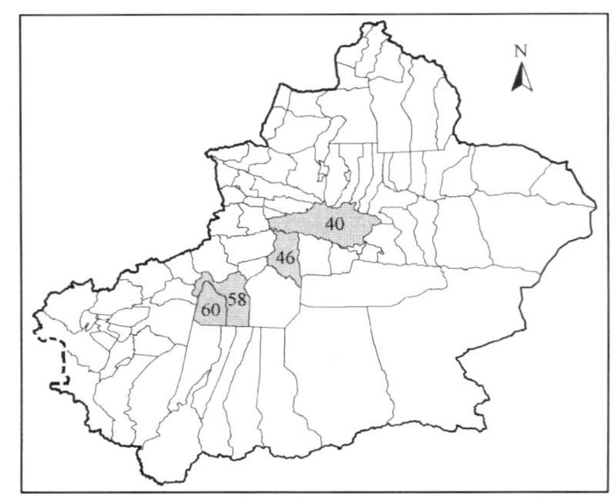

总苞片 3 层，外层披针形有稀疏的长单毛，中内层长椭圆形至披针形，内层无毛；全部苞片边缘黑褐色，宽膜质；边缘雌花舌状，白色，舌片长椭圆形；中央两性花筒状，黄色。瘦果圆柱状，棕色，具 6～8 条纵肋；冠状冠毛分裂至基部。花果期 7～9 月。

保护价值：中国仅产于塔里木盆地，稀有种。

32. 阿尔金风毛菊 *Saussurea aerjingensis* K. M. Shen

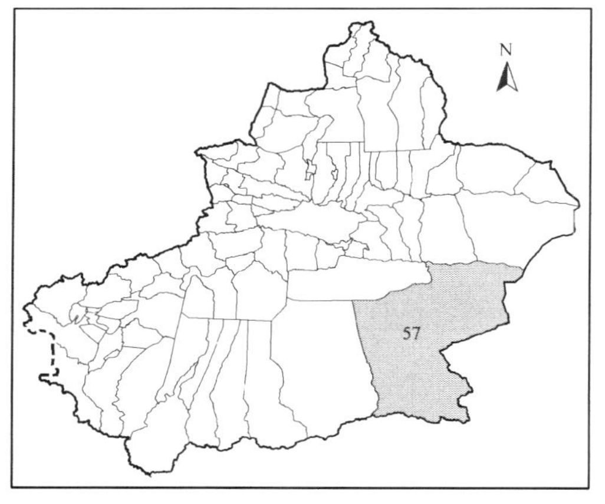

科属：菊科 Compositae 风毛菊属 *Saussurea* DC.

生境：生于海拔 2900～3000 米的盐化沼泽草甸。

地理分布：产于若羌县。

形态特征：多年生草本，高 8～40 厘米。根颈分叉，密被鞘状叶柄的分解纤维。茎直立，单一或少数。叶窄披针形或线形，基生叶和茎下部叶具鞘状扩大的柄，茎中部和上部叶渐小，无柄。头状花序 2～5 个在茎端排列成紧密的伞房状花序，腋生花序通常单一；总苞钟状，被稀疏的蛛丝状柔毛和腺点；总苞片 4 层，向内渐长；小花淡紫红色，被稀疏的腺点。瘦果楔形，稍压扁，灰白色，无毛，顶端截形。花果期 8～9 月。

保护价值：塔里木盆地特有种。

33. 木质风毛菊 *Saussurea chondrilloides* Winkl.

科属：菊科 Compositae 风毛菊属 *Saussurea* DC.

生境：生于海拔 1800～2800 米的碎石山麓、砂砾质山坡、盐渍化沙地、田边等。

地理分布：产于阿图什，若羌县、莎车县。

形态特征：半灌木，高 60～80 厘米。根粗壮，木质化。茎直立，分枝，枝多成帚状，具条纹状的浅棱槽，绿色或蓝绿色，或多少被腺体。叶稍肉质，椭圆形或披针形，两面被无柄的腺体，下面较密，全缘或沿缘具有少数小齿；茎生叶较大；枝上的叶小。头状花序单一，生于茎枝顶端，呈扩展的圆锥状；总苞钟状或倒圆锥状；

总苞片 5 层，覆瓦状排列，常紫红色，背面被短毛和卷曲柔毛，外层总苞片长三角形或卵形，内层总苞片长圆状披针形，禾秆黄色，外露部分紫红色；小花粉红色或紫红色，檐部 5 裂至中部，裂片线形。瘦果圆柱形褐色，具纵棱，顶端截形；冠毛 2 层，白色或污白色，基部联合成环，宿存。花果期 8～9 月。

保护价值：中国仅产于塔里木盆地，稀有种。

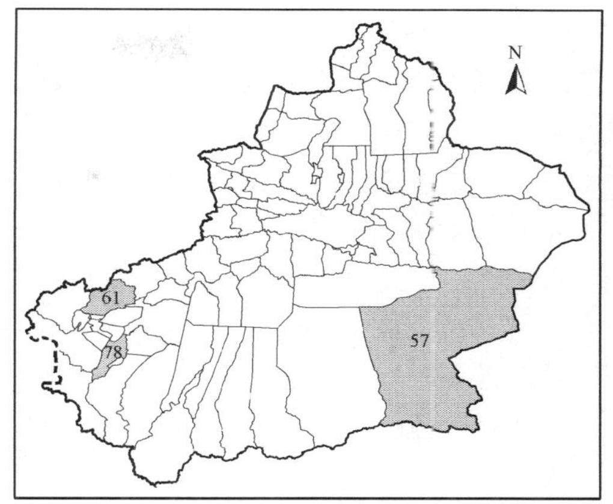

34. 昆仑风毛菊 *Saussurea cinerea* Franch.

科属：菊科 Compositae 风毛菊属 *Saussurea* DC.

生境：生于海拔 3200～3800 米的高山砾石质山坡。

地理分布：产于和田县、若羌县、策勒县。

形态特征：多年生矮小草本，高 3～5 厘米。根颈稍增粗，被淡褐色残存的鞘状叶柄。茎直立，单一或少数，不分枝，密被蛛丝状柔毛。叶线形，全缘或具稀疏的齿或为羽状浅裂，上面灰绿色，下面两面密被蛛丝状柔毛；基生叶多数，柄在基部鞘状扩大；茎生叶少数，柄基部半抱茎。头状花序较大，单一或两个生于茎端；总苞圆柱形或钟状；总苞片 4～5 层，向内渐长，密被绵毛；小花淡紫色或白色。瘦果圆柱形，褐色，上部具稀疏的腺点。花果期 7～8 月。

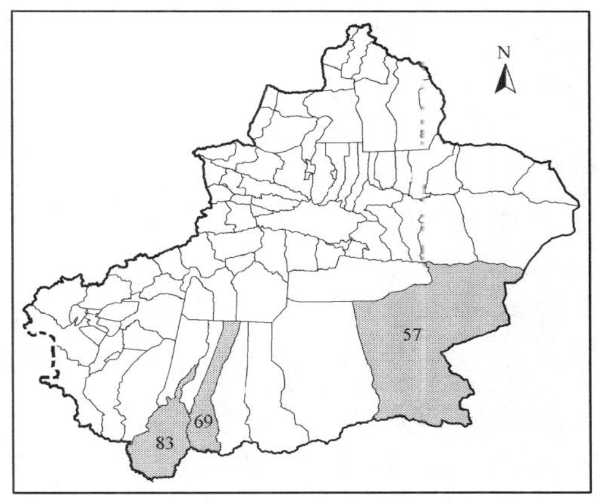

保护价值：塔里木盆地特有种。

35. 中新风毛菊 *Saussurea famintziniana* Krassn.

科属：菊科 Compositae 风毛菊属 *Saussurea* DC.

生境：生于海拔约 3700 米的高山草甸的砾石山坡、盐渍化的沙砾地。

地理分布：产于乌恰县、塔什库尔干塔吉克自治县。

形态特征：多年生草本，高 2～12 厘米。根状茎上端分叉多头；根颈被残存死叶柄及其纤维。茎少数，斜升或平卧，不分枝或上部分枝，被短柔毛或以后近无毛。叶两面被蛛丝状柔毛，沿缘具齿或羽状浅裂，裂片三角形，齿端或裂片顶端具软骨质的小尖，稀近全缘；基生叶和茎下部叶有柄，叶片披针形；茎中部和茎上部叶渐小，无柄。

头状花序 3～7，在茎端排列成紧密的伞房状；总苞钟状；总苞片覆瓦状排列，向内渐长，被蛛丝状柔毛，有时近无毛，外层总苞片卵形，内层总苞片披针形；小花淡紫红色，细管部与增宽的檐部近等长。瘦果无毛，顶端有果缘；冠毛 2 层，白色，外层刚毛短，不等长，短羽状，宿存，内层刚毛长羽状。花果期 8 月。

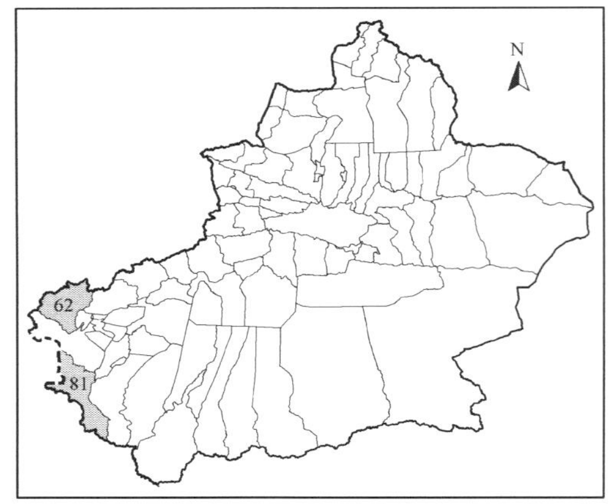

保护价值：中国仅产于塔里木盆地，稀有种。

36. 冰川雪兔子 *Saussurea glacialis* Herder

科属：菊科 Compositae 风毛菊属 *Saussurea* DC.

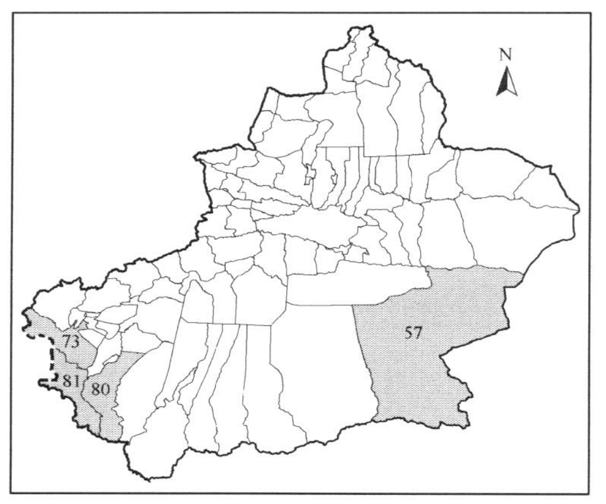

生境：生于海拔 4300～4800 米的高山草甸砾石山坡、河滩沙砾地。

地理分布：产于若羌县、阿克陶县、叶城县、塔什库尔干塔吉克自治县。

形态特征：多年生草本，高 1.5～6 厘米。根状茎细长，黑褐色，先端多分枝；根颈密被褐色残存的死叶，有些只形成莲座状叶丛。茎直立，单一，具密集的叶。叶绿色或灰绿色，上面密被白色绒毛，花序下的叶更密，下面被较少疏柔毛或近无毛；基生叶和茎下部叶倒披针形或匙形，基部渐狭成短柄；茎生叶均相似，较小，无柄。头状花序多数；总苞圆柱状，被白色长绵毛；总苞片 3 层，等长，外层总苞片长圆状卵形或长圆形，紫红色，内层总苞片披针形，露出部分紫红色，上半部边缘和顶端具疏齿；小花粉红色，稍短于或等长于增宽的檐部，檐部先端 5 浅裂，裂片线形。瘦果圆柱形，褐色，顶端截形，具短的小冠；冠毛 2 层，白色基部合生成环。花果期 7～8 月。

保护价值：中国仅产于塔里木盆地，稀有种。

37. 喀什风毛菊 *Saussurea kaschgarica* Rupr.

科属：菊科 Compositae 风毛菊属 *Saussurea* DC.

生境：生于海拔高达 3200 米的高山河滩、山谷出口的碎石堆中。

地理分布：产于乌恰县。

形态特征：多年生草本，高 14～20 厘米。根粗壮，直伸，暗褐色；根颈增粗，分

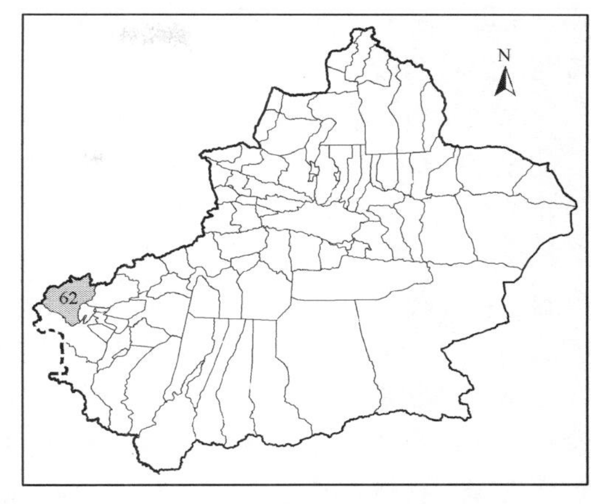

叉多头，被褐色残存的鞘状叶柄。茎数个或单一，具棱槽，稍被短柔毛和稀疏的短硬毛。叶羽状浅裂、深裂或全裂，两面密被短柔毛和短硬毛；基生叶有柄，叶片倒披针形；茎生叶向上渐小，与基生叶同形，羽状深裂或浅裂，所有裂片的顶端和齿端急尖，具软骨质的小尖。头状花序，多数，在茎端呈伞房状；总苞片4～5层，覆瓦状排列，向内渐长，外层总苞片卵形，内层总苞片长圆形，所有的总苞片顶端和沿缘紫红色，并被短柔毛和稀疏的短硬毛，以后近无毛；小花淡紫红色，细管部与增宽的檐部等长。瘦果圆柱形，淡褐色，具深褐色条纹，无毛；冠毛2层。花果期7～8月。

保护价值：中国仅产于塔里木盆地，稀有种。

38. 藏新风毛菊 *Saussurea kuschakewiczii* Winkl.

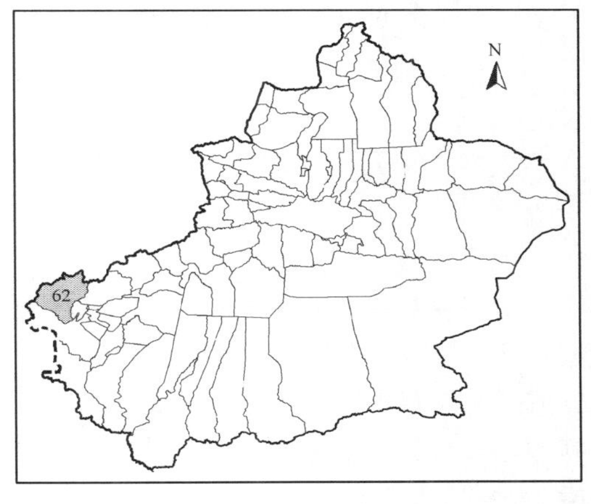

科属：菊科 Compositae 风毛菊属 *Saussurea* DC.

生境：生于海拔2500～3700米的高山草甸、冰碛石石隙。

地理分布：产于乌恰县。

形态特征：多年生草本，高2～8厘米。根状茎细长，褐色。茎矮或无茎，密被短柔毛，稀近无毛。叶两面被蛛丝状柔毛，沿缘具浅波状的疏齿，齿端有软骨质锐尖；基生叶多数似莲座状，无茎的叶则围绕花序，长于花序或与其等长，叶柄常短于叶片；茎生叶向上渐小，中部叶与基生叶同形，但无柄；近花序基部的叶更小，窄披针形。头状花序多数，在茎端排列成紧密的伞房状；总苞钟状；总苞片不等长，不明显的覆瓦状排列，外层和中层总苞片卵形，内层总苞片披针形或披针状长圆形，所有总苞片先端渐尖，密被柔毛成毡状，以后脱毛裸露；小花粉红色或淡红紫色，细管部与增宽的檐部等长或近等长。瘦果，褐色，无毛；冠毛2层，污白色或淡褐色。花果期8～9月。

保护价值：中国仅产于塔里木盆地，稀有种。

39. 高盐地风毛菊 *Saussurea lacostei* Danguy

科属：菊科 Compositae 风毛菊属 *Saussurea* DC.

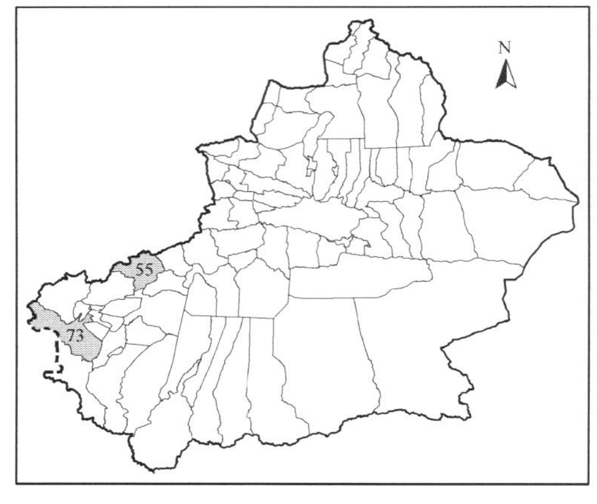

生境：生于海拔 2650～3000 米的高山盐碱地、山坡阴处。

地理分布：产于阿合奇县、阿克陶县。

形态特征：多年生草本，高约 15 厘米。根颈分叉多头，被灰褐色残存的鞘状死叶柄。茎少数或单一，被稀疏的短粗毛。叶质厚，被多数腺点；基生叶和茎下部叶具柄，基部鞘状扩大，叶片长圆形，二回羽状分裂；茎中部叶较小，羽状深裂，上部叶小，披针形或卵状披针形，全缘。头状花序少数，小，生于茎枝顶端，排列成伞房状或总状；总苞椭圆形，总苞片 5 层，向内渐长，外层总苞片长卵形，淡绿色，无毛；小花淡紫红色。瘦果圆柱形，褐色，无毛。花果期 8～9 月。

保护价值：塔里木盆地特有种。

40. 乌恰风毛菊（卵圆叶风毛菊）*Saussurea ovata* Benth

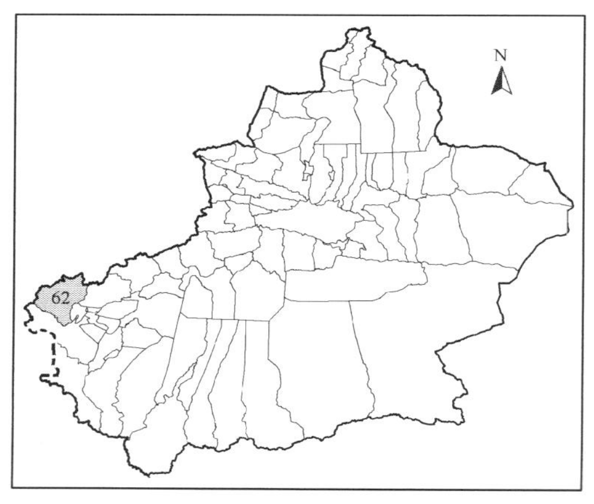

科属：菊科 Compositae 风毛菊属 *Saussurea* DC.

生境：生于海拔 3200～4300 米的高山草甸砾石山坡。

地理分布：产于乌恰县。

形态特征：多年生草本，高 10～25 厘米。根状茎长，常长出数个茎或无茎的叶丛。茎直立或斜升，有棱槽，无毛或多少被白色柔毛。叶卵形或椭圆形，沿缘具稀疏的小齿或波状齿，齿端有软骨质的尖，两面无毛或被稀疏的白色柔毛及有光亮的腺点；基生叶和茎下部叶有较长的柄，柄有窄翅；向上的叶渐小，无柄。头状花序多数，花序梗短，在茎端排列成紧密的伞房状头状；总苞钟状；总苞片 4 层，覆瓦状排列，被白色长毛和短毛，外层总苞片卵状披针形，内层总苞片长圆形或线形，顶端钝；小花紫红色，细管部明显短于增宽的檐部，檐部先端 5 裂至中部，裂片线形。瘦果圆柱形，褐色，有纵棱，无毛；冠毛 2 层，白色或下部为淡褐色，外层刚毛少数，不等长，糙毛状，内层刚毛长羽状。花果期 7～8 月。

保护价值：中国仅产于塔里木盆地，稀有种。

41. 假盐地风毛菊 *Saussurea pseudosalsa* Lipsch.

科属：菊科 Compositae 风毛菊属 *Saussurea* DC.

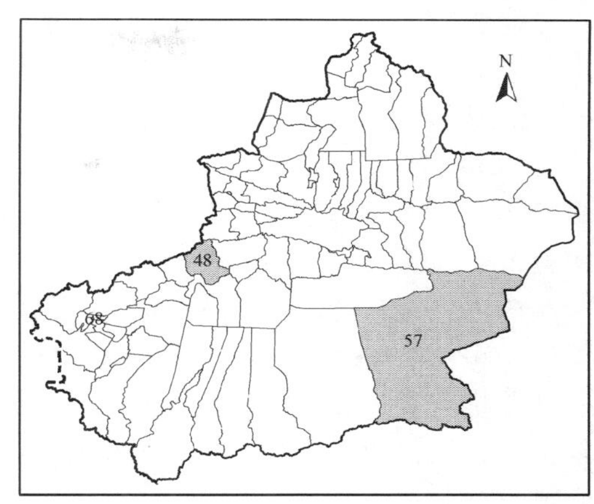

生境：生于海拔达2700米的盐渍化山坡、河湖水边的盐碱地。

地理分布：产于喀什，若羌县、温宿县。

形态特征：多年生草本，高30～50厘米。茎单一或少数，分枝，有棱槽，灰绿色或蓝绿色，被短糙毛和蛛丝状柔毛。叶肉质，灰绿色或蓝绿色，粗糙，两面被短糙毛和蛛丝状柔毛，沿缘具浅波状齿；基生叶和茎下部叶具叶柄，叶片较大，长圆形或长圆状椭圆形；茎中部叶长圆形或长圆状菱形，沿缘具齿，稀全缘，无柄，基部稍微下延；茎上部叶最小，线形，全缘。头状花序小，多数，在茎枝顶端单生，成较疏松的伞房状；总苞被蛛丝状柔毛；总苞片5层，近覆瓦状排列，向内渐长，外层总苞片小，卵形，先端渐尖，内层总苞片宽线形，先端渐尖；小花紫红色，外面散生腺点。瘦果未熟时为暗褐色；冠毛2层，下部褐色，上部白色。花果期6～7月。

保护价值：中国仅产于塔里木盆地，稀有种。

42. 若羌风毛菊 *Saussurea ruoqiangensis* K. M. Shen

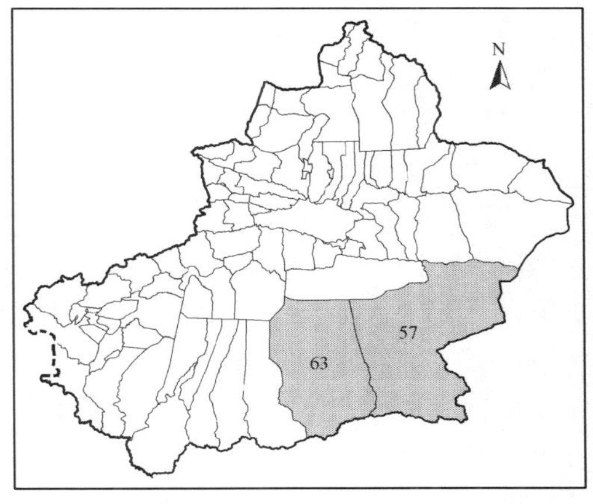

科属：菊科 Compositae 风毛菊属 *Saussurea* DC.

生境：生于海拔3200～4250米的高山砾石山坡、陡峭多石的斜坡。

地理分布：产于若羌县、且末县。

形态特征：多年生草本，丛生，高8～20厘米。根颈增粗，分叉多头，密被残存鞘状叶柄，鞘内有密集的白色绵毛。茎不分枝。叶披针形、线状披针形或线形，两面被白色长柔毛和无柄的腺点，干时边缘下卷，鞘内有密集的白色长绵毛。通常3～5个头状花序在茎端排成紧密的伞房状，有时腋生为具长花序梗的单一头状花序，整个花序排列成圆锥状伞房形；总苞圆柱状或筒状钟形；总苞片3～4层，向内渐长；小花淡红色，被稀疏的腺点。瘦果圆柱形，稍弧曲并稍压扁，被稀疏腺点。花果期7～8月。

保护价值：塔里木盆地特有种。

43. 虎头蓟 *Schmalhausenia nidulans*（Regel）Petr.

科属：菊科 Compositae 虎头蓟属 *Schmalhausenia* C. Winkl.

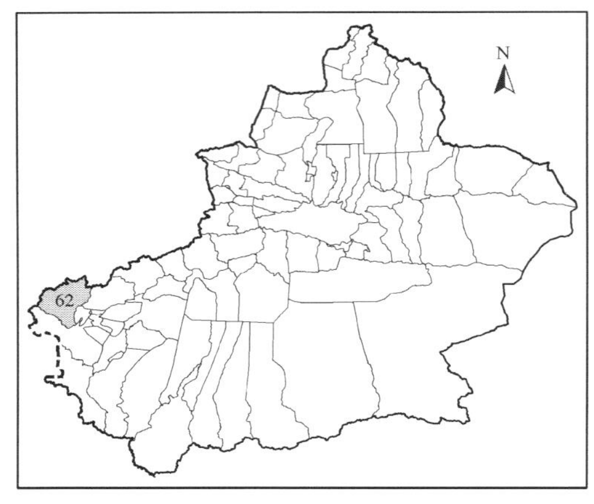

生境：生于海拔约 3600 米的高山或亚高山草甸。

地理分布：产于乌恰县。

形态特征：多年生草本，高约 25 厘米。根直伸。茎直立，粗壮，不分枝，有纵棱，密被蓬松的蛛丝状柔毛，基部被残留叶柄。叶灰白色或灰绿色，密被蓬松褐色或污白色柔毛；基生叶有柄，叶片长椭圆状倒披针形，二回羽状全裂，二回裂片披针形，通常带紫红色，顶端长针刺状渐尖；茎生叶与基生叶同形或长椭圆形，并同样分裂，但较小，无柄。头状花序 5～10，在茎端密集且成复头状花序；总苞半球形或碗状；总苞片 3～4 层，所有的总苞片狭披针形，顶端渐尖，成钻形针刺，刺端通常紫红色，外层和中层总苞片的外面被褐色长柔毛；小花紫红色。瘦果倒卵形，浅黑色，有横的纵纹；冠毛多层，刚毛短羽状。花果期 7～9 月。

保护价值：中国仅产于塔里木盆地，稀有种。

44. 和田鸦葱 *Scorzonera hotanica* Z. X. An

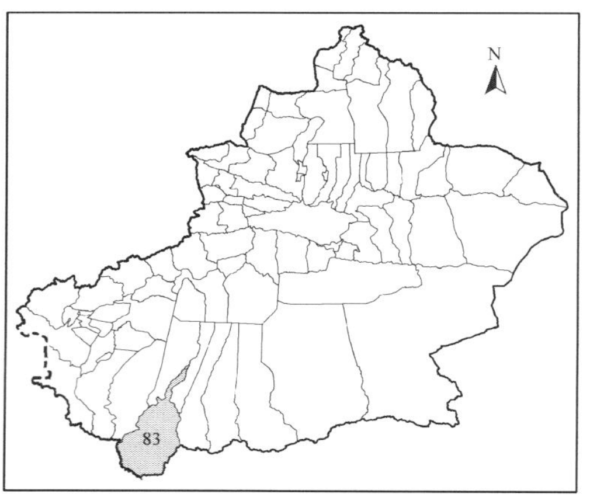

科属：菊科 Compositae 鸦葱属 *Scorzonera* L.

生境：生于海拔 1020～2650 米的荒漠地带的河边、沙砾地。

地理分布：产于和田县。

形态特征：多年生草本，长 6～12 厘米，灰绿色，无毛。茎仰卧或匍匐。基生叶长条状披针形，全缘，基部渐窄成长柄，柄与叶片等长或为其 1/3；茎生叶无柄，条状长圆形，长卵状披针形。头状花序单一或 2～3 个再组成伞房状；总苞柱状，总苞片多层，被少量蛛丝状毛；舌状花黄色。瘦果柱状，略背腹扁压，两侧棱显著，背腹面各有较细的棱槽。花期 6～7 月。

保护价值：塔里木盆地特有种。

45. 帕米尔鸦葱 *Scorzonera pamirica* C. Shih

科属：菊科 Compositae 鸦葱属 *Scorzonera* L.

生境：生于海拔 3370 米的平原。

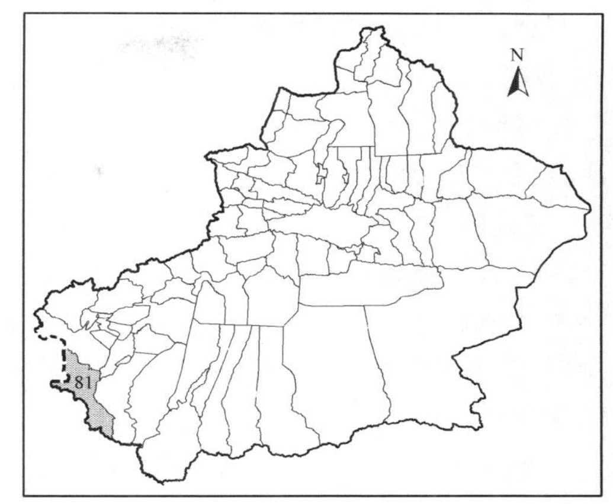

地理分布：产于塔什库尔干塔吉克自治县。

形态特征：多年生草本，高 4～7 厘米，茎叶无毛。根细长，垂直，长达 17 厘米，基部椭圆形膨大成块根。茎少数，少分枝，直立或弧形弯曲，基部被浅褐色或淡黄色鞘状残存叶柄，边缘纤维状撕裂。叶两面绿色，全缘，质地坚硬，无毛，离基三出脉；基生叶线形，基部鞘状扩大，茎生叶与之同形。头状花序小，少数在茎顶成伞房状；总苞柱状，总苞片约 4 层；舌状花黄色。瘦果不成熟，无毛。花期 6 月。

保护价值：塔里木盆地特有种。

46. 昆仑山千里光 ***Senecio kunlunshanicus*** Z. X. An

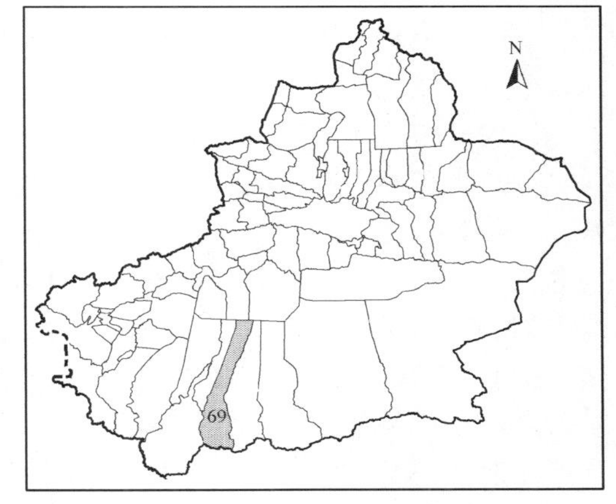

科属：菊科 Compositae 千里光属 *Senecio* L.

生境：生于海拔 2300 米的高山草甸。

地理分布：产于策勒县。

形态特征：一年生草本，高 20～30 厘米。茎直立，分枝多，帚状。基生叶早枯未见，茎生叶羽状深裂，裂片 3～4 对，常对生，叶脉及背面基部有白色长柔毛。头状花序成聚伞伞房状，中部以上具小苞片；总苞钟状，总苞片 1 层，条形，背部有 3 脉；无舌状花，筒状花多数。瘦果柱状，略背腹扁压，褐色，密被向上的白色短柔毛。花期 6～7 月。

保护价值：塔里木盆地特有种。

47. 费尔干绢蒿 ***Seriphidium ferganense***（Krasch. ex Poljakov）Poljakov

科属：菊科 Compositae 绢蒿属 *Seriphidium*（Bess.）Poljak.

生境：生于荒漠化草原及河谷。

地理分布：产于乌恰县。

形态特征：多年生草本，高 40～50 厘米。主根粗，木质；根状茎粗大。茎多数，基部稍木质，上部草质，茎自中上部开始分枝，茎枝密被灰白色绵毛状长绒毛。茎下部叶和营养枝叶长圆形或椭圆状披针形，二回羽状全裂；中部叶和上部叶小，羽

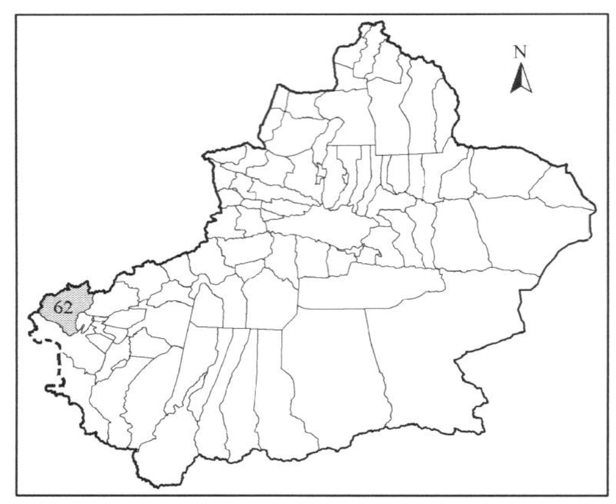

状全裂，无柄，有羽状全裂的假托叶，苞叶小，狭线形，不分裂，全部叶两面被密灰白色短绒毛。头状花序卵形，在分枝上排列成穗状或复穗状，并在茎上组成开展的圆锥状；总苞片 5～6 层，覆瓦状排列，外层短小，卵形，中层、内层披针形或长椭圆状披针形；两性花 5～6 朵，花冠筒状，檐部 5 齿裂，红色。瘦果卵形或倒卵形。花果期 8～10 月。

保护价值：中国仅产于塔里木盆地，稀有种。

48. 高原绢蒿 *Seriphidium grenardii*（Franch.）Y. R. Ling et Humphries

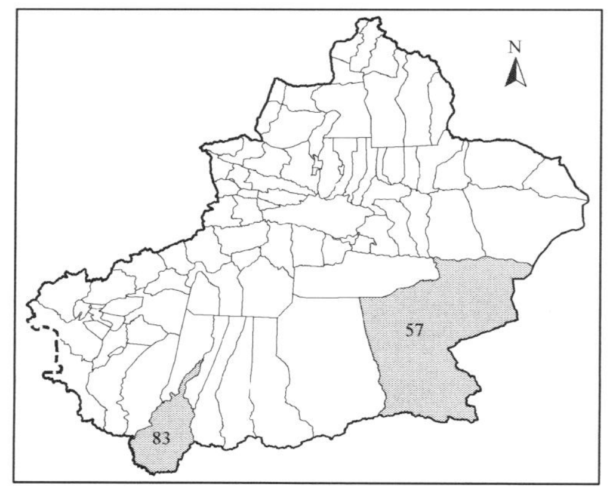

科属：菊科 Compositae 绢蒿属 *Seriphidium*（Bess.）Poljak.

生境：生于海拔 2000～3500 米的高山草原、砾质山坡。

地理分布：产于若羌县、和田县。

形态特征：半灌木状草本，高 15～20 厘米。主根粗，木质。茎多数，下部木质，具短分枝，茎、枝密被灰黄色短柔毛。下部叶与中部叶卵形或长圆形，一至二回羽状全裂；茎上部叶与苞叶羽状全裂或不裂；叶两面被灰黄色略带绢质的短柔毛。头状花序卵球形至近球形，无梗，在分枝上数枚密集成短穗状，在茎上组成狭窄、穗状式的圆锥状；总苞片 4～5 层，外层小，卵形，中层、内层总苞片椭圆形，内层总苞片半膜质，无毛；两性花 4～6 朵，筒状，黄色。瘦果倒卵形。花果期 8～10 月。

保护价值：塔里木盆地特有种。

49. 昆仑绢蒿 *Seriphidium korovinii*（Poljakov）Poljakov

科属：菊科 Compositae 绢蒿属 *Seriphidium*（Bess.）Poljak.

生境：生于海拔 1400 米的砾质坡地、戈壁及荒漠化草原。

地理分布：产于阿克陶县、塔什库尔干塔吉克自治县。

形态特征：多年生草本。主根粗，木质；根状茎粗大，木质，其上具木质化的营养枝和茎。茎多数，高 15～20 厘米，常与营养枝共组成密丛，下部近木质，茎枝初时被

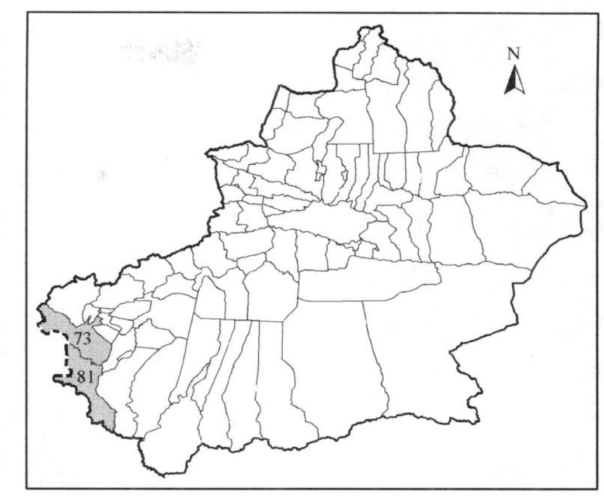

密灰白色短柔毛，后脱落，近无毛。茎下部叶与营养枝叶卵形，一至二回羽状深裂，裂片线形或长椭圆形；中部叶羽状全裂，具短柄或近无柄，基部有假托叶；上部叶与苞叶不分裂；全部叶两面被灰绿色柔毛。头状花序卵圆形或长卵形，在茎上组成狭窄穗状的圆锥花序；总苞片 5～6 层，卵形、长卵形或椭圆形，外层、中层总苞片背面被密短柔毛，杂生腺点，边缘膜质，内层总苞片半膜质；两性花 3～5 朵，花冠筒状，檐部红色。瘦果小，卵形。花果期 8～10 月。

保护价值：中国仅产于塔里木盆地，稀有种。

50. 歪斜麻花头 *Serratula procumbens* Regel

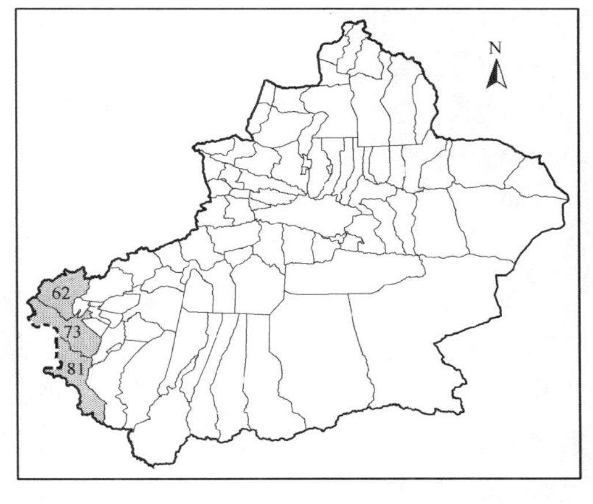

科属：菊科 Compositae 麻花头属 *Serratula* L.

生境：生于海拔 2600～3250 米的砾石质山坡、砾石河滩、沙滩。

地理分布：产于阿克陶县、乌恰县、塔什库尔干塔吉克自治县。

形态特征：多年生草本，高 6～20 厘米。根状茎长，匍匐，褐色，多头。茎多数平卧斜升，弯曲，单一或有 2～3 分枝，无毛或被短柔毛。叶质地坚硬，不分裂，两面无毛；基生叶和茎下部叶有具翅的短柄，柄的基部鞘状扩大，叶长卵形或披针形，沿缘具缺刻状尖锯齿，缘被稀疏白色短糙毛：茎中部叶较小，椭圆形或长圆形，叶缘中部以上全缘，中部以下具尖齿，无柄半抱茎；最上部或接花序下部的叶线形，全缘。头状花序单生茎枝顶端，通常歪斜；总苞圆柱形或钟状；总苞片约 7 层，向内渐长，淡绿色，先端背面具 3～5 条暗色条纹，沿缘有细短毛，外层总苞片卵形，中层总苞片长圆状披针形，内层总苞片披针形至线形，上部淡黄色，硬膜质，顶端无针刺；小花紫红色，全部两性，明显短于增宽的檐部。瘦果椭圆形，具 4 条不大明显的肋棱，褐色；冠毛淡黄色，刚毛糙毛状。花果期 6～8 月。

保护价值：中国仅产于塔里木盆地，稀有种。

51. 阿尔金蒲公英 *Taraxacum altune* D. T. Zhai et Z. X. An

科属：菊科 Compositae 蒲公英属 *Taraxacum* F. H. Wigg.

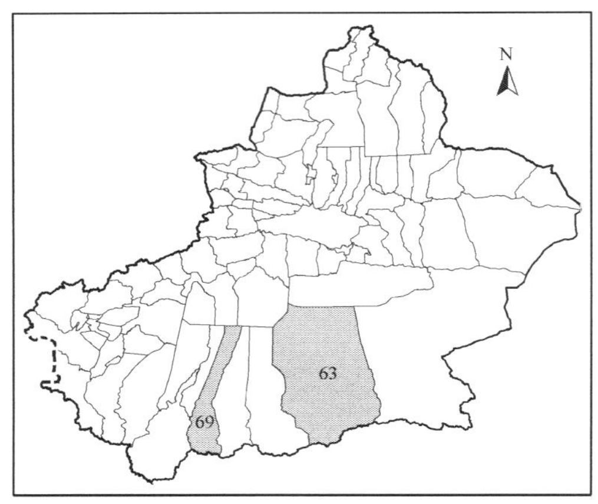

生境：生于海拔 3500～4000 米的高山荒漠带洼地、河谷草甸。

地理分布：产于且末县、策勒县。

形态特征：多年生草本，高 2～5 厘米。根纤细；根颈部具褐色残存叶柄，叶腋内无毛。叶无毛，常长卵状倒披针形或倒披针形，边缘具波状齿或羽状浅裂。花葶数个，明显短于叶，顶端常具蛛丝状毛，常在中部着生 1～2 窄披针形的小叶。总苞片绿色，无角，花淡黄色，15～16 朵；舌片背部不具宽的暗色条带；花冠筒无毛。

保护价值：塔里木盆地特有种。

52. 中亚蒲公英 *Taraxacum centrasiaticum* D. T. Zhai et Z. X. An

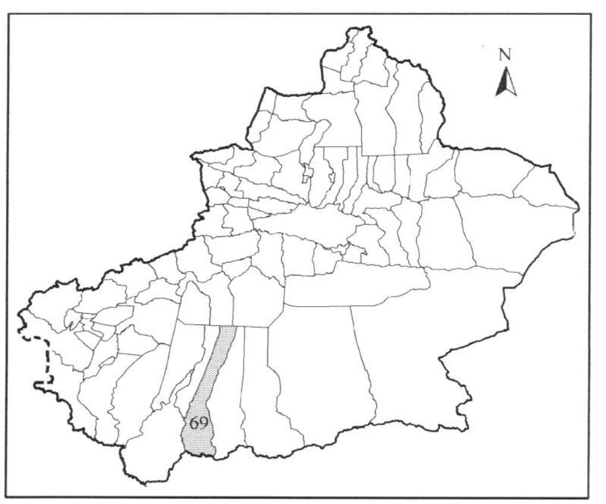

科属：菊科 Compositae 蒲公英属 *Taraxacum* F. H. Wigg.

生境：生于海拔约 3500 米的河谷草甸。

地理分布：产于策勒县。

形态特征：多年生草本，高 12～22 厘米。叶无毛，狭椭圆状条形，羽状深裂，裂片全缘，顶端裂片戟形，侧裂片多条形、平展，叶基渐狭成长柄。花葶 2～3，长于叶。总苞片暗绿色，无角；花黄色，缘花舌片背面具紫红色宽带，花冠无毛或在喉部外面有零星短柔毛。瘦果淡褐色，上面 1/3～1/2 部分有大量尖小刺，以下于果棱上有钝瘤。

保护价值：塔里木盆地特有种。

53. 小叶蒲公英 *Taraxacum goloskokovii* Schischk.

科属：菊科 Compositae 蒲公英属 *Taraxacum* Wigg.

生境：生于海拔 3000～3700 米的河漫滩草甸、汇水洼地。

地理分布：产于塔什库尔干塔吉克自治县。

形态特征：多年生草本，高 6～8 厘米。根颈部具黑褐色残存叶基，叶腋有大量褐色皱曲毛。叶条形，全缘或具波状齿，先端钝或急尖。花葶 1～2，较叶长或等长，无毛。总苞窄钟状，总苞片绿色，无角或具不明显的小角，外层总苞片披针状卵圆形至披针形，直立，边缘膜质，较内层总苞片宽或等宽，内层总苞片绿色，长为外层的 2～2.5 倍；舌状花黄色，花冠喉部及舌片下部外面被短柔毛。瘦果浅褐色，完全平滑或于顶部有极少量的小瘤，无明显的喙基，喙粗壮；冠毛白色。花果期 7～8 月。

保护价值：中国仅产于塔里木盆地，稀有种。

54. 红角蒲公英 *Taraxacum luridum* G. E. Haglund ex Perss.

科属：菊科 Compositae 蒲公英属 *Taraxacum* Wigg.

生境：生于海拔 3200 米左右的河谷草甸及汇水洼地。

地理分布：产于塔什库尔干塔吉克自治县、且末县。

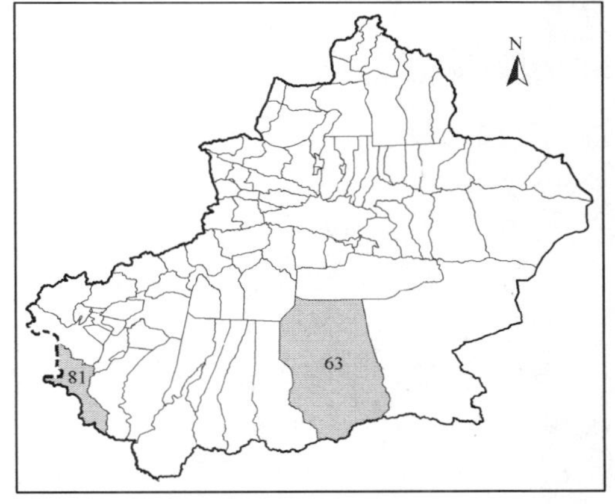

形态特征：多年生草本，高 5～10 厘米。根颈部具褐色残存叶基，叶腋有稀疏的细毛。叶狭长椭圆形至条形，无毛，羽状深裂，顶裂片长戟形，全缘，渐尖；侧裂片 4～6 对，条形，下倾或平展，急尖，全缘，裂片间无齿或具小裂片，叶脉常显紫红色。花葶少数，与叶等长或稍长于叶，常带紫红色，顶端被丰富的蛛丝状毛；总苞钟状，绿色，外层总苞片三角状披针形至宽窄披针形，直立或稍开展，先端带有暗红色，无角或具极小的角，宽于内层总苞片，内层总苞片有暗红色小角，长为外层总苞片的 2～2.5 倍；舌状花黄色。瘦果浅褐色，上部 1/3 具小刺，其余部分具小瘤状突起，喙纤细；冠毛白色或污白色。

保护价值：中国仅产于塔里木盆地，稀有种。

55. 毛叶蒲公英 *Taraxacum minutilobum* Popov ex Kovalevsk.

科属：菊科 Compositae 蒲公英属 *Taraxacum* Wigg.

生境：生于海拔 3000～3700 米的河漫滩草甸、汇水洼地。

地理分布：产于阿克陶县、塔什库尔干塔吉克自治县。

形态特征：多年生草本，高 3～8 厘米。根颈部具大量黑褐色残存叶基，叶腋有褐色皱曲毛。叶狭倒披针形或长椭圆形，两面均被蛛丝状毛，羽状深裂，条形至椭

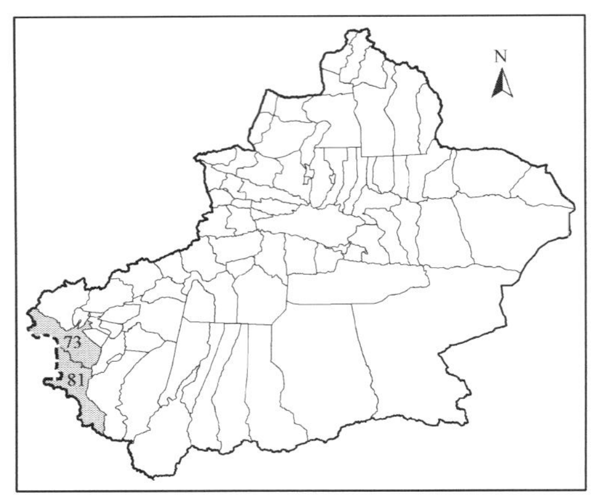

圆形，边缘具小齿或无齿，常于裂片两侧有2大齿。花葶少数，等长或稍长于叶，被蛛丝状毛，花序附近尤为丰富；总苞窄钟状，总苞片被丰富的蛛丝状毛，先端有暗紫色小角，外层总苞片淡绿色，披针状卵圆形至宽披针形，直立，边缘宽膜质，窄于内层总苞片，内层总苞片绿色，长为外层总苞片的2～2.5倍；舌状花黄色，花冠无毛，花柱分枝黄色。瘦果黄褐色，仅顶部有极少量的小瘤状突起，喙粗壮；冠毛白色或污白色。花果期6～7月。

保护价值：中国仅产于塔里木盆地，稀有种。

56. 尖角蒲公英 *Taraxacum pingue* Schischk.

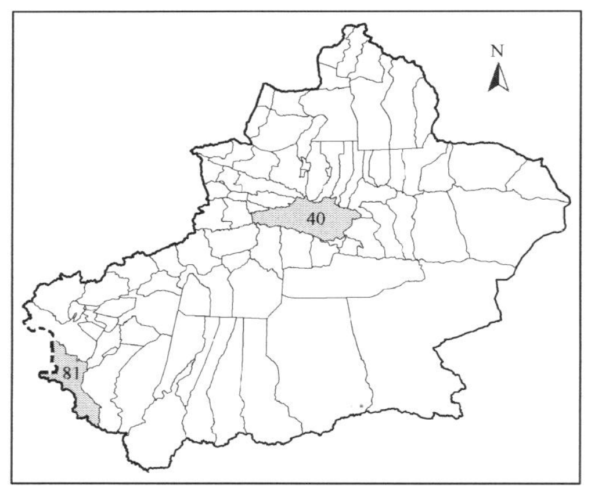

科属：菊科 Compositae 蒲公英属 *Taraxacum* Wigg.

生境：生于高寒荒漠、高山草甸。

地理分布：产于和静县、塔什库尔干塔吉克自治县。

形态特征：多年生草本，高10～12厘米。根颈部被暗褐色残存叶基，叶腋有褐色皱曲毛。叶狭倒卵形或倒披针形，不裂而具波状齿，先端圆钝。花葶少数，较粗，等长或稍长于叶，顶端被少量蛛丝状毛；总苞宽钟状，总苞片暗绿色，先端具长而尖的角，外层总苞片披针状卵圆形至披针形，直立，具极窄的白色膜质边缘，先端渐尖，较内层总苞片宽或稍窄，内层总苞片钝、少渐尖，长为外层总苞片的2倍；舌状花白色，无毛。瘦果浅黄褐色，上部1/3有小刺，具喙，长约8毫米；冠毛白色。花果期7～8月。

保护价值：中国仅产于塔里木盆地，稀有种。

57. 葱岑蒲公英 *Taraxacum pseudominutilobum* Kovalevsk.

科属：菊科 Compositae 蒲公英属 *Taraxacum* Wigg.

生境：生于草甸草原、河谷草甸、汇水洼地。

地理分布：产于阿图什，塔什库尔干塔吉克自治县。

形态特征：多年生草本，高3～6厘米。根颈部具暗褐色残存叶基，叶腋有少量褐色细毛。叶无毛，条形，少量椭圆形，羽状深裂或浅裂，稀不裂，顶裂片小，条状戟形，全缘，急尖或渐尖，侧裂片 2～5 对，平展或下倾，条形，渐尖，全缘或具小齿，裂片间常具齿或小裂片。花葶 2～5（11），与叶等长或短于叶，顶端被丰富的蛛丝状毛；总苞窄钟状，总苞片暗绿色，被蛛丝状毛，少无毛或仅有睫毛，外层总苞片披针形至条状披针形，直立，具窄膜质边，无角或有暗色小角，窄于内层总苞片，内层总苞片有角，长为外层总苞片的 2～2.5 倍；舌状花黄色，花冠喉部及舌片下部疏生短柔毛或无毛，花柱分枝黄色。瘦果黄褐色或暗褐色，仅于顶部有极少量的小刺，喙短且粗壮；冠毛白色。花果期 8～9 月。

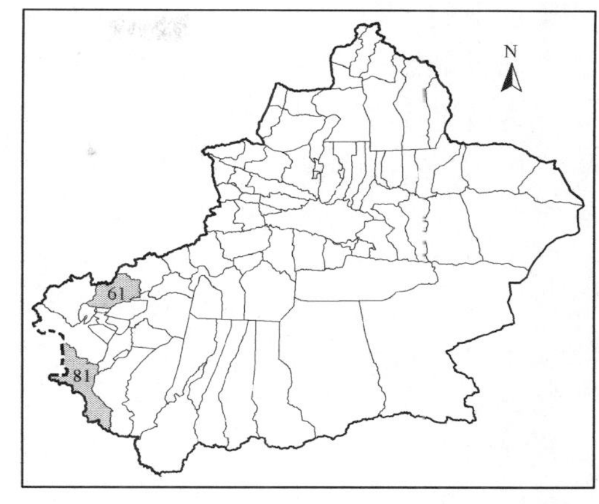

保护价值：中国仅产于塔里木盆地，稀有种。

58. 策勒蒲公英 *Taraxacum qirae* D. T. Zhai et Z. X. An

科属：菊科 Compositae 蒲公英属 *Taraxacum* F. H. Wigg.

生境：生于海拔约 3000 米的河谷草甸。

地理分布：产于策勒县。

形态特征：多年生草本，高 5～12 厘米。根颈部被黑褐色残存叶柄，其腋间有少量深褐色细毛。叶长椭圆形至长倒卵状披针形，边缘具齿或为羽状浅裂，裂片三角形；叶基渐狭成短柄，常显紫红色。花葶数个，长于叶，无毛或在顶端有极少量的细毛；总苞片暗绿色，有或无角，内层总苞片长为外层总苞片的 1.5 倍；花黄色，缘花舌片背面有宽的暗色条带，花冠喉部外面被疏散的短细毛。瘦果暗褐色至褐色，果体上 1/4 部分被尖瘤，以下有钝瘤或近无瘤。

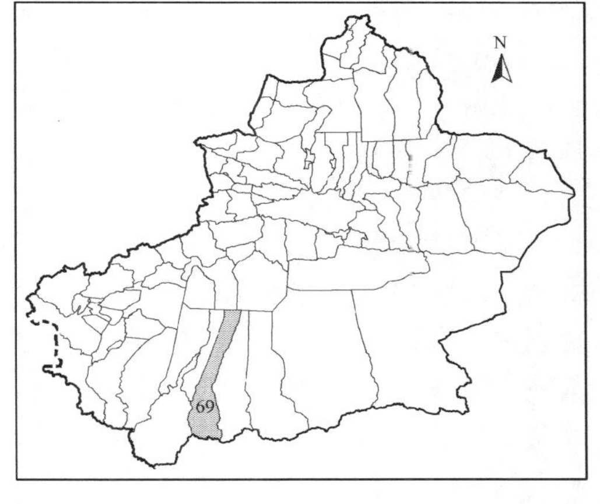

保护价值：塔里木盆地特有种。

59. 血果蒲公英 *Taraxacum repandum* Pavlov

科属：菊科 Compositae 蒲公英属 *Taraxacum* Wigg.

生境：生于海拔约 2900 米的高山草甸及森林草甸带。

地理分布：产于阿合奇县。

形态特征：多年生草本，高 10～30 厘米。根颈部被大量暗褐色残存叶基，其腋间具丰富的褐色皱曲柔毛。叶无毛，倒披针形或长椭圆形，大头羽状深裂或羽状深裂；顶端裂片三角形；侧裂片 3～6 对，三角形，全缘或具牙齿；裂片间具小牙齿或小裂片。花葶 2～3，长于叶，无毛或于花序附近被稀疏的蛛丝状毛；总苞宽钟状，绿色，外层总苞片卵状披针形，具窄膜质边，上部有稀疏的短睫毛，先端渐尖且显紫红色，无角，等宽于内层总苞片；内层总苞片长为外层总苞片的 2.5 倍，无角；花黄色，花冠喉部与舌片下部外面具短柔毛，花柱分枝深黄色。瘦果红褐色，倒锥形，上部 1/3 部分被大量尖锐小瘤，以下具极少量钝瘤或无瘤，具喙，长达 6 毫米；冠毛白色。花果期 6～7 月。

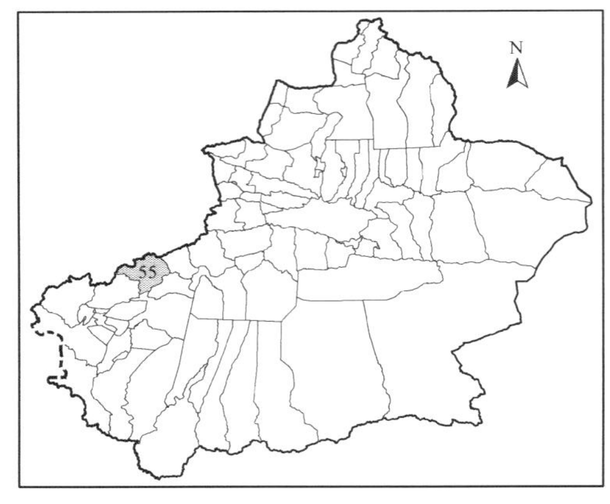

保护价值：中国仅产于塔里木盆地，稀有种。

60. 和田蒲公英 *Taraxacum stanjukoviczii* Schischk.

科属：菊科 Compositae 蒲公英属 *Taraxacum* Wigg.

生境：生于海拔 3000～4000 米的河谷草甸及汇水洼地。

地理分布：产于和田县。

形态特征：多年生草本，高 12～17 厘米。根颈部被暗褐色残存叶基，其腋间无毛。叶狭倒披针形，不裂而具稀疏的牙齿，急尖或圆钝。花葶 1～2，直立，与叶等长，无毛；总苞窄钟状，总苞片暗绿色，先端渐尖，具不大的角，外层总苞片披针形至窄披针形，直立，具很宽的白色膜质边，稍宽于内层总苞片，内层总苞片长为外层总苞片的 1.5～2 倍；舌状花黄色，无毛，花柱分枝黄色。瘦果黄褐色，纵沟多，上部 1/3 有小刺，中下部具少量短钝瘤，具喙，长约 10 毫米；冠毛白色。花果期 7～8 月。

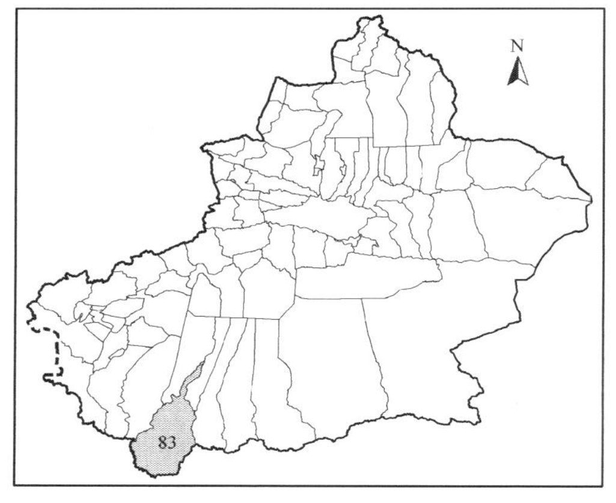

保护价值：中国仅产于塔里木盆地，稀有种。

61. 寒生蒲公英 *Taraxacum subglaciale* Schischk.

科属：菊科 Compositae 蒲公英属 *Taraxacum* Wigg.

生境：生于海拔 3500～4500 米的高寒荒漠带。

地理分布：产于塔什库尔干塔吉克自治县。

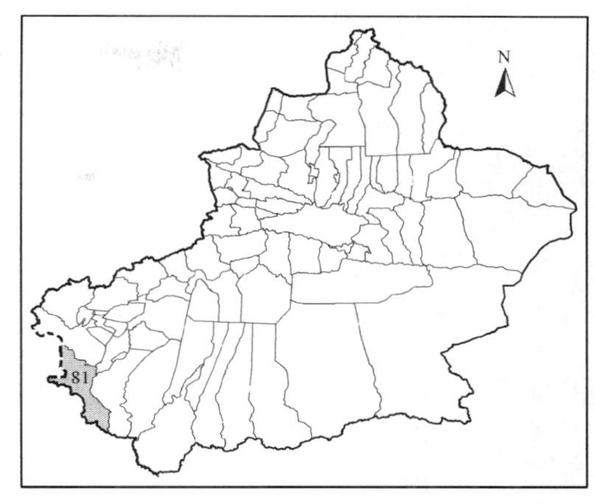

形态特征：多年生草本，高4～6厘米。根颈部密被黑褐色残存叶基。叶条形至狭倒披针形，不裂而具齿至羽状浅裂，顶裂片长三角形，侧裂片小，三角形齿状或条形。花葶少数，长于叶，直立，纤细，无毛；总苞狭钟状，总苞片绿色，先端钝，无角，外层总苞片卵圆形、卵状披针形至狭椭圆形，直立，边缘宽膜质，等宽或稍宽于内层总苞片，内层总苞片长为外层总苞片的2倍；舌状花黄色或亮黄色，花冠无毛，花柱分枝黄色。瘦果淡褐色，几乎完全平滑，具喙，长约5毫米，冠毛白色。花果期7～8月。

保护价值：中国仅产于塔里木盆地，稀有种。

62. 长果黄鹌菜 *Youngia seravschanica*（B. Fedtsch.）Babc. et Stebb.

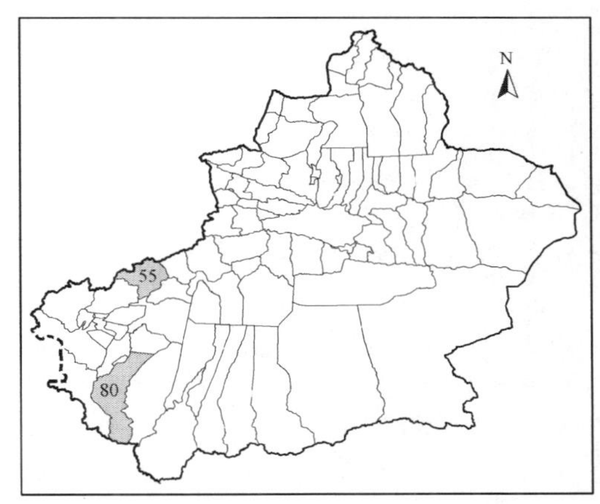

科属：菊科 Compositae 黄鹌菜属 *Youngia* Cass.

生境：不详。

地理分布：产于阿合奇县、叶城县。

形态特征：多年生草本，高9～30厘米，无毛。根垂直，上部有短的根状茎，被暗褐色宿存的枯叶柄。茎直立，中上部分枝，基生叶披针形或长圆状披针形，由波状齿到羽状浅裂，有的大头羽状浅裂，向下渐窄成带翅的柄，柄于基部变宽。茎生叶无柄，不抱茎，中上部叶成苞叶状。头状花序生于花序梗上，伞房状排列；花序小，4～9朵花；总苞柱状，无毛，外层总苞片3～5，宽卵形或长圆状卵形，顶端钝，外侧有丘状隆起，内层5～6，窄的长圆形，外侧顶端有黑色的角；花冠黄色，上部有的带污红色。瘦果，淡黄褐色，纺锤形；冠毛淡白色，略带红色。花期7～9月。

保护价值：中国仅产于塔里木盆地，稀有种。

主要参考文献

[1] 杨昌友. 新疆植物志. 第一卷. 乌鲁木齐：新疆科技卫生出版社，1994.
[2] 毛祖美. 新疆植物志. 第二卷. 第一分册. 乌鲁木齐：新疆科技卫生出版社，1994.
[3] 毛祖美. 新疆植物志. 第二卷. 第二分册. 乌鲁木齐：新疆科技卫生出版社，1995.
[4] 沈冠冕. 新疆植物志. 第三卷. 乌鲁木齐：新疆科技卫生出版社，2011.
[5] 米吉提·胡达拜尔地. 新疆植物志. 第四卷. 乌鲁木齐：新疆科技卫生出版社，2004.
[6] 安争夕. 新疆植物志. 第五卷. 乌鲁木齐：新疆科技卫生出版社，1999.
[7] 崔乃然. 新疆植物志. 第六卷. 乌鲁木齐：新疆科技卫生出版社，1996.
[8] 刘瑛心. 中国沙漠植物志. 第一卷. 北京：科学出版社，1985.
[9] 刘瑛心. 中国沙漠植物志. 第二卷. 北京：科学出版社，1987.
[10] 刘瑛心. 中国沙漠植物志. 第三卷. 北京：科学出版社，1992.
[11] 李志军，邱爱军，张玲，等. 新疆塔里木盆地野生植物名录. 北京：科学出版社，2013.
[12] 李志军，黄文娟，杨赵平，等. 新疆塔里木盆地野生植物图谱. 北京：科学出版社，2013.
[13] 李志军，杨赵平，邱爱军，等. 新疆塔里木盆地野生药用植物图谱. 北京：科学出版社，2014.
[14] 许晓敏，马真，陶锦，等. 中国喀喇昆仑山十字花科植物分类学研究. 西北农业学报，2011，20（10）：131-138.
[15] 新疆八一农学院，新疆植物检索表. 乌鲁木齐：新疆人民出版社，1983（1985 年印）.
[16] 汪智军，李行斌，郭仲军，等. 新疆 14 种珍稀濒危植物资源现状及保护. 中国野生植物资源，2003，22（2）：15-16.
[17] 米热古丽·亚森，布早拉木·吐尔逊，郑朝晖，等. 新疆珍稀濒危药用植物资源调查. 中国林副特产，2010，109（6）：78-80.
[18] 傅立国. 中国植物红皮书——稀有濒危植物. 第 1 册. 北京：科学出版社，1991.
[19] 中国科学院植物研究所. 中国珍稀濒危植物. 上海：上海教育出版社，1989.
[20] 新疆森林编辑委员会. 新疆森林. 乌鲁木齐：新疆人民出版社，北京：中国林业出版社，1990.
[21] 米吉提·胡达拜尔地，徐建国. 新疆高等植物检索表. 乌鲁木齐：新疆大学出版社，2000.
[22] 冯缨，严成，尹林克. 新疆特有植物物种及其分布. 西北植物学报，2003，23（2）：263-273.
[23] 尹林克. 新疆地区受保护的珍稀濒危高等植物物种. 干旱区研究，2004，21（S）：23-30.
[24] 冯缨，潘伯荣. 新疆特有种植物区系及生态学研究. 云南植物研究，2004，20（2）： 183-188.
[25] 李都，尹林克. 中国新疆野生植物. 乌鲁木齐：新疆青少年出版社，2006.
[26] 尹林克，谭丽霞，王兵，等. 新疆珍稀濒危特有高等植物. 乌鲁木齐：新疆科学技术出版社，2006.
[27] 袁国映. 新疆生物多样性. 乌鲁木齐：新疆科学技术出版社，2008.
[28] 袁国映. 新疆生物多样性分布与评价. 乌鲁木齐：新疆科学技术出版社，2012.
[29] 李利平，尹林克，唐志尧. 新疆野生动植物物种丰富度的分布格局. 干旱区研究，2011，28（1）：1-9.
[30] 程芸，袁磊. 新疆植物特有种的地理分布规律. 干旱区研，2011，28（5）：854-859.
[31] 中华人民共和国环境保护部，中国科学院. 中国生物多样性红色名录——高等植物卷. 北京：环境保护部，2013.

中文名索引

T

W

X

Y

拉丁名索引